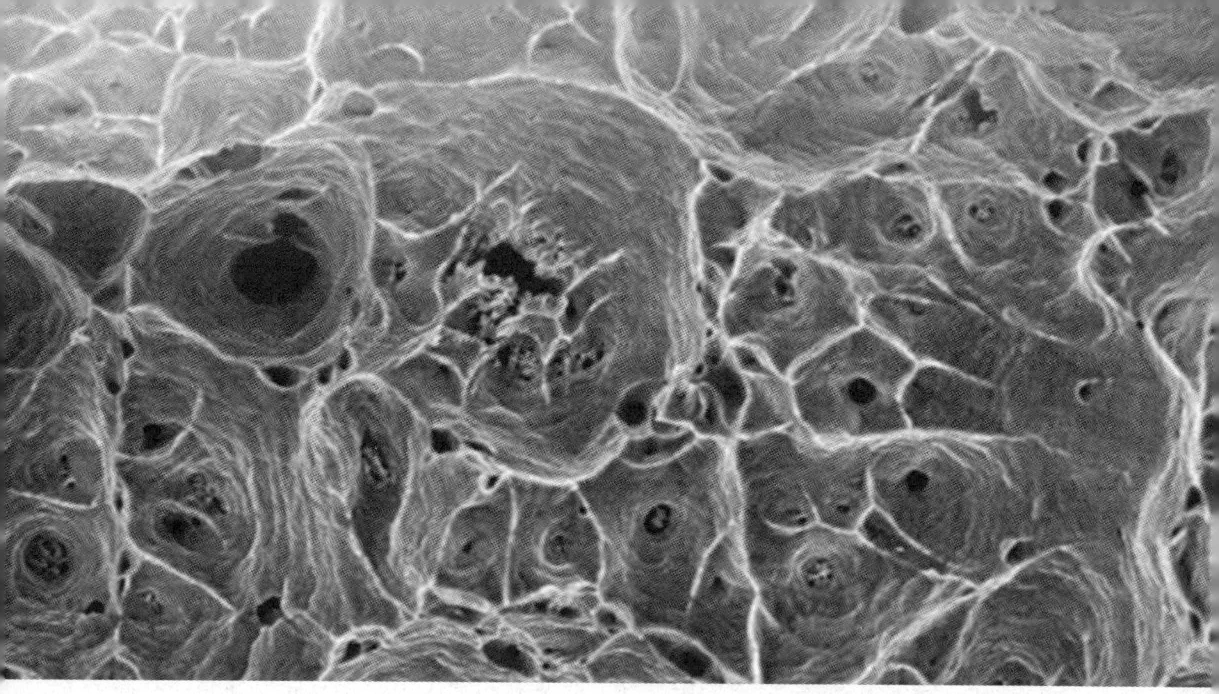

Performance Improvement and Evaluation of Chrome Bronze

铬青铜的性能改善及评价

张雅妮◎著

中国石化出版社
·北京·

内 容 提 要

本书针对高强高导电铜合金的研究现状，从材料设计、工艺优选、性能评价等展开论述，详细阐述了合金元素 Cr、Zr，稀土元素 Ce 的添加以及退火制度、变形工艺对铜合金力学性能、导电性能和化学稳定性的影响，分析了上述因素对合金化学稳定性的影响机制，探讨了超细化对材料性能的影响，明确了 ECAP 加工制度对 CuCr 合金强度及耐蚀性的影响。

本书可供从事铜合金材料研究、构件设计制造等工程技术人员参考。

图书在版编目(CIP)数据

铬青铜的性能改善及评价 / 张雅妮著. —北京：中国石化出版社，2023. 8

ISBN 978-7-5114-7229-8

Ⅰ. ①铬… Ⅱ. ①张… Ⅲ. ①铜合金-研究 Ⅳ. ①TG146. 1

中国国家版本馆 CIP 数据核字(2023)第 156706 号

中国石化出版社出版发行

地址：北京市东城区安定门外大街 58 号

邮编：100011　电话：(010)57512500

发行部电话：(010)57512575

http://www. sinopec-press. com

E-mail：press@ sinopec. com

北京艾普海德印刷有限公司印刷

全国各地新华书店经销

*

710 毫米×1000 毫米 16 开本 12. 75 印张 241 千字

2023 年 9 月第 1 版　2023 年 9 月第 1 次印刷

定价：76. 00 元

前言

面对21世纪资源的加速枯竭，生态环境的日益恶化等严峻问题，结构材料的工作条件也急剧复杂化，进一步提高这些结构材料的综合性能，减轻结构重量(提高材料单位强度)和提高材料寿命，已刻不容缓地摆在人们面前。

纯铜以其优良的导电性、导热性、耐蚀性能和工艺性能而被广泛应用于机械制造、电工、电子、通信、电气、仪表等行业。但纯铜的强度较低，特别是抗高温变形的能力差。退火态纯铜抗拉强度仅为220~240MPa。采用冷作硬化虽然可使抗拉强度提高到315~420MPa，甚至470MPa，但延伸率急剧下降到2%左右。纯铜的这些不足，严重妨碍了它在工业中更广泛的应用。铬青铜作为典型的固溶时效强化型合金，以其高强、高导、高耐磨等性质，在引线框架、触头材料及架空线等方面得到了广泛的应用，成为目前应用最广泛的合金材料之一。

本书结合我国电气和电子行业对高性能铜合金的需求，在权衡现有材料的制备工艺、成形手段，以及日益发展的电气电子工业对铜合金使用条件的基础上，以高强高导铬青铜为研究重点，以强度改善—导电率不降—化学稳定性良好为研究主线，从材料的制备和加工工艺入手，综合考虑各种应用条件对材料性能(如强度、导电性、耐热性、耐腐蚀性、抗疲劳性等)的要求，在解决高强度与高导电率矛盾的基础上，综合分析和评价各种强化手段对材料性能的影响，进一步提高合金的综合性能，为批量生产和推广应用提供科学依据。同时，本书也分析了剧烈塑性变形对铬青铜各项性能的影响。

本书是根据作者多年研究成果和实践经验，并在参考国内外相关文献资料的基础上编写的。书中内容分为6章，分别是铜及铜合金的基本情况、合金元素的添加对铬青铜性能的影响、稀土元素对铬青铜性能的影响、退火制度对铬青铜性能的影响、变形工艺对铬青铜性能的影响以及超细化加工模式对铬青铜性能的影响。希望本书的出版使读者全面了解高强高导电铬青铜的影响因素，为合理开发铬青铜尽一点绵薄之力。

本书获西安石油大学优秀学术著作出版基金资助，另外，本书在编写过程中参考了大量的文献资料，在此一并表示衷心的感谢！

由于作者水平有限，书中难免存在错误和不足，恳请广大读者不吝赐教，提出宝贵意见，以便在以后的修订中逐步加以完善。

目录

1 铜及铜合金的基本情况

纯铜的密度为 $8.94\times10^3 kg/m^3$，属于重金属，其熔点为1083℃。在元素周期表中，铜的原子序数为29，属IB族，与金和银同属一族，因而，具有与贵金属相似的优异物理性能和化学性能。铜塑性好、易加工、耐腐蚀、无磁性、美观耐用，特别是铜的导电性和导热性除略逊于银以外，是所有金属中最好的。由于铜具有上述优良性能，所以在工业上有着广泛的用途，包括机械、电工、电子、电气仪表、化工、造船等行业。目前，铜在电气和电子行业这一领域中主要用于制造电线、通信电缆和其他成品，如电动机、发电机转子及电子仪器、仪表等。这部分用量约占工业总需求量的1/2。表1-1所示为铜及铜合金的主要用途。

表1-1 铜及铜合金的主要用途

用　　途	加工产品	使用铜的主要理由
远程通信	铜线材	电性能
小汽车、卡车和公共汽车	铜及黄铜带材，铜线材	耐腐蚀，传热，电性能
管道和加热	铜管，黄铜棒材，铸件	耐腐蚀，可加工性
建筑内装线	铜线材	电性能
重工业设备	各种加工产品	耐腐蚀，耐磨，电性能，传热，可加工性
空调和工业制冷	铜管材	传热，可成型性
工业用阀门和管件	黄铜棒材，铸件	耐腐蚀，可加工性
发电设备	铜线材和型材	电性能
仪表器具	铜线材和管材	电性能，传热
照明及布线器件	铜合金带材，铜线材	电性能
电子设备	铜合金带材，铜线材	电性能
紧固件	黄铜线材	可加工性，耐腐蚀
军械及民品	黄铜带材及管材	易于制造
造币	铜及铜合金带材	易于制造，耐腐蚀，电性能，美学效果
建筑五金	黄铜棒材及带材	耐腐蚀，可成型性，审美效果
热交换器	铜合金管材及板材	传热，耐腐蚀

1.1 铜及铜合金的分类

1.1.1 纯铜

纯铜为面心立方晶体结构，因此具有良好的塑性，可在冷、热状态下加工成各种不同规格的板材、带材、线材和管材等。纯铜的机械性能与其加工状态有关。经冷加工处理后，纯铜的抗拉强度、屈服强度和硬度显著提高，延伸率降低。冷变形后的铜在再结晶温度以上进行加热退火，则延伸率又重复升高。表 1-2所示为纯铜在不同状态下的室温机械性能。纯铜具有良好的电镀和钎焊性能，容易镀金、镀银、镀镍等。

表 1-2 纯铜的机械性能

状态	σ_b	$\sigma_{0.2}$	E	σ_{-1}	延伸率	断面收缩率	HBS
	MPa				%		
铸造	170	—	—	—	18	17	—
退火	240	70	110000	90	50	75	45
冷加工	430	390	120000	120	6	35	120

纯铜具有良好的耐蚀性，在许多化学介质中稳定性良好(表 1-3)。如在大气、水、水蒸气、热水中基本不腐蚀；在含 SO_2的气体或海洋性气氛中能产生致密的保护膜，使铜的腐蚀速度减慢；但铜在氨或铵盐及氧化性的硝酸和浓硫酸介质中会发生应力腐蚀。

纯铜导电性优异，仅次于银而位居第二。杂质对纯铜的导电性和导热性影响很大。图 1-1 所示为常见元素对纯铜导电率和导热率的影响。

杂质元素对纯铜机械性能和加工性能的影响与元素种类、元素含量密切相关。如 Al、Ni、Sn、Zn、Au、Ag、As、Sb 等元素在铜中的溶解度较大，含量较低时对纯铜加工性能影响不大，但可以显著提高纯铜的强度和硬度。Bi、Pb 等杂质在铜中的溶解度很小，与 Cu 形成低熔点共晶。Cu 和 Bi 的共晶温度为 270℃，而 Pb 与 Cu 形成共晶温度为 326℃。当加工温度超过共晶温度时，片状共晶体熔化引发纯铜热脆。铜材中应严格控制 Bi 和 Pb 含量。Te 对纯铜的热加工性能影响较大。在含氧量 0.02%的纯铜中，1×10^{-6}的 Te 足以使轧制产生边裂。Se 对铜性能的影响与 Te 类似。但在铜中加入微量的稀土元素，不仅能消除 Bi、Pb 引发的热脆，还具有脱氧、除气的作用，在不降低纯铜导电性的情况下有效提高材料的强度。如在纯铜中加入 0.1%~0.6%的 Ce，可显著细化晶粒。

表 1-3 纯铜的化学成分(GB/T 5231—2022《加工铜及铜合金牌号和化学成分》) 质量分数/%

材料名称	牌号	Cu+Ag(最小值)	P	Ag	Bi	Sb	As	Fe	Ni	Pb	Sn	S	Zn	O	Cd
纯铜	T1	99.95	0.001	—	0.001	0.002	0.002	0.005	0.002	0.002	0.002	0.005	0.005	0.02	—
	T1.5	99.95	0.001	—	—	—	—	0.001	—	—	0.005	—	—	0.008~0.03	—
	T2	99.90	—	—	0.001	0.002	0.002	0.005	—	0.005	—	0.005	—	0.06	—
	T3	99.70	—	—	0.002	—	—	—	—	0.01	—	—	—	0.1	—
无氧铜	TU00	99.99	0.0003	0.0025	0.0001	0.0004	0.0005	0.001	0.001	0.0005	0.0002	0.0015	0.0001	0.0005	0.0001
		Te≤0.0002，Se≤0.0003，Mn≤0.0005													
	TU0	99.97	0.002	—	0.001	0.002	0.002	0.004	0.002	0.003	0.002	0.004	0.003	0.001	—
	TU1	99.97	0.002	—	0.001	0.002	0.002	0.004	0.05	0.003	0.002	0.004	0.003	0.002	—
	TU2	99.95	0.002	—	0.001	0.002	0.002	0.004	0.004	0.004	0.002	0.004	0.003	0.003	—
	TU3	99.95	—	—	—	—	—	—	—	—	—	—	—	0.0010	—
磷无氧铜	TUP0.002	99.99	0.0015~0.0025	—	—	—	—	—	—	—	—	—	—	0.0010	—
	TUP0.003	99.95	0.001~0.005	—	—	—	—	—	—	—	—	—	—	—	—
	TUP0.008	99.95	0.005~0.012	—	—	—	—	—	—	—	—	—	—	—	—
银无氧铜	TUAg0.03	99.95	—	≥0.034	—	—	—	—	—	—	—	—	—	0.001	—
	TUAg0.05	99.96	0.002	0.02~0.06	0.001	0.002	0.002	0.004	0.002	0.004	0.002	0.004	0.003	0.003	—
	TU00Ag0.06	99.99	0.002	0.05~0.08	0.0003	0.0005	0.0004	0.0025	0.0006	0.0006	0.0007	—	0.0005	0.0005	—
	TUAg0.08	99.95	—	≥0.085	—	—	—	—	—	—	—	—	—	—	—
	TUAg0.1	99.96	0.002	0.06~0.12	0.001	0.002	0.002	0.004	0.002	0.004	0.002	0.004	0.003	0.003	—
	TUAg0.2	99.96	0.002	0.15~0.25	0.001	0.002	0.002	0.004	0.002	0.004	0.002	0.004	0.003	0.003	—
	TUAg0.3	99.96	0.002	0.25~0.35	0.001	0.002	0.002	0.004	0.002	0.004	0.002	0.004	0.003	0.003	—

续表

材料名称	牌号	Cu+Ag（最小值）	P	Ag	Bi	Sb	As	Fe	Ni	Pb	Sn	S	Zn	O	Cd
锆无氧铜	TUZr0. 15	99. 97	0. 002	Zr：0. 11~0. 21	0. 001	0. 002	0. 002	0. 004	0. 002	0. 003	0. 002	0. 004	0. 003	0. 002	—
磷脱氧铜	TP1	99. 90	0. 004~0. 012	—	—	—	—	—	—	—	—	—	—	—	—
	TP2	99. 85	0. 015~0. 040	—	—	—	—	—	—	—	—	—	—	—	—
	TP3	99. 90	0. 01~0. 025	—	—	—	—	—	—	—	—	—	—	0. 01	—
	TP4	99. 90	0. 040~0. 065	—	—	—	—	—	—	—	—	—	—	0. 002	—
银铜	TAg0. 05	99. 90	—	0. 02~0. 06	—	—	—	—	—	—	—	—	—	—	—
	TAg0. 08	99. 90	—	0. 06~0. 12	—	—	—	—	—	—	—	—	—	—	—
	TAg0. 1	99. 5	—	0. 06~0. 12	0. 002	0. 005	0. 01	0. 05	0. 2	0. 01	0. 05	0. 01	—	0. 1	—
	TAg0. 2	99. 90	—	0. 15~0. 25	—	—	—	—	—	—	—	—	—	—	—
锡铜	TSn0. 15-0. 01	99. 90	0. 005~0. 020	—	—	—	—	0. 05	—	0. 05	0. 10~0. 20	—	—	—	—
	TSn0. 12	99. 96	—	—	—	—	—	—	—	—	0. 10~0. 15	—	—	—	—
	TSn0. 15	99. 90	—	—	—	—	—	—	—	—	0. 01~0. 20	—	—	0. 0030	—
	TSn0. 3	99. 90	—	—	—	—	—	—	—	—	0. 15~0. 40	—	—	0. 0030	—
	TSn0. 5	99. 90	—	—	—	—	—	—	—	—	0. 35~0. 70	—	—	0. 0030	—

续表

材料名称	牌号	Cu+Ag（最小值）	P	Ag	Bi	Sb	As	Fe	Ni	Pb	Sn	S	Zn	O	Cd
碲铜	TTe0. 3	99. 9	0. 001	Te：0. 20~0. 35	0. 001	0. 0015	0. 002	0. 008	0. 002	0. 01	0. 001	0. 0025	0. 005	—	0. 01
	TTe0. 5	99. 90	0. 004~0. 012	Te：0. 40~0. 7	—	—	—	—	—	—	—	—	—	—	—
硫铜	TS0. 4	99. 90	0. 002~0. 005	—	—	—	—	—	—	—	—	0. 20~0. 50	—	—	—
镁铜	TMg0. 15	99. 9	0. 01	Mg：0. 05~0. 20	—	—	—	—	—	—	—	—	—	—	—
	TMg0. 2	99. 9	0. 01	Mg：0. 1~0. 3	—	—	—	—	—	—	—	—	—	—	—
	TMg0. 25	99. 9	0. 01	Mg：0. 10~0. 40	—	—	—	—	—	—	—	—	—	—	—
弥散铜	TUAl0. 12	余量	0. 002	Al_2O_3：0. 16~0. 26	0. 001	0. 002	0. 002	0. 004	0. 002	0. 003	0. 002	0. 004	0. 003	—	—
	TUAl0. 15	99. 62	—	Al：0. 13~0. 17	—	—	—	0. 01	—	0. 01	—	—	—	0. 12~0. 19	—
	TUAl0. 25	99. 43	—	Al：0. 23~0. 27	—	—	—	0. 01	—	0. 01	—	—	—	0. 20~0. 28	—
	TUAl0. 35	99. 24	—	Al：0. 33~0. 37	—	—	—	0. 01	—	0. 01	—	—	—	0. 29~0. 37	—
	TUAl0. 60	98. 77	—	Al：0. 58−0. 62	—	—	—	0. 01	—	0. 01	—	—	—	0. 52~0. 59	—

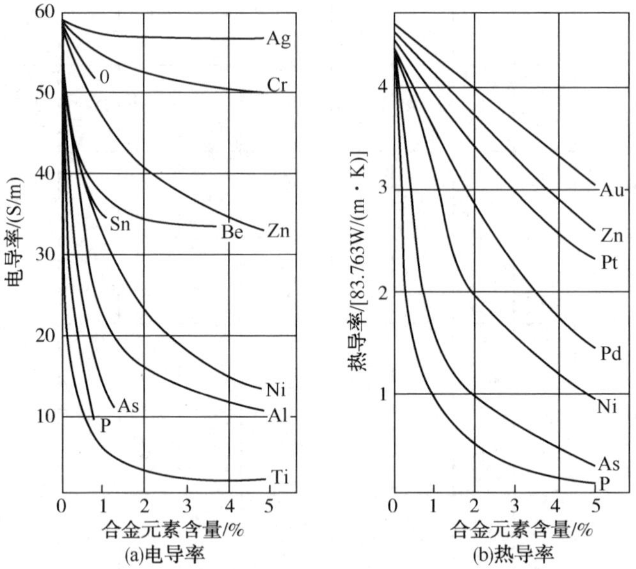

图 1-1 常见元素对纯铜电导率和热导率的影响

根据脱氧方法和含氧量的不同，纯铜可分为韧铜、无氧铜和脱氧铜三大类（表 1-4）。

（1）韧铜

韧铜是指含氧量在 0.02%~0.06%的纯铜。适量氧的存在能有效降低纯铜中 P、Si、Fe、Pb 等杂质的含量，促进导电性提高。韧铜主要用于制作导电器材、高级铜合金和铜基合金，但在高温还原性气氛中加热易出现氢病。

（2）无氧铜

无氧铜中氧含量极低(0.0005%~0.003%)。无氧铜一般在真空或 CO 保护气氛下熔炼，具有很高的导电性、导热性，在高温还原性气氛中加热也不会引起热脆。而含磷量极低的无氧铜，加热生成的氧化膜致密且不易脱落，与玻璃封结性好，加工性、焊接性、耐蚀性、耐寒性均好。

（3）脱氧铜

用磷或锰脱氧的铜称为磷脱氧铜或锰脱氧铜，其含氧量不大于 0.01%。脱氧铜具有优良的延展性、焊接性和耐蚀性，在高温还原性气氛中加热也不会产生脆性。由于磷脱氧铜中残留有少量的固溶磷，会降低其导电性，因此应严格控制 P 含量在 0.004%~0.04%范围内。磷脱氧铜具有焊接性、工艺性、冷弯性良好、无氢脆等特点，可在还原性气氛中加热使用，但不能在氧化性气氛中使用。锰脱氧铜软化温度较高，受热不易变形，能保持尺寸稳定性，无氢病，具有良好的工艺性能，多用于真空器件制造，如大功率振荡器管的阳极。

表 1-4　普通纯铜的物理性能、力学性能和工艺性能

性　　能		韧铜		无氧铜		脱氧铜	
		软态 T1	硬态 T1	TU1 软态	TU2 硬态	TP1	TP2
物理性能	密度(20℃时)/(g/cm³)	8.94		8.94		8.94	
	熔点/℃	1084.5		1082.5~1083		1065~1083	
	沸点/℃	2595		2595		2595	
	热导率 λ(273~373K)/[W/(m·K)]	399		391		363.3，339.2	
	20~100℃时的线膨胀系数 $\alpha/10^{-6}$/℃	17		16.92，17		16.92	
	20℃时的电阻率 ρ/(Ω·m)	0.01673		0.01710		0.0191，0.0203	
	20℃时的电阻温度系数 $\alpha_p/10^{-3}$/℃	3.95，3.85		3.95，3.85		0.0191，0.0203	
	20℃时的比热容/[J/(kg·℃)]	385~420		385		385.2	
	磁化率(20℃)	-0.085×10^{-6}		—		-0.085×10^{-6}	
力学性能	抗拉强度 R_m/MPa	370~420	400~506	220~235	350~390	233	244
	屈服强度 $R_{p0.2}$/MPa	340~350	300~380	—	—	—	—
	延伸率 A/%	45~55	2~8	45~55	3~10	53	53
	断面收缩率 Z/%	65~75	35~45	67~75	67~75	—	70
	抗剪强度 K_s/MPa	150	210	150	210	150	210
	布氏硬度/HB	350~450	1100~1300	35~45	85~95	40~45	90~95
	冲击韧性 α_k/(J·cm²)	160~180	—	1560~1760	—	1670~1760	1670~1760
	疲劳极限 σ_{-1}(循环次数 10^6 次)/MPa	60~70	110~120	119	119	76	70
	弹性极限 σ_e/MPa	20~50	280~300	20~50	280~300	20~50	280~300
	弹性模量 E/GPa	107.9	117.7	117.2	117.2	117.2	117.2
工艺性能	铸造温度/℃	1160~1200		1150~1180		1150~1180	
	热加工温度/℃	900~1050		800~900		800~900	
	退火温度/℃	500~700		380~650		380~650	
	冷作硬化的再结晶开始温度/℃	200~300		—		—	
	流动性/cm	—		20		20	
	线收缩率/%	4.92		4.92		4.92	

此外，也有研究者将加入不同微量元素的纯铜称为特种铜，如银铜、锡铜和镁铜。Ag 和 Sb 在铜中的溶解度很小，二者对铜的导电性和导热性影响很小。银铜常作为耐热导电材料。锑铜是高导电铜合金。As 在铜中的溶解度较大，能显著提高铜的再结晶温度。少量的 As 对铜的力学性能影响甚微，但显著降低铜的导电性和导热性。

1.1.2 铜合金

纯铜性能良好，但强度低，弹性、切削性能远远不能满足近代工业的需要。为改善铜的性能，其基本途径是通过合金化并辅之以热处理来实现的。铜合金中常加入的合金元素有：Zn、Sn、Al、Ni、Si、Be、Ti、Fe、Zr、Cr、Mg、S、Pb、Se、Cd、Mn、B、P 等。P、Mg、Mn、Si、B 元素一般在 Cu 冶炼时用来脱氧；Pb、S、Zn、Se 等元素主要用于提高 Cu 的切削性能；Zn、Sn、Al、Ni、Ag、Si、Cd、Ti、Cr、Zr、Be、Co、Fe 等元素，通过固溶强化和析出强化使铜的强度大大提高；Mg、Fe、Al、Ni 可以提高合金的耐腐蚀性能。

按照化学成分，铜合金可分为黄铜、白铜及青铜三大类。

1. 黄铜

黄铜可分为两类：普通黄铜和特殊黄铜。普通黄铜是指只含锌的二元合金；而特殊黄铜中除合金元素锌外，还含有 Pb、Mn、Sn、Mn、Al、Si、Ni 等元素。

(1) 普通黄铜

按照组织结构的不同，普通黄铜可分为三类：α 黄铜、(α+β) 黄铜和 β 黄铜。具体的含锌范围和室温组织特性见表 1-5。GB/T 5231—2022 中的普通黄铜牌号及化学成分见表 1-6。有 α 单相黄铜(H96、H95、H90、H85、H80、H70、H68、H66、H65)、α+β 两相黄铜(H63、H62.5、H62、H60、H59)和 β 单相黄铜(H58)等 15 个牌号。由于 β 单相黄铜锌含量在 46.5%~50%，塑性很低只作焊料使用。不同黄铜牌号的力学性能指标见表 1-7。

表 1-5 普通黄铜按含锌范围和室温组织特性分类

按组织分	含锌量/%	不同状态下室温的组织特性
α 黄铜	<36	铸态组织：枝晶组织不严重，高锌(30%~33%)。黄铜的组织常见少量 β 相。 加工和退火状态：带双晶的等轴 α 晶粒，晶粒大小与冷加工和退火工艺有关
(α+β) 黄铜	36~46.5	铸态组织：α 相呈针状析出，冷速越大，α 相越细长。在侵蚀恰当时，α 相呈亮色，β 相呈黑色。 加工及退火状态：α 相显示双晶，β 相不显示双晶
β 黄铜	46.5~50	只用作焊料，铸态下只显示 β 晶粒

表 1-6 普通黄铜的牌号及化学成分(GB/T 5231—2022) 质量分数/%

合金牌号	Cu	Fe	Pb	Al	Sn	Ni	Zn	Cu+所列元素总和
H58	57.0~59.0	0.3	0.2	0.05	0.3	0.3	余量	99.8
H59	57.0~60.0	0.3	0.5	—	—	—	余量	99.8
H60	59.0~61.5	0.15	0.08	—	—	—	余量	99.8
H62	60.5~63.5	0.15	0.08	—	—	—	余量	99.7
H62.5	60.0~65.0	0.35	0.25	—	—	—	余量	99.5
H63	62.0~65.0	0.15	0.08	—	—	—	余量	99.7
H65	63.5~68.5	0.07	0.09	—	—	—	余量	99.7
H66	64.0~68.5	0.05	0.09	—	—	—	余量	99.7
H68	67.0~70.0	0.10	0.03	—	—	—	余量	99.7
H70	68.5~71.5	0.10	0.03	—	—	—	余量	99.7
H80	78.5~81.5	0.05	0.05	—	—	—	余量	99.8
H85	84.0~86.0	0.05	0.05	—	—	—	余量	99.8
H90	89.0~91.0	0.05	0.05	—	—	—	余量	99.8
H95	94.0~96.0	0.05	0.05	—	—	—	余量	99.8
H96	95.0~97.0	0.10	0.03	—	—	—	余量	99.8

表 1-7 普通黄铜的典型力学性能

合金牌号	弹性模量/GPa	抗拉强度/MPa	屈服强度/MPa	弹性极限/MPa	疲劳强度/MPa	疲劳试验循环次数/10^6	伸长率/%	断面收缩率/%	冲击韧性/(J/cm^2)
H96	115	240/450	—/390	35/360	—	—	50/2	—	220
H90	115	260/480	120/400	40/380	8.5/12.6	50/50	45/4	80	180
H85	115	260/550	100/450	40/450	10.6/14	100/300	45/4	85	—
H80	110	320/640	120/520	80/420	10.5/15.4	90/50	52/5	70	160
H70	110	340/590	110/540	80/450	12/15	—	58/6	—	—
H68	106	320/660	90/520	70/500	12/15	100/100	55/3	70	170
H65	105	320/700	91/450	70/450	12/13.5	100/100	48/4	—	—
H63	100	300/630	110/500	70/420	—	—	49/4	66	140
H62	100	330/600	150/200	80/420	12/15.4	100/300	49/3	66	140
H59	98	390/500	—	80/—	12/18.2	100/500	44/10	62	140

注：/前数据为软态，后为硬态。

为了改善普通黄铜的性能，常添加其他元素，如 Al、Ni、Mn、Sn、Si、Pb 等。Al 能提高黄铜的强度、硬度和耐蚀性，但使塑性降低，适合作海轮冷凝管及其他耐蚀零件。Sn 能提高黄铜的强度和对海水的耐腐性，故称海军黄铜，用作船舶热工设备和螺旋桨等。Pb 能改善黄铜的切削性能，这种易切削黄铜常用作钟表零件。黄铜铸件常用来制作阀门和管道配件等。

(2) 特殊黄铜

为了提高黄铜的耐蚀性、强度、硬度和切削性等，在 Cu-Zn 合金中加入少量 Sn、Al、Mn、Fe、Si、Ni、Pb 等元素，构成三元合金、四元合金及五元合金，即为特殊黄铜。部分牌号及化学成分见表 1-8，典型力学性能见表 1-9。

表 1-8　特殊黄铜的牌号及化学成分(GB/T 5231—2022)

质量分数/%

组别	合金牌号	Cu	Fe	Pb	Al	Mn	Sn	Si	Ni	B	As	Zn	Cu+所列元素总和
铅黄铜	HPb57-3	56.0~58.0	0.50	2.5~3.5	—	—	—	—	0.5	—	—	余量	99.3
	HPb59-1	57.0~60.0	0.50	0.8~1.9	—	—	—	—	0.5	—	—	余量	99.0
	HPb59-1.8	57.0~61.0	—	1.0~2.5	—	—	Fe+Sn≤1.0	—	0.5	—	—	余量	99.7
	HPb59-2.8	57.0~61.0	0.50	1.8~3.7	—	—	Fe+Sn≤1.0	—	0.5	—	—	余量	99.7
	HPb59-3	57.5~59.5	0.50	2.0~3.0	—	—	—	—	0.5	—	—	余量	98.8
	HPb60-2	58.0~61.0	0.30	1.5~2.5	—	—	—	—	—	—	—	余量	99.5
	HPb61-1	58.0~62.0	0.15	0.6~1.2	—	—	—	—	—	—	—	余量	99.6
	HPb61-1.5	60.0~62.0	0.25	1.2~2.0	—	—	0.25	—	0.2	—	—	余量	99.8
	HPb61-3	59.0~63.0	0.50	1.8~3.7	—	—	Fe+Sn≤1.0	—	0.5	—	—	余量	99.7
	HPb62-0.8	60.0~63.0	0.20	0.5~1.2	—	—	—	—	0.5	—	—	余量	99.3
	HPb62-1-0.6	61.0~62.5	0.30	0.8~1.2	0.6~0.7	0.1	0.3	0.02	0.2	Sb：0.008~0.06 P≤0.01	0.09~0.13	余量	99.8
	HPb62-2	60.0~63.0	0.15	1.5~2.5	—	—	—	—	—	—	—	余量	99.5
	HPb62-3	60.0~63.0	0.35	2.5~3.0	—	—	—	—	—	—	—	余量	99.5
	HPb62-3.4	60.0~63.0	0.35	3.1~3.7	—	—	—	—	—	—	—	余量	99.5
	HPb63-0.1	61.5~63.5	0.15	0.05~0.3	—	—	—	—	0.5	—	—	余量	99.5
	HPb63-1.5	62.0~64.0	0.30	1.2~1.6	0.5~0.7	0.1	0.3	—	0.2	—	0.02~0.15	余量	99.8
	HPb63-1.5-0.6	62.0~63.6	0.30	1.4~1.6	0.5~0.7	0.1	0.3	—	0.2	—	0.09~0.13	余量	99.8
	HPb63-3	62.0~65.0	0.10	2.4~3.0	—	—	—	—	0.5	—	—	余量	99.3
	HPb65-1.5	64.0~66.0	0.30	1.2~1.7	0.8~1.0	0.1	0.3	—	0.2	—	0.02~0.15	余量	99.8
	HPb66-0.5	65.0~68.0	0.07	0.25~0.7	—	—	—	—	—	—	—	余量	99.6
	HPb89-2	87.5~90.5	0.10	1.3~2.5	—	—	—	—	0.7	—	—	余量	99.6
锡黄铜	合金牌号	Cu	B	Si	As	Cd	Sn	P	Ni	Fe	Pb	Zn	Cu+所列元素总和
	HSn60-0.8	59.0~62.0	—	—	—	—	0.5~1.0	—	—	0.10	0.20	余量	99.6
	HSn60-0.4-0.2	58.0~61.0	Mg：0.03~0.2	0.01~0.1	0.01~0.05	Al≤0.1	0.2~0.6	0.05~0.25	0.2	—	0.1~0.2	余量	99.8
	HSn60-1	59.0~61.0	—	—	—	—	1.0~1.5	—	0.5	0.10	0.30	余量	99.4
	HSn60-1-0.04	59.0~62.0	—	—	0.02~0.06	—	0.5~1.0	—	—	0.10	0.2	余量	99.6
	HSn61-0.8-1.8	59.0~62.0	—	—	—	—	0.5~1.0	—	—	0.10	1.3~2.2	余量	99.6

续表

组别	合金牌号	Cu	B	Si	As	Cd	Sn	P	Ni	Fe	Pb	Zn	Cu+所列元素总和
锡黄铜	HSn62-1	61.0~63.0	—	—	—	—	0.7~1.1	—	—	0.10	0.10	余量	99.7
	HSn70-1	69.0~71.0	—	—	0.03~0.06	—	0.8~1.3	—	—	0.10	0.05	余量	99.8
	HSn71-1	70.0~73.0	—	—	—	—	0.8~1.2	0.02~0.10	—	0.06	0.07	余量	99.6
	HSn71-1-0.06	70.0~73.0	—	—	—	—	0.8~1.2	Sb：0.02~0.10		0.06	0.07	余量	99.6
	HSn75-1	73.0~76.0	—	—	—	—	0.5~1.5	0.10	0.20	0.20	0.07	余量	99.6
	HSn88-0.7	86.5~90.5	—	—	—	—	0.5~0.9	0.06	0.8	0.03	0.05	余量	99.5
	HSn88-1	86.0~89.0	—	—	—	—	0.8~1.4	0.35	—	0.05	0.05	余量	99.7
	HSn88-2	87.0~90.0	—	—	—	—	1.5~3.0	0.35	—	0.05	0.05	余量	99.7
	HSn90-1	88.0~91.0	—	—	—	—	0.25~0.75	—	—	0.10	0.03	余量	99.8
铝黄铜	合金牌号	Cu	Fe	Pb	Al	Mn	P	Sb	Ni	Si	Sn	Zn	Cu+所列元素总和
	HAl58-1.2	56.0~60.0	B：0.003~0.01	0.0015	1.0~1.5	—	Ti：0.03~0.06	As：0.0015	Re：0.03~0.06	0.5~0.8	0.0015	余量	99.8
	HAl59-3-2	57.0~60.0	0.5	0.10	2.5~3.5	—	—	—	2.0~3.0	—	—	余量	99.7
	HAl60-1-1	58.0~61.0	0.7~1.5	0.40	0.7~1.5	0.1~0.6	—	—	—	—	—	余量	99.7
	HAl60-4-3-1	57.0~62.0	0.5~1.3	0.8	3.5~4.5	0.5~0.8	Co：1.0~2.0	—	2.5~4.0	0.5~1.0	—	余量	99.7
	HAl60-5-2-2	57.0~62.0	—	—	4.3~5.2	—	Ti：1.2~2.0	—	2.0~3.0	—	—	余量	99.8
	HAl61-1-1	余量	0.1~0.25	0.75~1.25	1.0~1.4	0.02~0.1	—	—	0.02~0.10	—	0.05~0.25	35.0~38.0	99.7
	HAl61-4-3-1	59.0~62.0	0.3~1.3	—	3.5~4.5	—	Co：0.5~1.0	—	2.5~4.0	0.5~1.5	—	余量	99.3
	HAl63-0.6-0.2	62.2~64.2	0.3	0.2~0.3	0.5~0.7	0.1	P≤0.01 As：0.09~0.13	0.008~0.02	0.2	0.02	0.3	余量	99.8
	HAl66-6-3-2	64.0~68.0	2.0~4.0	0.5	6.0~7.0	1.5~2.5	—	—	—	—	—	余量	99.0
	HAl67-2.5	66.0~68.0	0.6	0.5	2.0~3.0	—	—	—	0.5	—	—	余量	99.6
	HAl77-2	76.0~79.0	0.06	0.07	1.8~2.5	—	As：0.02~0.06	—	—	—	—	余量	99.5

续表

组别	合金牌号	Cu	Al	Si	As	Sn	P	Ni	Mn	Fe	Pb	Zn	Cu+所列元素总和
锰黄铜	HMn55-3-1	53.0~58.0	—	—	—	—	—	—	3.0~4.0	0.5~1.5	0.5	余量	99.0
	HMn57-2-2-1	56.0~58.0	0.5	0.5~1.5	—	0.25	—	1.5~3.0	1.0~2.5	0.5	0.2~0.8	余量	99.0
	HMn57-3-1	55.0~58.5	—	0.5~1.5	—	—	—	—	2.5~3.5	1.0	0.2	余量	98.7
	HMn58-2	57.0~60.0	—	—	—	—	—	—	1.0~2.0	1.0	0.1	余量	98.8
	HMn58-2-1-0.5	56.0~60.5	0.20~2.0	—	—	—	—	—	0.5~2.5	0.10~1.0	0.5	余量	99.7
	HMn58-2-2-0.5	57.0~59.0	1.3~2.3	0.3~1.3	—	0.4	—	1.0	1.5~3.0	1.0	0.2~0.8	余量	99.7
	HMn58-3-1-1	57.0~60.0	0.50~2.0	0.5~1.5	—	0.30	—	0.25	2.0~3.5	0.35	0.50	余量	99.5
	HMn58-3-2-0.8	57.0~60.0	1.5~2.0	0.6~0.9	—	—	—	—	2.0~4.0	0.25	0.3~0.6	余量	99.8
	HMn60-3-1.7-1	58.0~63.0	0.25	0.5~1.5	—	0.30	—	0.25	2.0~3.5	0.5	0.4~3.0	余量	99.5
	HMn61-2-1-1	60.0~63.0	0.1	0.5~1.5	—	0.2	—	0.1~1.0	1.5~3.0	0.3	0.2~1.0	余量	99.4
	HMn61-3-1	60.0~63.0	0.25	0.6~1.5	—	0.25	—	0.25	2.25~3.0	0.1	0.2	余量	99.5
	HMn62-3-3-0.7	57.0~63.0	2.4~3.4	0.5~1.5	—	0.1	—	—	2.7~3.7	0.1	0.05	余量	99.1
镍黄铜	合金牌号	Cu	Fe	Pb	Al	Bi	Mg	Cd	Ni	Si	Sn	Zn	Cu+所列元素总和
	HNi55-7-4-2	54.0~56.0	0.5~1.0	—	3.0~4.5	—	—	—	6.0~7.5	2.0~2.5	—	余量	99.8
	HNi56-3	54.0~58.0	0.15~0.50	0.2	0.3~0.5	—	—	—	2.0~3.0	—	—	余量	99.6
	HNi65-5	64.0~67.0	0.15	0.03	—	—	—	—	5.0~6.5	—	—	余量	99.7
砷黄铜	合金牌号	Cu	Fe	Pb	Al	Mn	As	Si	Ni	B	As	Zn	Cu+所列元素总和
	HAs62-0.04	60.5~63.5	0.15	0.08	—	—	—	—	—	—	0.02~0.06	余量	99.7
	HAs63-0.04	62.0~65.0	0.15	0.08	—	—	—	—	—	—	0.02~0.06	余量	99.7
	HAs63-0.1	61.5~63.5	0.1	0.2	0.05	0.1	0.1	—	0.3	—	0.02~0.15	余量	99.8
	HAs65-0.04	63.0~68.5	0.07	0.09	—	—	—	—	—	—	0.02~0.06	余量	99.7
	HAs68-0.04	67.0~70.0	0.10	0.03	—	—	—	—	—	—	0.02~0.06	余量	99.8
	HAs70-0.05	68.5~71.5	0.05	0.05	—	—	—	—	—	—	0.02~0.06	余量	99.7
	HAs85-0.05	84.0~86.0	0.10	0.03	—	—	—	—	—	—	0.02~0.06	余量	99.8

续表

组别	合金牌号	Cu	Fe	Pb	Al	Mn	P	Ni	Si	Cd	Sn	Zn	Cu+所列元素总和
硅黄铜	HSi58-1.2	56.0~60.0	B：0.003~0.01	0.0015	0.5~0.9	Ti：0.03~0.06	As：0.0015	Re：0.03~0.06	1.0~1.5	0.0015	—	余量	99.8
	HSi68-1	66.0~68.0	0.06~0.1	0.06~0.09	0.05	Mg≤0.03	As：0.03~0.8	0.02~0.04	0.8~2.0	—	0.05~0.1	余量	99.8
	HSi68-1.5	66.0~70.0	0.15	0.1	—	As≤0.1	0.05~0.40	0.3	1.0~2.0	Bi≤0.01	0.6	余量	99.7
	HSi76-3-0.06	75.0~77.0	0.3	0.1	0.05	0.05	0.02~0.1	0.2	2.7~3.5	—	0.3	余量	99.8
	HSi80-3	79.0~81.0	0.6	0.1	—	—	—	—	2.5~4.0	—	—	余量	99.2
铋黄铜	合金牌号	Cu	B	Si	As	Bi	Cd	Sn	P	Fe	Pb	Zn	Cu+所列元素总和
	HBi58-1.5	57.0~59.0	—	—	—	0.5~2.5	0.0075	0.5	0.15	0.5	0.01	余量	99.7
	HBi62-1	61.0~63.0	Sb：0.02~0.10	0.3	—	0.5~2.5	0.001	1.5~3.0	0.04~0.15	0.12	0.09	余量	99.5

表 1-9　特殊黄铜的典型力学性能

合金牌号	抗拉强度/MPa	屈服强度/MPa	弹性极限/MPa	疲劳强度/MPa	疲劳试验循环次数/10^6	伸长率/%	断面收缩率/%	冲击韧性/(J/cm^2)
HPb89-2	320/700	91/450	70/450	12/13. 5	100/100	48/4	—	—
HPb63-3	330/600	150/200	80/420	12/15. 4	100/300	49/3	66	140
HPb62-3	280/550	100/450	40/450	10. 6/14	100/300	45/4	85	—
HPb62-2	320/640	120/520	80/420	10. 5/15. 4	90/50	52/5	70	160
HPb61-1	340/590	110/540	80/450	12/15	—	58/6	—	—
HPb60-2	320/700	91/450	70/450	12/13. 5	100/100	48/4	—	—
HPb59-1	300/630	110/500	70/420	—	—	49/4	66	140
HSn90-1	320/640	120/520	80/420	10. 5/15. 4	90/50	52/5	70	160
HSn62-1	320/660	90/520	70/500	12/15	100/100	55/3	70	170
HSn60-1	260/480	120/400	40/380	8. 5/12. 5	50/50	45/4	80	180
HAl77-2	280/550	100/450	40/450	10. 6/14	100/300	45/4	85	—
HAl67-2. 5	320/640	80/420	80/420	10. 5/15. 4	90/50	52/5	70	160
HAl66-6-3-2	320/660	90/520	70/500	12/15	100/100	55/3	70	170
HAl61-4-3-1	340/590	110/540	80/450	12/15	—	58/6	—	—
HAl60-1-1	320/660	90/520	70/500	12/15	100/100	55/3	70	170
HAl59-3-2	320/700	91/450	70/450	1/13. 5	100/100	48/4	—	—
HMn58-2	390/500	—	80/—	12/18. 2	100/500	44/10	62	140
HMn57-3-1	240/500	—/390	35/360	—	—	50/2	—	220
HMn55-3-1	260/480	120/400	40/380	8. 5/12. 6	50/50	45/4	80	180
HNi65-5	280/550	100/450	40/450	10. 6/14	100/300	45/4	85	—
HNi56-3	320/640	120/520	80/420	10. 5/15. 4	90/50	52/5	70	160
HAs70A	320/660	90/520	70/500	12/15	100/100	55/3	70	170
HAs68A	320/700	91/450	70/450	12/13. 5	100/100	48/4	—	—
HSi80-3	300/630	110/500	70/420	—	—	49/4	66	140

注：/前数据为软态，后为硬态。

1）铅黄铜

Pb 几乎不固溶于 Cu-Zn 合金，多存在于固溶体边界。后期经压力加工，呈游离态孤立相分布于固溶体中，有较好的润滑与减磨作用，使黄铜具有良好的切削性能，使零件获得高光洁度，同时提高合金的耐磨性。铅黄铜按其组织有 α 和 (α+β) 两种。α 铅黄铜一般只进行冷轧或热挤压，(α+β) 铅黄铜可进行热加工。

2）锡黄铜

Sn 可少量固溶于 Cu-Zn 合金中，常用锡黄铜的含 Sn 量一般不超过 5%。Sn 的加入有助于抑制黄铜脱锌，提高黄铜的耐蚀性。锡黄铜在海水、淡水中具有良好的耐蚀性。但过量 Sn 的加入会降低合金的加工性。合金 HSn70-1 在热压力加工时易裂，需要严格控制杂质含量，如 Pb 含量低于 0.03%，Sn 含量宜控制在 1.0%~1.2%。

3）铁黄铜

Fe 在 Cu-Zn 体系中固溶度极低，超过固溶度的 Fe 以高熔点的富 Fe 相颗粒存在。该富 Fe 相的微粒能细化铸锭组织，同时能抑制再结晶晶粒长大，从而提高黄铜的机械性能和工艺性能。黄铜中 Fe 含量通常在 1.5%以下。过量的 Fe 会产生富 Fe 相偏析，降低黄铜的耐蚀性和表面加工性。当黄铜中同时存在 Fe、Si 时，体系产生的硅化铁粒子会增加切削工具磨损，降低黄铜的可切削性能。HFe59-1-1 铁黄铜适于制作在摩擦和受海水腐蚀条件下工作的结构零件。

4）镍黄铜

Ni 的添加使黄铜 α 相区增大，形成少量 β 相。Ni 的加入提高了黄铜的强度、韧性、抗脱锌性及抗应力腐蚀开裂性，在一定程度上可提高黄铜的再结晶温度，促使形成更细的晶粒。工业应用中的 HNi65-5 镍黄铜，可用作压力表管、造纸网、船舶冷凝管等。

5）铝黄铜

Al 的加入使黄铜的 α 相区缩小。当 Al 含量进一步增加，γ 相出现，合金强度和硬度增加，塑性大幅度降低。含 22%~24% Zn、1.0%~3.0% Al 的黄铜具有良好的铸造性能、加工性能和高的力学指标。Al 的加入有助于黄铜表面致密的氧化铝膜的形成，提高合金对气体、溶液、高速海水的耐蚀性。

6）硅黄铜

Cu-Zn 体系中随着 Si 元素的加入，α 相区缩小。当体系中 Si 含量不小于 4% 时，体系中形成新相 K，为密集六方晶格，具有良好的热加工性能。在 545℃ 通过共晶分解转变为 α+γ 相。硅黄铜的有害杂质元素主要包括：Al、As、Sb、P、Pb 等。硅黄铜铸造性能良好、低温性能优异。常用硅黄铜 80Cu-17Zn-3Si 耐蚀性优良，软态的抗拉强度为 300MPa，伸长率为 58%，适用于制作船舶零件，蒸汽管和水管配件等。

7）锰黄铜

Mn 元素的加入，使黄铜的 α 相区缩小，但对黄铜的组织影响不大。Mn 对黄铜有固溶强化作用，少量的 Mn 可一定程度上提升黄铜的强度、硬度。Mn 的加入能显著提升黄铜在海水、氯化物和过热蒸汽腐蚀体系中的耐蚀性。同时锰黄铜的切削加工性能较好。

2. 白铜

以 Ni 为主要合金元素的铜合金称为白铜。白铜以良好的耐蚀性、中等以上的强度、易塑型、加工和可焊性，广泛用于造船、石油、化工、建筑、电力、精密仪表、医疗器械、乐器制作等。白铜包括普通白铜和特殊白铜。

(1) 普通白铜

普通白铜即 Cu-Ni 二元合金，单相固溶体。普通白铜的牌号及化学成分见表 1-10，典型力学性能见表 1-11。

表 1-10　普通白铜的牌号及化学成分　　质量分数/%

合金牌号	Cu	Ni+Co	Al	Fe	Mn	Pb	P	S	C	Mg	Si	Zn	Sn	Cu+所列元素总和
B0.6	余量	0.57~0.63	—	0.005	—	0.005	0.002	0.005	0.002	—	0.002	—	—	99.9
B5	余量	4.4~5.0	—	0.20	—	0.01	0.01	0.01	0.03	—	—	—	—	99.5
B19	余量	18.0~20.0	—	0.5	0.5	0.005	0.01	0.01	0.05	0.05	0.15	0.3	—	98.2
B23	余量	22.0~24.0	—	0.10	0.15	0.05	—	—	—	—	—	0.20	—	99.5
B25	余量	24.0~26.0	—	0.5	0.5	0.005	0.01	0.01	0.05	0.05	0.15	0.3	0.03	98.2
B30	余量	29.0~33.0	—	0.9	1.2	0.05	0.006	0.01	0.05	—	0.15	—	—	97.7

表 1-11　普通白铜的典型力学性能

合金牌号	抗拉强度/MPa		伸长率/%		布氏硬度/HB
	软状态	硬状态	软状态	硬状态	
B0.6	250~300	450(加工率 80%)	<50	2(加工率 80%)	50~60
B5	270(板)	470(板)	50(板)	4(板)	38(软状态)
B19	400	800(加工率 80%)	35	5(加工率 60%)	70(软状态)
B30	380	—	23	—	—

(2) 特殊白铜

若在 Cu-Ni 二元合金中添加 Fe、Zn、Mn、Al 等元素，则对应地称为铁白铜、锌白铜、锰白铜和铝白铜等。部分特殊白铜的牌号及化学成分见表 1-12，典型力学性能见表 1-13。

表 1-12　特殊白铜的牌号及化学成分

质量分数/%

类别	合金牌号	Cu	Ni+Co	Al	Fe	Mn	Pb	P	S	C	Mg	Si	Zn	Sn	—	Cu+所列元素总和
铁白铜	BFe5-1.5-0.5	余量	4.8~6.2	—	1.3~1.7	0.30~0.8	0.05	—	—	—	—	—	1.0	—	—	99.5
	BFe10-1-1	余量	9.0~11.0	—	1.0~1.5	0.5~1.0	0.02	0.006	0.01	0.05	—	0.15	0.3	0.03	—	99.3
	BFe10-1.4-1	余量	9.0~11.0	—	1.0~1.8	1.0	0.05	—	—	—	—	—	1.0	—	—	99.5
	BFe16-1-1-0.5	余量	15.0~18.0	—	0.50~1.00	0.2~1.0	0.05	Cr：0.30~0.70		—	—	Ti≤0.03	0.03	1.0	—	98.9
	BFe30-1-1	余量	29.0~32.0	—	0.5~1.0	0.5~1.2	0.02	0.006	0.01	0.05	—	0.15	0.3	0.03	—	99.3
锰白铜	合金牌号	Cu	Ni+Co	Al	Fe	Mn	Pb	P	S	C	Mg	Si	Zn	Sn	—	Cu+所列元素总和
	BMn3-12	余量	2.0~3.5	0.2	0.20~0.50	11.5~13.5	0.020	0.005	0.020	0.05	0.03	0.1~0.3	—	—	—	99.5
	BMn40-1.5	余量	39.0~41.0	—	0.50	1.0~2.0	0.005	0.005	0.02	0.10	0.05	0.10	—	—	—	99.1
	BMn43-0.5	余量	42.0~44.0	—	0.15	0.10~1.0	0.002	0.002	0.01	0.10	0.05	0.10	—	—	—	99.4
铝白铜	合金牌号	Cu	Ni+Co	Al	Fe	Mn	Pb	P	S	C	Mg	Si	Zn	Sn	—	Cu+所列元素总和
	BAl3-3	余量	12.0~15.0	2.3~3.0	1.0	0.50	0.003	0.01	—	—	—	—	—	—	—	99.6
	BAl6-1.5	余量	5.5~6.5	1.2~1.8	0.5	0.20	0.003	—	—	—	—	—	—	—	—	99.6
锌白铜	合金牌号	Cu	Ni+Co	Fe	Mn	Pb	Si	P	S	C	Sn	Bi	Ti	Sb	Zn	Cu+所列元素总和
	BZn8-26	63.0~66.0	7.0~9.0	0.25	0.50	0.09	—	—	—	—	—	—	—	—	余量	99.5
	BZn10-25	63.5~66.5	9.0~11.0	0.25	0.50	0.09	—	—	—	—	—	—	—	—	余量	99.5
	BZn12-24-1.1	59.0~66.5	11.0~13.0	0.25	0.50	0.8~1.4	—	—	—	—	—	—	—	—	余量	99.5
	BZn12-38-2	42.5~44.0	11.0~12.3	0.20	5.0~6.0	1.2~2.2	0.06	0.02	—	—	0.10	—	—	—	余量	99.8
	BZn14-24	60.0~64.0	12.5~15.5	0.25	0.50	0.03	—	—	—	—	—	—	Mg≤0.1	—	余量	99.5
	BZn15-20	62.0~65.0	13.5~16.5	0.5	0.3	0.02	0.15	0.005	0.01	0.03	Mg≤0.05	0.002	As≤0.010	0.002	余量	99.1
	BZn15-21-1.8	60.0~63.0	14.0~16.0	0.3	0.5	1.5~2.0	0.15	—	—	—	—	—	—	—	余量	99.1
	BZn15-24-1.5	58.0~60.0	12.5~15.5	0.25	0.05~0.5	1.4~1.7	—	0.02	0.005	—	—	—	—	—	余量	99.5

续表

	合金牌号	Cu	Ni+Co	Fe	Mn	Pb	Si	P	S	C	Sn	Bi	Ti	Sb	Zn	Cu+所列元素总和
锡白铜	BSn9-6	余量	8.5~9.5	0.50	0.05~0.30	0.02	—	—	—	—	5.5~6.5	—	Mg≤0.15	Nb≤0.10	0.50	99.7
	BSn15-8	余量	14.5~15.5	0.50	0.30	0.02	—	—	—	—	7.5~8.5	—	Mg≤0.15	Nb≤0.10	0.50	99.7
硅白铜	合金牌号	Cu	Ni+Co	Fe	Mn	Pb	Si	P	S	C	Sn	Bi	Ti	Sb	Zn	Cu+所列元素总和
	BSi2-0.45	余量	1.0~3.0	—	—	—	0.20~0.7	0.01	—	—	—	—	—	—	—	99.5
	BSi2-0.8	余量	1.0~2.5	0.20	0.20	0.05	0.50~1.2	Co：1.0~2.0		—	—	—	Mg≤0.15	—	1.0	99.5
	BSi7-2-1	余量	6.5~8.0	0.15	—	—	1.5~3.0	Cr：0.6~1.5		—	—	—	—	—	—	99.5
钴白铜	合金牌号	Cu	Ni+Co	Fe	Mn	Pb	Si	P	S	C	Sn	Bi	Ti	Sb	Zn	Cu+所列元素总和
	BCo19-0.4	余量	18.0~20.0	0.05	—	—	0.05	Co：0.2~0.6		—	—	—	—	—	—	99.9

表 1-13 特殊白铜的典型力学性能

合金牌号	抗拉强度 σ_b/MPa		伸长率/%		布氏硬度/HB	
	软状态	硬状态	软状态	硬状态	软状态	硬状态
BFe30-1-1	380	—	23~26	4~9	60~70	100
BZn15-20	380~450	800(加工率 80%)	35~45	2~4	70	160~175
BAl13-3	380	900~950	13	5	—	260
BAl16-1.5	360	650~750	28	7	—	210
BMn3-12	400~550	900(加工率 60%)	30	2	120	—
BMn40-1.5	400~500	700~850(加工率 80%)	30	2~4	75~90	155
BMn43-0.5	400	700(加工率 80%)	70	2	85~90	185

1）铁白铜

普通白铜中加入少量的 Fe 即为铁白铜。Fe 在 Cu-Ni 合金体系中的溶解度较小，950℃时可固溶 4.8%，300℃时可降至 0.1%。一般情况下，Cu-Ni-Fe 体系中 Fe 含量应小于 2%，过高会有应力腐蚀开裂的趋势；当 Fe 含量超过 4%，腐蚀加剧。Fe 元素的加入可以显著细化晶粒，提高强度和耐蚀性，尤其是提高海水冲击腐蚀时的耐蚀性。10% Ni 的白铜中加入 1%~2% Fe，显著提高耐海水冲刷腐蚀。

2）锌白铜

Zn 可大量固溶于 Cu-Ni 合金中，形成单相 α 固溶体。通过固溶强化作用显著提高白铜的强度及抗大气腐蚀能力。锌白铜中 Cu 含量为 53.5%~56.5%、Ni 含量为 16.5%~19.5%、Zn 为余量。锌白铜具有优良的综合机械性能，耐腐蚀性能，同时冷热加工成型性好，易切削，可制成线材、板材和棒材，用于制造仪器、仪表、医疗器械、日用品和通信等领域的精密零件。

3）铝白铜

Al 在 Cu-Ni 合金体系中的溶解度较小，且随着温度的降低而减小。Cu-Ni-Al 合金中会产生 Ni_3Al 化合物，有明显的沉淀硬化作用，能提高合金的强度和硬度。铝白铜性能与合金中镍量和铝量的比例有关，当 Ni/Al 比为 8~10 时，合金性能最好，如 Cu16Ni5Mn2AlFe 合金，强度、塑性、耐蚀性和焊接性能优良。拉伸强度可达到 740MPa，伸长率为 2.5%。常用的铝白铜有 Cu6Ni1.5Al、Cu13Ni13Al 等，主要用于造船、电力化工等工业部门中各种高强耐蚀件。

4）锰白铜

白铜中锰含量一般不超过 14%。Cu-Ni-Mn 合金中产生的 MnNi 化合物对合金有沉淀硬化作用。锰白铜具有低的电阻温度系数，可在较宽的温度范围内使用，耐腐蚀性好，同时还具有良好的加工性。

3. 青铜

除黄铜、白铜之外的铜合金统称青铜。按主要的添加元素（如 Sn、Al、Si 等）分别命名为锡青铜、铝青铜、硅青铜等。随着技术的发展，2012 年 GB/T 5231—2012 中将合金元素低于 4%的铜合金划归为高铜合金，主要包括 TBe1. 9-0. 4、TNi2. 4-0. 6-0. 5、TCr0. 3-0. 3、TCr0. 5-0. 1、TCr0. 7、TCr0. 8、TCr1-0. 15、TCr1 - 0. 18、TMg0. 2、TMg0. 4、TMg0. 5、TPb1、TFe1. 0、TFe0. 1、TFe3. 0-0. 2。2022 年又增添了 28 个高铜牌号。常见高铜合金系列和青铜合金系列牌号与化学成分见表 1-14 和表 1-15，青铜典型力学性能指标见表 1-16。

（1）高铜合金系列

铬铜：Cr 与 Cu 可形成固溶体，且固溶度随温度的降低而显著减小，因此沉淀硬化效果明显。铬铜因高的强度和硬度、耐热，高的导电率和热导率，所以是制造导电、耐磨零件的好材料。如 TCr0. 5 就常作为电机整流子和电焊机电极，以及其他在高温要求高强度、硬度、导电性和导热性的零件等。

镁铜：Mg 在 Cu 中的溶解度随温度的降低而减小，在共晶温度 722℃时的极限溶解度为 3. 3%。微量 Mg 对铜的导电性影响不大，同时还有一定的脱氧作用，对铜的高温氧化性能也有益。镁铜常以线材形式制造电缆及其他导体。

铁铜：Fe 在 Cu 中的溶解度 1050℃时约为 3. 5%，635℃时下降到 0. 15%。Fe 有晶粒细化作用，抑制铜的再结晶行为，提高铜的强度、硬度，但降低铜的塑性，同时显著降低铜的导电率和热导性。Fe 以独立相形式存在于铜中，使铜呈铁磁性。铁铜常用于要求冷热性能良好且强度和导电率高的场合，如断路器元件、接触弹簧、插头等。

铍铜：铍铜有沉淀硬化作用，工业上铍铜的铍含量一般低于 3%。铍铜经淬火、冷加工成型和时效处理，具有高的强度和良好的导电、导热性能，可用于制造各种精密仪器、仪表中的弹性零件和耐蚀、耐磨零件，如钟表齿轮、航海罗盘、电焊机电极、防爆工具等。钛铜与铍铜类似，但导电性略次于铍铜。

（2）锡青铜

工业锡青铜除元素 Sn 外，还含有一定量的 P、Zn、Pb、Ni 等。其中 Pb、P 既可做合金元素也可为杂质元素，Zn 则作为合金元素存在，Pb、Si、Al、S、Fe、Bi 等为杂质。锡青铜在凝固时因 Sn 在 Cu 中扩散缓慢造成严重的枝晶偏析，因此铸锭在进行压力加工前要进行均匀化退火，并经多次压力加工和退火后，才能基本上消除枝晶偏析。锡青铜对过热气体不敏感，可焊性良好，无低温脆性。锡青铜的机械性能与含 Sn 量及组织有关。在 α 相区，Sn 含量增加，R_m 及塑性均增大，在大约 10% Sn 附近，塑性最好，在 21%~23% Sn 附近 R_m 最大。锡青铜在大气、水蒸气和海水中具有很高的化学稳定性，在海水中的耐蚀性比紫铜、黄铜优良。

表 1-14 高铜合金的牌号与化学成分(GB/T 5231—2022)

质量分数/%

组别	合金牌号	Cu	Be	Ni	Si	Fe	Al	Pb	Ti	Sn	P	Mg	Zr	Co	Cu+所列元素总和
铍铜	TBe0. 3-0. 5	余量	0. 15~0. 50	—	0. 20	0. 20	0. 20	—	—	—	—	—	—	0. 35~0. 6	99. 5
	TBe0. 3-1. 2	余量	0. 15~0. 50	1. 0~1. 4	0. 20	0. 20	0. 20	—	—	0. 25	—	—	0. 50	—	99. 5
	TBe0. 3-1. 5	余量	0. 25~0. 50	—	0. 20	0. 10	0. 20	—	—	—	Ag：0. 90~1. 10		—	1. 40~1. 70	99. 5
	TBe0. 4-1. 8	余量	0. 2~0. 6	1. 4~2. 2	0. 20	0. 10	0. 20	—	—	—	—	—	—	0. 3	99. 5
	TBe0. 6-2. 5	余量	0. 4~0. 7	—	0. 20	0. 10	0. 20	—	—	—	—	—	—	2. 4~2. 7	99. 5
	TBe1. 7	余量	1. 6~1. 85	0. 2~0. 4	0. 15	0. 15	0. 15	0. 005	0. 10~0. 25	—	—	—	—	—	99. 5
	TBe1. 9	余量	1. 85~2. 1	0. 2~0. 4	0. 15	0. 15	0. 15	0. 005	0. 10~0. 25	—	—	—	—	—	99. 5
	TBe1. 9-0. 1	余量	1. 85~2. 1	0. 2~0. 4	0. 15	0. 15	0. 15	0. 005	0. 10~0. 25	—	—	0. 07~0. 13	—	—	99. 5
	TBe1. 9-0. 2	余量	1. 8~2. 0	—	0. 20	—	0. 20	—	—	—	—	—	—	0. 20	99. 5
	TBe2. 0	余量	1. 8~2. 1	0. 2~0. 5	0. 15	0. 15	0. 15	0. 005	—	—	—	—	—	—	99. 5
	TBe2. 4	余量	2. 30~2. 50	0. 002	0. 025	0. 025	0. 01	0. 002	—	Sb+Sn+Zn≤0. 03；As+P≤0. 01				0. 01	99. 7
	TBe2. 8	余量	2. 60~3. 00	0. 002	0. 025	0. 025	0. 01	0. 002	—	Sb+Sn+Zn≤0. 03；As+P≤0. 01				0. 01	99. 7

组别	合金牌号	Cu	Ni	Cr	Si	Fe	Al	Pb	Ti	Sn	S	P	Mg	Zr	Cu+所列元素总和
铬铜	TCr0. 3-0. 1-0. 02	余量	—	0. 20~0. 4	0. 01~0. 03	—	0. 10	—	Mn≤0. 05	0. 20	—	—	—	0. 07~0. 13	99. 5
	TCr0. 3-0. 1-0. 02-0. 03	余量	—	0. 20~0. 40	0. 01~0. 03	—	0. 10	—	—	0. 20	—	—	0. 002~0. 05	0. 07~0. 13	99. 5
	TCr0. 3-0. 15-0. 03	余量	—	0. 15~0. 45	0. 005~0. 05	—	—	—	—	—	—	—	—	0. 05~0. 25	99. 5
	TCr0. 3-0. 2-0. 05	99. 0	—	0. 15~0. 40	0. 02~0. 07	—	—	—	0. 01~0. 40	—	—	—	—	—	99. 8
	TCr0. 3-0. 3	余量	—	0. 20~0. 6	—	—	—	—	—	—	—	—	Cd：0. 20~0. 6		99. 5
	TCr0. 5	余量	0. 05	0. 4~1. 1	—	0. 1	—	—	—	—	—	—	—	—	99. 6
	TCr0. 5-0. 15-0. 1	余量	Ag：0. 01~0. 30	0. 20~0. 7	0. 01~0. 10	0. 02~0. 20	—	—	0. 01~0. 15	—	—	—	—	—	99. 8
	TCr0. 5-0. 2-0. 1	余量	—	0. 4~1. 1	—	—	0. 10~0. 25	—	—	—	—	—	0. 1~0. 25	—	99. 5

续表

组别	合金牌号	Cu	Ni	Cr	Si	Fe	Al	Pb	Ti	Sn	S	P	Mg	Zr	Cu+所列元素总和
铬铜	TCr0. 6	余量	0. 03	0. 50~0. 7	0. 05	0. 05	—	0. 005	Zn：0. 015	—	—	0. 01	0. 002	—	99. 6
	TCr0. 6-0. 4-0. 05	余量	—	0. 4~0. 8	0. 05	0. 05	—	—	—	—	—	0. 01	0. 4~0. 08	0. 9~0. 6	99. 6
	TCr0. 9	余量	—	0. 4~1. 2	0. 10	0. 15	—	—	Zn：0. 7	As≤0. 005	—	0. 05	Li≤0. 05	Ca≤0. 005	99. 5
	TCr1	余量	—	0. 6~1. 2	0. 1	0. 1	—	0. 05	—	—	—	—	—	—	99. 5
镍铜	合金牌号	Cu	Ni	Cr	Si	Fe	Al	Pb	Zn	Sn	S	P	Mg	Zr	Cu+所列元素总和
	TNi0. 6-0. 2	余量	0. 5~0. 7	—	0. 03	0. 05	—	0. 005	0. 005	—	—	0. 005	0. 002	0. 12~0. 27	99. 9
	TNi1-1-0. 25	余量	0. 8~1. 2	—	—	0. 05	—	0. 8~1. 2	0. 50	0. 05	—	0. 15~0. 35	—	—	99. 5
	TNi1. 1-0. 25	余量	0. 9~1. 3	—	—	0. 10	—	0. 05	0. 8	—	—	0. 15~0. 35	—	—	99. 9
	TNi1. 3-0. 25	余量	0. 8~1. 8	—	0. 15~0. 35	—	—	—	—	—	—	0. 01~0. 05	—	—	99. 5
镁铜	合金牌号	Cu	Bi	Ni	Cr	Si	Fe	Pb	Ti	Zn	Sn	S	P	Mg	Cu+所列元素总和
	TMg0. 3-0. 2	余量	Bi≤0. 001	0. 002	Te：0. 15~0. 20		0. 002	0. 005	Sb≤0. 001	0. 0016	—	0. 0005	0. 2~0. 4	—	99. 9
	TMg0. 35	余量	—	—	—	—	—	—	—	—	—	—	0. 0100	0. 15~0. 60	99. 9
	TMg0. 45	余量	—	—	—	—	—	—	—	—	—	—	0. 0100	0. 30~0. 70	99. 9
	TMg0. 6-0. 2	余量	Bi≤0. 001	0. 002	Te：0. 15~0. 20		0. 002	0. 005	Sb≤0. 001	0. 0016	—	—	0. 0005	0. 5~0. 7	99. 9
	TMg0. 8	余量	Bi≤0. 002	0. 006	—	—	0. 005	—	Sb≤0. 001	0. 005	0. 002	0. 005	0. 70~0. 85	—	99. 7

续表

组别	合金牌号	Cu	Ni	Si	Fe	Al	Pb	Ti	Zn	Sn	S	P	Mg	Zr	Cu+所列元素总和
锡铜	TSn1.5-0.8-0.06	96.1*	0.7~0.9	0.010	0.06	—	0.02	—	0.8	1.0~2.0	—	0.02~0.09	—	Mn≤0.02	99.8
	TSn2-0.6-0.15	余量	0.50~3.0	—	—	—	—	—	—	0.30~0.9	—	0.01~0.20	—	—	99.8
	TSn2-0.2-0.6	余量	0.1~0.3	—	0.1	—	0.01	—	1.0	1.8~2.5	—	0.03~0.10	—	—	99.5
铁铜	合金牌号	Cu	Ni	Cr	Si	Fe	Pb	Zn	Sn	P		Mg	Zr	Co	Cu+所列元素总和
	TFe0.75	余量	0.05	—	—	0.30~1.2	0.05	0.20	0.20	0.10~0.40		0.01~0.20	Mn≤0.05	0.05	99.8
	TFe2.5	97.0	—	—	—	2.1~2.6	0.03	0.05~0.20	—	0.015~0.15		—	—	—	—
	TFe5	余量	—	0.01	0.01	4.5~5.5	—	—	—	0.002		0.007	Mn≤0.03	—	99.8

表 1-15 青铜合金的牌号与成分(GB/T 5231—2022)

质量分数/%

组别	合金牌号	Cu	Sn	P	Fe	Pb	A	B	Ti	Mn	Si		Ni	Zn	Cu+所列元素总和
锡青铜	QSn1.4	余量	1.0~1.7	0.15	0.10	0.02	—	—	—	—	—		—	0.20	99.5
	QSn1.5-0.2	余量	1.0~1.7	0.03~0.35	0.10	0.05	—	—	—	—	—		—	0.30	99.5
	QSn2-0.2	余量	1.7~2.3	0.15	0.10	0.02	—	—	—	—	—		0.10~0.40	0.20	99.5
	QSn4-0.3	余量	3.5~4.9	0.03~0.35	0.10	0.05	—	—	—	—	—		—	0.30	99.5
	QSn4-0.15-0.10-0.03	余量	3.5~4.9	0.01~0.35	0.05~0.20	0.05	—	—	—	—	—		0.05~0.20	0.30	99.5
	QSn4-4-2.5	余量	3.0~5.0	0.03	0.05	1.5~3.5	0.002	—	—	—	—		—	3.0~5.0	99.8
	QSn4-4-4	余量	3.0~5.0	0.03	0.05	3.0~4.0	0.002	—	—	—	—		—	3.0~5.0	99.8
	QSn6.5-0.1	余量	6.0~7.0	0.10~0.25	0.05	0.02	0.002	—	—	—	—		—	0.3	99.6
	QSn6.5-0.4	余量	6.0~7.0	0.26~0.40	0.02	0.02	0.002	—	—	—	—		—	0.3	99.6
	QSn7-0.2	余量	6.0~8.0	0.10~0.25	0.05	0.02	0.01	—	—	—	—		—	0.3	99.6
	QSn10-0.2	余量	9.0~11.0	0.03~0.35	0.10	0.05	—	—	—	—	—		—	0.20	99.5
	QSn15-1-1	余量	12~18	0.5	0.1~1.0	—	—	0.002~1.20	0.002	0.6	—		—	0.5~2.0	99.0
铝青铜	合金牌号	Cu	Al	Fe	Ni	Mn	P	Zn	Sn	Si	Pb	As	Mg	Sb	Cu+所列元素总和
	QAl6.5-2	余量	6.3~7.0	0.30	Ni+Co≤0.25	0.10	—	0.50	0.20	1.5~2.0	0.05	0.09	—	—	99.5
	QAl7-2	余量	6.3~7.6	0.30	Ni+Co≤0.25	0.10	—	0.50	0.20	1.5~2.2	0.05	0.09	—	—	99.5
	QAl9-2	余量	8.0~10.0	0.5	—	1.5~2.5	0.01	1.0	0.1	0.1	0.03	—	—	—	98.3
	QAl9-4	余量	8.0~10.0	2.0~4.0	—	0.5	0.01	1.0	0.1	0.1	0.01	—	—	—	98.3
	QAl9-4-4	余量	8.7~9.5	3.5~4.3	4.0~4.8	1.2~2.0	—	—	—	0.10	0.02	—	—	—	99.5
	QAl9-4-1-1	81.0~88.0	8.5~11.0	3.0~5.0	0.5~2.0	0.5~2.0	—	—	—	—	—	—	—	—	99.5
	QAl9-5-1-1	余量	8.0~10.0	0.5~1.5	4.0~6.0	0.5~1.5	0.01	0.3	0.1	0.1	0.01	0.01	—	—	99.4
	QAl10-3-1.5	余量	8.5~10.0	2.0~4.0	—	1.0~2.0	0.01	0.5	0.1	0.1	0.03	—	—	—	99.3
	QAl10-4-4	余量	9.5~11.0	3.5~5.5	3.5~5.5	0.3	0.01	0.5	0.1	0.1	0.02	—	—	—	99.0
	QAl10-5-3	余量	9.0~11.0	2.0~4.0	4.0~5.5	1.5	—	0.30	0.20	0.25	—	—	—	—	99.5
	QAl10-5-5	余量	8.0~11.0	4.0~6.0	4.0~6.0	0.5~2.5	—	0.5	0.2	0.25	0.05	—	0.10	—	98.8
	QAl10-6-5	74.5	10.0~11.0	4.0~5.5	4.2~6.0	1.5	—	0.30	0.25	—	0.03	Cr≤0.05	—	Co≤0.20	99.5
	QAl11-3	余量	10.0~11.5	2.0~4.5	—	0.30	—	—	0.20	0.25	—	—	—	—	99.5

续表

组别	合金牌号	Cu	Al	Fe	Ni	Mn	P	Zn	Sn	Si	Pb	As	Mg	Sb	Cu+所列元素总和
铝青铜	QAl11-6-6	余量	10.0~11.5	5.0~6.5	5.0~6.5	0.5	0.1	0.6	0.2	0.2	0.05	—	—	—	98.5
	QAl13-4	余量	12.5~13.5	3.5~5.5	—	2.0	—	—	—	—	—	—	—	—	99.5
	QAl14-3	余量	13.0~16.0	2.0~4.0	Co：0.1~0.5	0.5~1.5	—	—	—	0.04	—	—	—	—	99.5
	QAl5	余量	4.0~6.0	0.5	—	0.5	0.01	0.5	0.1	0.1	0.03	—	—	—	98.4
	QAl7	余量	6.8~8.5	0.50	—	—	—	0.20	—	0.10	0.02	—	—	—	99.5
硅青铜	合金牌号	Cu	Al	Fe	Ni	Mn	P	Zn	Sn	Si	Pb	As	Mg	Sb	Cu+所列元素总和
	QSi0.6-2	余量	—	0.10	1.6~2.2	—	—	0.50	—	0.40~0.8	0.09	—	—	—	99.5
	QSi0.6-2.1	余量	—	0.2	1.6~2.5	0.1	—	—	—	0.40~0.80	0.02	—	—	—	99.7
	QSi1-3	余量	0.02	0.1	2.4~3.4	0.1~0.4	—	0.2	0.1	0.6~1.1	0.15	—	—	—	99.5
	QSi3-1	余量	—	0.3	0.2	1.0~1.5	—	0.5	0.25	2.7~3.5	0.03	—	—	—	98.9
	QSi3.5-3-1.5	余量	—	1.2~1.8	0.2	0.5~0.9	0.03	2.5~3.5	0.25	3.0~4.0	0.03	0.002	—	0.002	98.9
锰青铜	合金牌号	Cu	Al	Fe	Ni	Mn	P	Zn	Sn	Si	Pb	As	Mg	Sb	Cu+所列元素总和
	QMn1.5	余量	0.07	0.1	0.1	1.20~1.80	—	Bi：0.002	0.05	0.1	0.01	Cr≤0.1	S：0.01	0.005	99.7
	QMn2	余量	0.07	0.1	—	1.5~2.5	—	Bi：0.002	0.05	0.1	0.011	0.01	—	0.05	99.5
	QMn5	余量	—	0.35	—	4.5~5.5	0.01	0.4	0.1	0.1	0.03	—	—	0.002	99.1
	QMn11-3.5-1.5	余量	2.50~4.50	1.00~1.60	—	10.8~12.5	0.005	0.10	—	0.10	0.005	C≤0.10	S：0.02	0.002	99.2
铬青铜	合金牌号	Cu	Cr	Fe	Ni	Mn	P	Zn	Sn	Si	Pb	As	Mg	Sb	Cu+所列元素总和
	QCr4.5-2.5-0.6	余量	3.5~5.5	0.05	0.2~1.0	0.5~2.0	0.005	0.05	—	—	—	Ti：1.5~3.5	—	—	99.9

表 1-16 青铜的典型力学性能

合金牌号		抗拉强度/MPa	屈服强度/MPa	伸长率/%	面缩率/%	冲击韧性/J	布氏硬度/HB
QSn4-3	软态	350	—	40	—	40	60
	硬态	550	—	4	—	—	160
QSn4-4-2.5	软态	300~350	130	35~45	34	20	60
	硬态	550~650	280	2~4	—	—	160~180
QSn6.5-0.1	软态	350~450	200~250	60~70	—	—	70~90
	硬态	700~800	590~650	7.5~12	—	—	160~200
QSn6.5-0.4	软态	350~450	200~250	60~70	—	—	70~90
	硬态	700~800	590~650	7.5~12	—	—	160~200
QSn7-0.2	软态	360	230	64	50	180	75
	硬态	500	—	15	20	70	180
QSn4-3	软态	340	—	52	—	—	55~70
	硬态	600	540	8	—	—	160~180
QAl5	软态	380	160	65	70	110	60
	硬态	800	540	5	—	—	200
QAl7	软态	420	250	70	75	150	70
	硬态	1000	—	3~10	40	—	154
QAl9-2	软态	450	—	20~40	35	90	80~100
	硬态	600~800	300~500	4~5	—	—	160~180
QAl9-4	软态	500~600	200	40	30	60~70	110
	硬态	800~1000	350	5	—	—	160~200
QAl10-3-1.5	软态	500~600	—	20~30	55	60~80	125~140
	硬态	700~900	—	0~12	—	—	160~200
QAl10-4-4	软态	600~700	330	35~45	45	30~40	140~160
	硬态	900~1000	550~600	9~15	11	—	180~225
QAl11-6-6	软态	—	—	30	—	—	—
	硬态	—	—	7	—	—	—
QBe2	软态	450~500	250~300	40	—	143	900HV
	硬态	950	750	3	—	125	2500HV
QBe1.9	软态	110	—	40	—	—	900HV
	硬态	—	—	3	—	—	2400HV

续表

合金牌号		抗拉强度/MPa	屈服强度/MPa	伸长率/%	面缩率/%	冲击韧性/J	布氏硬度/HB
QBe1.7	软态	107	—	50	—	—	850HV
	硬态	—	—	3.5	—	—	2200HV
QSi3-1（线材）	软态	350~400	140	50~60	75	130~170	80
	硬态	650~750	650	1~5	—	—	180
QSi1-3（线材）	软态	—	—	—	28	40~100	—
	硬态	600	520	8	—	—	150~200
QMn5	软态	300	80	40	50	200	80
	硬态	500~600	450	2	—	—	160
QMn1.5	软态	≥210	—	≥30	—	—	—
QCr0.5	软态	230	—	30	—	50~70	—
	硬态	480	400	11	—	130~150	—
QCr1.0	软态	250~280	80	40~55	—	60	—
	硬态	400~600	350	1.5~6	—	95~115	—

（3）铝青铜

只含 Al 的为简单铝青铜。复杂铝青铜是除 Al 外还含 Fe、Ni、Mn 等其他元素的多元合金。含 Al 量小于 7.4%的合金在固态下为单相 α 固溶体组织。当含 Al 量为 7%~8%时合金组织为 $\alpha+\gamma^2$ 共析体。γ^2 相硬且脆，有利于合金硬度、强度的升高，但对塑性不利。二元铝青铜的强度和塑性随 Al 含量的增加而提升。塑性在铝含量为 4%时达到最大值，其后下降，而强度在 10% Al 左右达到最大值。工业铝青铜含 Al 量在 5%~11%范围内。铝青铜热稳定性良好，在大气、海水和大多数有机酸(柠檬酸、醋酸、乳酸等)溶液中均有很高的耐蚀性。

（4）硅青铜

硅青铜是指以 Si 为主要合金元素的青铜。Si 在 Cu 中呈有限固溶，在 852℃ 时最大溶解度达到 5.3%，并随着温度降低而减小。工业上应用的硅青铜除含 Si 外，还含有少量的 Mn、Ni、Zn 或其他元素。适量的 Mn 可改善硅青铜的力学性能、耐蚀性和工艺性能。含 Si 量小于 3%、含 Mn 量小于 1%的硅青铜，高温时为单相固溶体，冷却到 450℃以下时，有少量 Mn_2Si 析出，但强化效果极弱，通常在退火或加工硬化状态下使用。

（5）锰青铜

Mn 可大量固溶于 Cu，有较强的固溶强化作用，同时 Mn 能提高 Cu 的再结晶温度。锰青铜力学性能优良，耐蚀性好，可进行冷热加工。QMn1.5 可作为电子仪表零件，而 QMn5 在高温下仍保持有较好的强度和耐蚀性，可作为蒸汽管、蒸汽阀、火花塞和锅炉焊接件等。

（6）锆青铜

锆青铜是指以 Zr 为主要合金元素的一类特殊青铜。Zr 在 Cu 中的溶解度较低，在 966℃时，其极限溶解度也只有 0.15%，且随着温度的下降而急剧减小。因此 Zr 对 Cu 有明显的时效强化作用。同时 Zr 也可以显著提高铜合金的再结晶温度，其效果比任一其他元素都大。锆青铜具有良好的热强性和抗蠕变性能，高温下具有较好的塑性和导电性。主要用作电阻焊接零件、高强度电极材料等。

（7）镉青铜

以 Cd 为主要合金元素的一类特殊青铜，具有高强度、高硬度、良好的耐磨性和耐热性。导电性和导热性良好。易于压力加工，但 Cd 的挥发物有毒，熔炼时要注意防护。

1.2 高强高导铜合金

随着科学技术和现代工业的发展，对铜及铜合金的性能提出了更高的要求。例如，触头材料、大规模集成电路的引线框架、大型高速涡轮发电机的转子导线、电动工具的换向器、微波管，以及宇航飞行器的元器件等，都要求材料在保持优异导电性能的同时，具有更高的强度。国际热核聚变实验堆（ITER）偏滤器垂直靶散热片、热交换环境中的连铸机结晶器内衬、各种点焊、滚焊机的电极、电厂锅炉内喷射式点火喷孔、气割枪喷嘴等，不仅要求材料具有高的热导率，而且要有足够高的高温强度。大型电气机车的架空导线要求材料具有高强、高导、耐热、耐磨、耐疲劳等性能。纯铜虽然导电、导热性良好，但是强度低、热稳定性不足、耐磨性能差，难以满足多种应用的需要。因此，开发兼备高强度、高电导率、耐高温、耐磨、耐疲劳、耐腐蚀等优良综合物理性能和力学性能的新型铜基材料，成为今后铜基材料研究和开发的主要方向。

1.2.1 铜基合金的导电性

金属材料的导电性能与其成分、原子结构、能带结构、组织状态及外界因素（如温度、压力、形变、热处理等）等有关。电磁学经典理论认为，金属结构中价电子是自由的，它们可以在整个金属中运动。在未施加电场之前，金属中并无定向电流；施加电场后，出现电子的定向运动，即有电流出现。当施加的电场恒定时，电流并不随着施加电场的时间延长而加大，电流是恒定的。这说明电子在金属运行过程中遭受某种阻碍，它平衡了电场的加速作用，从而建立了某一恒定的平均流速即电流，这种阻碍即为电阻。电阻是由于温度引起的原子热振动及其他因素形成的晶格点阵畸变造成的。电子在电场作用下加速的过程中因与离子碰撞而失去加速的能量，造成对电子定向移动的破坏，从而产生电阻和电流热效应。依据古典电子理论，金属电导率可由式(1-1)表示：

$$\sigma=\frac{ne^2}{2mV}\lambda \tag{1-1}$$

式中，σ 为金属电导率；n 为金属中自由电子(价电子)数密度；λ 为自由电子平均自由程；e、m、V 分别为自由电子的电量、质量和平均运动速度。

经典电子理论很好地解决了许多物理现象，如欧姆定律等，但也遇到了一些无法解释的问题。在金属导电过程中，实测得到的电子平均自由程 λ 比古典电子理论值要大一个数量级，因此必须引入量子力学和固体理论来描述金属中的导电过程。由能带理论导出的金属电导率式(1-2)与式(1-1)比较相近，为：

$$\sigma=\frac{n'e^2\tau_F}{m} \tag{1-2}$$

式中，τ_F 为费米面附近电子两次散射的间隔时间；n' 为单位体积中参加导电的电子数密度。由于参加导电的电子仅仅是靠近费米面的电子，是价电子的一部分，所以 n' 小于式(1-1)中的 n 值。

由金属电子理论可知，在绝对零度当电子波通过理想导体点阵时，将不产生散射，此时电阻为零。在晶体点阵完整性遭到破坏的地方，电子波会受到散射，电阻产生。由温度引起的晶格粒子热振动、晶体中异类原子、位错、空位、晶界等使理想点阵周期性遭受破坏的行为，均会降低金属的导电性。合金元素对铜合金导电性的影响主要是固溶于铜基体中的合金元素引起铜合金的导电率下降，这是各类原子引起的铜晶格发生畸变而增加对电子散射作用的结果。在低固溶条件下，电阻的升高符合马西森(Matthiessen)定则，如式(1-3)所示。

$$\rho=\rho_0+c\xi \tag{1-3}$$

式中，ρ 为固溶体的电阻率；ρ_0 为纯铜的电阻率，它仅是温度的函数，当 $T=0$ 时，$\rho_0=0$；c 为固溶体中溶质元素的浓度；ξ 为单位溶质元素固溶体残余电阻。由此可见，固溶合金元素对合金导电性的影响与其浓度成正比，即固溶元素对铜合金的导电性影响较大。

加工硬化会增加铜基体晶格的畸变程度，同时冷加工还可以改变铜原子间结合力，导致原子间距增大，使加工硬化后铜合金的电导率低于退火态材料的电导率。细化晶粒后的铜合金和铜基自生复合材料中，晶界(界面)引起的晶格畸变比较严重，材料电导率有所下降。

在时效强化和弥散强化型铜合金中，若忽略组织和强化相尺寸的影响，其电导率可近似由各相的电导率算术相加来表示。因此，在上述两种铜合金中，当第二相体积分数较小时，如能通过处理工艺控制析出相尺寸，使之远远偏离电子平均自由程，则材料即可表现出较高电导率。时效析出铜合金中，析出相与基体相互作用可引起晶格畸变，导致电导率发生变化，此时电导率可用式(1-4)表示：

$$\sigma=\sigma_0\left(1-3nc+3n^2f^2\,\frac{\sigma_0+2\sigma_1}{\sigma_1+2\sigma_0}\right) \tag{1-4}$$

式中，σ_0为铜基体的导电率；σ为铜合金的导电率；f为第二相的体积分数；σ_1为第二相颗粒的导电率，$n=\dfrac{\sigma_0-\sigma_1}{2\sigma_0+\sigma_1}$。

1.2.2 铜基合金的强化技术

一般来说，金属材料的强化方法有：固溶强化、冷变形强化、细晶强化、第二相强化和复合强化。这些方法在铜合金的强化方面均有不同程度的应用。

1. 固溶强化

固溶强化是一种形成点缺陷的强化方式。溶质原子溶入铜基体中形成固溶体，引起晶格畸变，畸变所产生的应力场与位错周围的弹性应力场交互作用，使溶质原子移向位错附近，在位错周围形成溶质原子的偏聚即形成"柯氏气团"。结果造成位错运动时，一方面要克服"气团"的钉扎作用；另一方面又要克服溶质原子对位错运动的摩擦阻力，从而产生固溶强化效应。当少量异类原子加入纯铜基体中构成稀固溶体后，铜合金的流变(屈服)应力随着溶质浓度的变化呈幂指数关系，如式(1-5)所示。

$$\sigma=\sigma_0+kc^m \tag{1-5}$$

式中，σ为合金的流变应力；σ_0为纯金属的流变应力；c为溶质的原子浓度；k、m为常数，决定于基体和合金元素的性质，m的数值在0.5~1。

在应力-应变曲线图上，铜合金的流变曲线及整个应力-应变曲线均向上提升，合金的应变强化能力(硬化指数)一般比纯铜要高。

固溶体的强度除与溶质原子的浓度有关，还和溶质与溶剂两元素的原子尺寸、化学性质、电学性的差别有关。研究表明，合金元素对铜合金的强化主要取决于溶质原子与铜原子的尺寸差别和溶质元素在铜中的浓度，而对电导率的影响则与固溶元素的种类和数量有关。图1-2所示为不同的种类和含量的合金元素对铜的电导率的影响。在相同的溶解量下，微量的Ag、Cd、Cr、Zr、Mg对导电性的恶化程度明显低于Ti、P、Si、Fe、Co、As、Be、Mn、Al等。

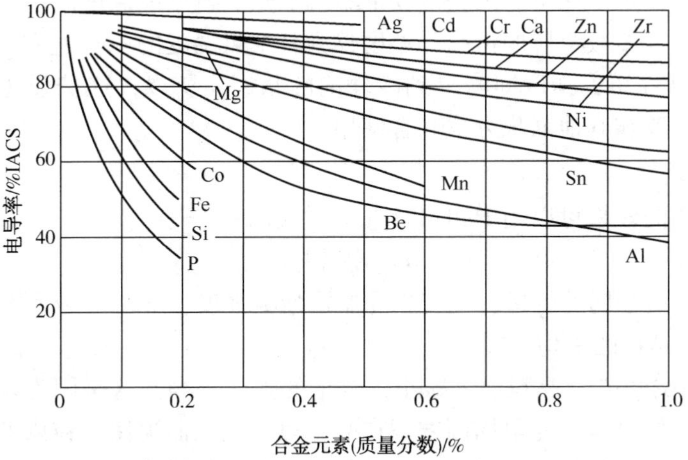

图 1-2　合金元素对铜合金导电性的影响

目前，研究中常用的固溶元素有 Sn、Ag、Ni、Al、Mg、RE、B、Zn、Cd 等，而且含量均在 1%以下。固溶强化虽然可以提高铜合金的强度，但单独使用强化效果不是很明显，单独利用固溶强化来开发的铜合金较少(如日本日立公司的 01SnOFC 合金 Cu-0. 01Sn)，这种强化方法一般用于强度要求不高，而导电性要求较高的铜合金。此外，这种强化效果在高温时损失也较大，故一般和形变强化、时效强化一起使用。总之，在固溶强化中，根据不同的性能要求，要选择合适的合金元素种类并严格控制添加量。

2. 冷变形强化

冷变形强化也称加工硬化或冷作硬化，在提高铜的强度的同时，保持了很高的导电率。在冷变形过程中，铜基体内部位错大量增殖，密度增大。位错在运动过程中彼此交截，形成割阶，使位错的可动性减小，许多位错交互作用后，缠结在一起形成位错缠结，使位错运动变得十分困难，从而使铜强化。纯铜经冷变形后，强度由软态时的 230~270MPa 增加到 350~420MPa，但塑性则随着变形量的增加而急剧减小。由于应变强化是通过晶体内产生位错、空位等晶体缺陷而使铜强化，因而铜的导电率有所下降。但由于变形引起的导电率下降与溶质元素分布无关，因而导电率下降很小。如常用的纯铜线材经单纯冷变形后，强度达到 350MPa 左右，电导率仍保持在 97%IACS。但在冷变形过程中，随着形变量增加，材料强度提升，塑性降低，材料的抗软化性能降低。如纯铜加工率为 10%时，软化温度约为 250°C；而当冷加工率达到 93%时，软化温度则降至 100°C 左右。

冷变形强化的本质是金属材料在变形过程中位错密度提高造成强化，但这种强化效果高温下难以保持。因为冷变形金属加热到再结晶温度时，其强化效果将全部消失，而大多数金属的再结晶温度仅为其熔点温度的40%左右。纯铜冷轧后在82℃长时间停留，强度即恢复到冷轧前的状态。所以，这种强化手段也很少单独使用，一般和其他强化方式联合使用。

3. 细晶强化

细晶强化的效果可以用Hall-Petch关系式(1-6)表示：

$$\sigma=\sigma_0+kd^{-1/2} \tag{1-6}$$

式中，σ 为金属的解理、流变、屈服或疲劳强度；σ_0 和 k 分别为与材料有关的常数；d 为晶粒的平均尺寸。

由式(1-6)可知，晶粒尺寸减小，合金的强度提高。这是因为多晶体在受力变形过程中，位错被晶界阻挡而塞积在晶界表面，从而迫使晶粒内的滑移由易到难，最终被开动。此外，停留在晶界处的滑移带在位错塞积群的顶部会产生应力集中，位错塞积群可以与外加应力发生作用，当这个应力大到足以开动近邻晶粒内部的位错源时，滑移带才能从一个晶粒传到下一个晶粒。由于晶界及相邻晶粒取向不同，这就阻碍了位错从一个晶粒向另一个晶粒的运动，晶粒越细，单位体积内的晶界体积就越大，对位错的阻力也越大，材料的强度就越高。由于晶体的传导性能与结晶取向无关，晶粒细化仅使晶界增多，因而对铜的导电性能影响很小。并且细晶强化在提高材料强度的同时可以提高材料的塑性。

4. 第二相强化

第二相强化的基本原理是：基体金属中细小坚硬且呈弥散分布的第二相粒子对位错运动构成障碍，其障碍作用比单个溶质原子要强，位错运动必须绕过或切过这些障碍(粒子)，使材料的强度得到提高。第二相强化的方式有两种：一种是利用过饱和固溶体的脱溶析出，进行时效热处理的沉淀强化，此为析出相强化；另一种是通过机械或化学的方法(如共沉积法、内部自生法、内氧化、机械合金化等)从体系外引入第二相物质的弥散强化。

析出强化高导电铜合金的基本原理是：采用低固溶度的合金元素加入Cu中，通过高温固溶处理，合金元素在Cu中形成过饱和固溶体，造成铜晶格严重畸变，强度提高，导电率恶化。时效处理后，大部分的合金元素从固溶体中析出，形成弥散分布的沉淀相，导电率迅速提高，而这些弥散相有效地阻止了晶界和位错的移动，因而仍保持较高的强度。一般产生沉淀强化的合金元素应具有以下两个条件：一是高温和低温时在Cu中的固溶度相差较大，以产生足够的弥散相；二是室温时在Cu中的固溶度极小，以保持基体高的导电性。导电理论指出，固溶在铜基体中的原子引起的点阵畸变对电子的散射作用比第二相引起的散射作用强得多。因而析出强化是制备高强高导电铜合金中应用最为广泛的方法。目前析出强化元素一般有 Cr、Zr、Be、Fe、Ni 等，按析出强化机制开发出的高强高导电铜合金有 Cu-Cr、Cu-Zr、Cu-Fe 等，而以 Cu-Cr、Cu-Zr 系合金的发展最为迅速，应用最为广泛。如不同加工状态的 Cu-Cr、Cu-Ag-Cr、Cu-Ag-Zr 板材、线材，强度和导电率分别能达到 550~630MPa 和 78%IACS；日本开发的 Cu-Cr-Zr 合金，抗拉强度和导电率分别可达到 555.5MPa 和 78.8%IACS。

弥散强化是指第二相粒子弥散分布于铜基体，由于第二相粒子阻碍位错的运动，从而提高了材料的强度。强化的程度与粒子间距满足 Hall-Petch 关系。为了在铜基体中获得弥散分布的第二相粒子，可以人为地在铜基体中加入第二相粒子或通过一定的工艺在铜基体中原位生成弥散分布的第二相粒子。其具体方法有：机械合金化(MA)、共沉淀、粉末冶金、原位反应、内氧化等。至今已用 MA 法制备了氧化物弥散强化铜(ODS)，碳化物弥散强化铜(CDS)和硼化物弥散强化铜(BDC)和一些高强高导电铜合金，如 $Cu-Al_2O_3$。最近也有用 MA 法制备硅化物弥散强化铜(SiDC)的报道，Cu-TiC、Cu-ZrC 等也已见报道。弥散强化方法可以明显提高材料的强度，同时又可使铜合金具有很高的导电性。

5. 复合强化

复合强化的设计原理是：根据对材料性能的要求，选用适当的增强相，在保持基体高导电性的同时，充分发挥增强相的强化作用和二者的协调作用，使得材料的强度和导电性达到良好的匹配。导电理论指出固溶在铜基体中的原子引起铜原子点阵畸变对电子的散射作用比第二相引起的散射作用强得多，所以复合强化不会明显降低铜基体的导电性；而且由于强化材料的作用还改善了基体的室温性能和高温性能，成为获得高强高导电铜合金的主要手段之一。

总之，对于铜合金而言，强度和电导率之间存在着矛盾关系，此消彼长，强度的升高或多或少是以牺牲电导率为代价的，因此对于不同用途的铜合金宜采用不同的强化方式。

1.3 铜合金的化学稳定性

铜及铜合金由于在使用过程中与外部介质发生化学或电化学作用而产生变质或破坏，最终会导致材料失效无法继续使用，若在没有任何防范措施和预测的前提下，不仅使国民经济遭受严重损失，有的还酿成重大事故。因此，研究铜合金材料在使用过程中的环境行为有着重要的现实意义。

1.3.1 铜及铜合金的腐蚀研究现状

金属因受到周围介质的化学或电化学作用而引起的破坏就是金属的腐蚀。金属的腐蚀按腐蚀机理来分，一般分为三大类：化学腐蚀、电化学腐蚀和生物化学腐蚀。化学腐蚀是指金属和非电解质直接发生的化学作用而引起的破坏；电化学腐蚀是指金属和电解质发生电化学反应而产生的腐蚀。一般来说，电化学腐蚀比化学腐蚀强烈得多，金属的电化学腐蚀是普遍的腐蚀现象，它所造成的危害和损失也是极其严重的。生物化学腐蚀是指金属在栖息于土壤内或水内的好气细菌和厌气细菌作用下，通过生物化学反应过程而导致的破坏。

从 Pourbaix 图上可看出，在电位 0. 1～0. 38V 以上，pH 在 6. 95 以下区域，会出现 Cu^{2+}，即是 Cu 的腐蚀区；相反，在电位低于 0. 1V 或 pH>6. 95，Cu 则不会出现腐蚀，是 Cu 的稳定区；从 Pourbaix 图上可看出，对应的 pH 约为 10，所以 Cu 的稳定区间在 7～10，对工业设备 pH 控制在 7. 6～9。但大自然严苛的服役环境往往加速了材料的失效行为。以海洋大气对材料的腐蚀为例，由于海洋大气中携带大量的海盐粒子，这些海盐粒子会在金属表面沉积，形成原电池，从而加速了金属腐蚀。对电子器件的失效统计结果显示，由于腐蚀造成的电子器件的失效已占电子设备总失效的 20%以上。特别是在海洋和工业污染的环境中，电子设备的腐蚀失效现象尤为严重。资料显示在低功率、低电压条件下的铜及其合金电子设备，接触面上生成 100～150nm 厚的腐蚀产物便可产生 10～100mV 的电压，这足以影响设备的正常工作。对于作为冷却水系统等换热设备的铜管材而言，使用过程中由于腐蚀、结垢等故障，影响机组出力甚至被迫停机的事故时有发生。据统计国外大型锅炉的腐蚀事故中，约 30%是因为凝汽器腐蚀造成的。而在我国，因凝汽器腐蚀泄漏造成的事故占火力发电厂总事故的 1/2 以上。虽然发电机冷却水为除盐水，但腐蚀产物在铜管内沉积，影响通流面积，传热效率差，已发生多起发电机烧毁事故。统计表明，发电机故障有 1/2 以上为冷却水系统造成。

铜及铜合金的腐蚀按使用环境可分为气相腐蚀和液相腐蚀。按照气相中污染物质的不同，气相腐蚀又可细分为工业大气腐蚀、海洋大气腐蚀和农村大气腐蚀。农村大气对铜合金的腐蚀相对轻微，而在海洋大气环境、工业大气环境中以及二者相结合的环境中，腐蚀则相当迅速。表 1-17 所示为各种铜合金在不同大气环境中的腐蚀情况，在工业地区和海岸工业地区的 20 年平均腐蚀速率远高于乡村环境中的年平均腐蚀速率。资料显示，福州大气含盐量约为 0. 11mg/m^2，而海边的汕头、湛江达到 0. 3mg/m^2，海岛舟山则高达 0. 53mg/m^2。这些盐雾会对电信产品、集成电路、输配电线路等造成损害。一些电信产品在使用数年后出现断路或短路的故障，发生莫名其妙的损坏，究其原因，很多是因腐蚀引起的。对集成电路而言，由于盐雾会在电路的表面和内部形成原电池，生成腐蚀产物，破坏电路的性能。液相腐蚀可按溶液的酸碱度进一步分为酸性液体、中性液体和碱性液体中的腐蚀。目前，对纯铜的腐蚀情况，已经有了比较详尽的了解。对于铜合金，由于其复杂性，研究结果甚少。

表 1-17 各种铜合金在不同大气环境中的腐蚀情况

合金种类	腐蚀速度(20 年实验)/(g/m^2)				
	工业地区	海岸工业地区	海岸乡村地区	海岸湿气地区	干燥乡村地区
青铜 Cu85	0.00188	0.00198	0.00056	0.00033	0.00010
黄铜 Cu75	0.00305	0.00241	0.00020	0.00152	0.00010
青铜 Sn8	0.00022	0.00254	0.00071	0.00485	0.00013
铝青铜 Al8	0.00016	0.00160	0.00010	0.00152	0.00005
96Cu-3Si-1Mn	0.00017	0.00173	—	0.00134	0.00015
海军黄铜	0.00021	0.00251	—	0.00033	0.00010
75Cu-20-Zn-5Ni	0.00259	0.00183	0.00023	0.00041	0.00010
70Cu-29Ni-1Sn	0.00204	0.00163	0.00028	0.00036	0.00013

1. 大气暴露实验研究

大气暴露实验是将试样长期暴露在大气中，使之直接受自然气候和大气组成影响的一种实验方法。其特点是腐蚀介质和实验条件均与实际使用情况相同，实验结果可靠。到目前为止，大气暴露腐蚀实验是一种接近使用环境较可靠的腐蚀实验方法，得出的结果也较接近实际使用时的情况。世界各国都十分重视这方面工作，很早就展开了该工作，积累了大量的实验数据。Watanabe 等研究了纯铜在东京冬、夏各暴露 1 个月的腐蚀行为，发现由于冬、夏气候的不同造成试样表面最终覆盖的腐蚀产物的差异，试样在夏季大气中腐蚀 1 个月后其表面覆盖的腐蚀产物为 Cu_2O 和 $Cu_4SO_4(OH)_6H_2O$，而在冬季试样表面仅有 Cu_2O 形成，对铜在不同季节的使用安全性评估具有现实意义。

铜合金的大气腐蚀影响因素比较多，主要受气候、环境污染物、基材成分和工艺等的影响。Forslund 等研究发现，纯铜在大气中的腐蚀速率对季节和地点有较强的依赖性。在暴露过程中，对腐蚀的影响较严重的几个因素由重到轻依次为相对湿度、杂质浓度、温度和 SO_2 浓度。

当纯铜暴露在通常的中性大气环境中，在其表面可以生成 Cu_2O(低温)、CuO(高温)及碱式碳酸铜[$Cu_2(OH)_2CO_3$]保护膜，腐蚀速率相对较低。但在含有腐蚀性气体的工业区大气中，Cu 的腐蚀速率随着暴露时间的延长而降低，这与试样表面保护性的腐蚀产物生成有关。Jouen 等研究了纯铜在法国工业大气中的腐蚀行为，结果表明：Cu 的腐蚀行为与腐蚀产物关系密切，腐蚀产物部分溶于水，主要由 Cu_2O 和 Cu 的硫酸盐组成。腐蚀初期试样表面质量的增加是由于实验表面产物膜的生成，质量降低是由于雨水冲刷走了较大量的腐蚀产物。在腐蚀初期阶段，腐蚀产物的形成速率高于溶解速率，在暴露一些周次后，腐蚀层达到一个临界厚度。Cu 的质量流失量可用线性函数表示：$R_{Cu}=1.1t-8.82$（$R=0.96$），如图 1-3 和图 1-4 所示。

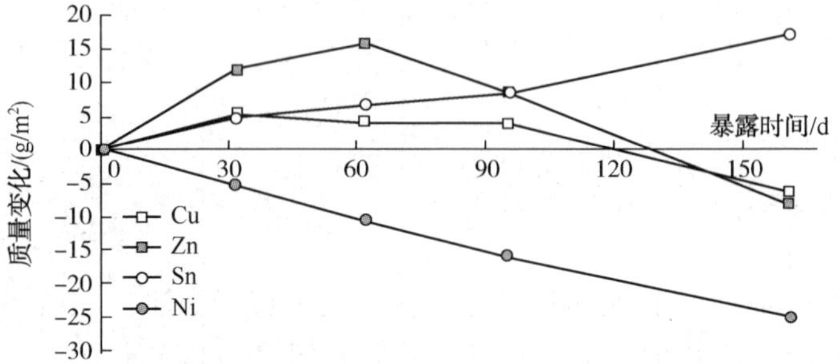

图 1-3　在暴露环境中 Cu、Zn、Sn、Ni 的质量随暴露时间的变化

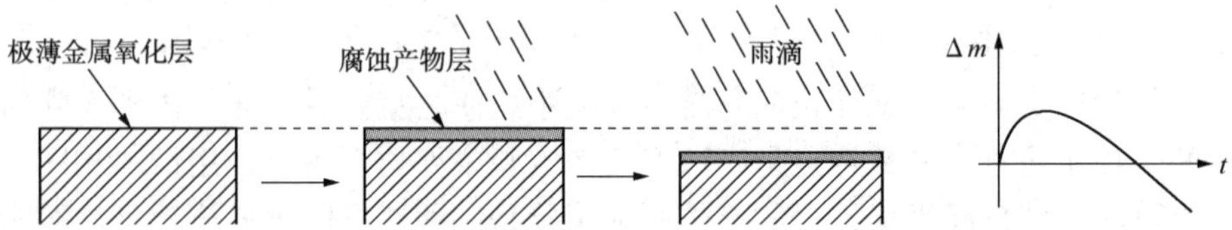

图 1-4　在暴露环境中 Cu 的质量随暴露时间的变化机制

在海滨环境中，遮挡区和通风棚处的腐蚀速率却随着暴露时间的延长而增加。海滨环境中 $Cu_2Cl(OH)_3$ 的生成可用来解释腐蚀速率的增加现象。在海滨环境中，试样的表面更为潮湿，导致试样表面临界相对湿度的降低，由于阳光的缺少，试样表面有更长的时间保持湿润。Donald 等发现相比于没有腐蚀的表面，湿气更易通过毛细管冷凝及腐蚀产物的亲水特质聚集在带有腐蚀产物的试样表面。但是铜屋顶的观察结果显示，铜锈更容易生长在雨水冲刷区及水膜厚重区，而非露水区或高相对湿度区。也有报道显示，由于干燥和潮湿间隔较长，重复的溶解—再沉积过程会降低腐蚀产物中硫酸盐的形成。目前认为青铜病是由于铜氯盐的循环性和自催化化学过程所引起。增加电解液的 pH 值可以促进氯溶液中的氧腐蚀。

工业大气中含有的腐蚀性气体，如 SO_2、H_2S、NH_3、HCl 和 NO_2 等会加速金属的腐蚀，其中危害最大的主要是 SO_2 气体。当 SO_2 被灰尘所吸收或直接溶解于金属液膜时成为强腐蚀性介质使金属表面腐蚀，生成易溶性亚硫酸盐，并由此引起腐蚀产物自催化的加速腐蚀作用。Tidbald 等研究发现，SO_2 会在 Cu 表面生成碱式硫酸铜[$CuSO_4\cdot 3Cu(OH)_2$]，使 Cu 表面遭到破坏，SO_2 浓度或空气的相对湿度越高，腐蚀速度越快。H_2S 能使 Cu 表面生成 Cu_2S，然后进一步氧化成 CuS。大气中的氨与铜作用生成铜氨化合物，当受到雨水的溶解冲洗，也会使铜腐蚀。在沿海的大气中，含量较高的 Cl^- 与铜反应，生成绿色晶状的碱式氯化铜 [$CuCl_2 \cdot 3Cu(OH)_2$]，接着会进一步腐蚀。Grant Skennerton 针对空气中 Cl^-含量较高，而 SO_2浓度较低的 Heron Island（海岛）地区的研究结果显示，铜表面腐蚀产物主要是 CuO 及[$CuCl_2 \cdot 3Cu(OH)_2$]，由于 SO_2 浓度较低，因此没有[$CuSO_4 \cdot 3Cu(OH)_2$]生成。

铜合金通常比纯铜的耐蚀性更好。因为它既有基体铜的热力学稳定性，又有添加成分形成的表面保护膜的稳定性，同时，合金元素可以改善基体铜的组织结构，从而提高铜合金的耐蚀性能。比如，黄铜耐冲击腐蚀性好；铜镍合金具有耐酸耐碱、耐海水的性能及抗应力腐蚀开裂的特性；锡青铜合金可耐各种腐蚀；硅青铜合金机械强度高、耐应力腐蚀开裂性能好。不仅合金元素对铜合金的腐蚀性能有较大的影响，材料的加工工艺同样也影响合金的腐蚀行为。如在冷加工过程中，表面层形成的应力状态对零件的耐腐蚀性影响很大，若零件表面层存在残余压应力时，则有助于表面微小裂纹的封闭，阻碍腐蚀作用的扩展，可降低表面层对应力腐蚀作用的敏感性，从而提高了表面的抗腐蚀能力；当零件表面层是残余拉应力时，有利于腐蚀作用的开展，从而降低了表面的抗腐蚀能力，影响到包装机械的使用寿命。

2. 室内加速实验研究

几十年来，工程设计和腐蚀与防护界都在追求用实验室的短期加速腐蚀实验结果来推测户外长期暴露实验结果，进而预测材料、制品及防护层的大气腐蚀寿命，以部分取代或补充大气腐蚀暴露实验，因此出现了许多加速实验方法，如盐雾实验、腐蚀膏实验、电解腐蚀实验、SO_2 腐蚀实验等。盐雾实验被认为是模拟海洋大气对不同金属作用的最有效的实验室加速腐蚀实验方法，并且与室外大气腐蚀实验具有良好的相关性。随着环境科学技术的发展及对工业产品可靠性要求的提高，盐雾实验的应用范围也日趋广泛。目前，盐雾实验已经扩展到考核有机涂层、防锈油脂、金属材料，甚至元器件及完全装配好的整台设备对海洋性大气的适应能力，成为产品环境实验项目之一，而 SO_2气体腐蚀实验是一种快速的工业性气体腐蚀实验方法，常用来模拟工业城市大气腐蚀。中性盐雾实验和 SO_2气体腐蚀实验是目前最常用、最简单的人工加速腐蚀实验方法。

目前铜合金加速实验的研究主要集中在 SO_2气体加速腐蚀研究方面。关于 Cu 在 SO_2 中的腐蚀过程基本达成一致，但对在腐蚀中形成的产物种类还存在异议。表 1-18 所示为纯铜在不同湿度、不同 SO_2浓度环境中的腐蚀产物调研结果。

表 1-18 纯铜在不同湿度、不同 SO_2 浓度环境中的腐蚀产物

序号	SO_2 浓度	相对湿度	测试手段	研究结论	参考文献
1	0.069×10^{-6}	>75%	FTIR、XRD 和 XPS	试样表面的腐蚀产物为以黑色氧化亚铜为主，包含有硫酸盐和亚硫酸盐的混合产物。随着 SO_2 浓度的提升和环境相对湿度降低至 75%以下，试样表面依旧保持金属光泽，硫酸盐为主要的硫化产物	Strandberg 等
2	0.21×10^{-6}	80%	XPS	初期试样表面以亚硫酸盐为主，随着时间的延长，试样表面以硫酸盐为主	Persson 等
3	8.7×10^{-6}	80%	IR-RAS	亚硫酸盐的主要化学成分为 $CuSO_3Cu_2SO_3\cdot2H_2O$，硫酸盐的主要化学成分为 $CuSO_4\cdot5H_2O$。在腐蚀初期，亚硫酸盐的形成速率高于硫酸盐的形成速率，但随着暴露时间的延长，亚硫酸盐的形成速率逐渐降低并接近于硫酸盐的形成速率	Jun Itoh
4	16×10^{-6} ~ 23×10^{-6}	78%~83%	IR-RAS	在腐蚀的初期阶段，腐蚀速率与试样表面氧化膜状态紧密相关。结晶度较低、新形成的氧化膜层对腐蚀的阻力较弱，氧化 1d 后的氧化膜层对腐蚀具有较好的阻抗作用，使基体得到更长时间的保护，同时腐蚀速率也较低	Jun Itoh
5	20×10^{-6}	75%	俄歇电子	试样表面存在由 $CuSO_4$ 或/及 $CuSO_3$ 的产物	Seo
6	100×10^{-6}	97%	XRD	暴露 1d 后试样表面的腐蚀产物主要为 Chevreul 盐（主要成分为 $CuSO_3Cu_2SO_3\cdot2H_2O$），3d 后试样表面有 $CuSO_4\cdot5H_2O$ 存在。但是当试样表面湿度降低至 90%或 SO_2 浓度为 10×10^{-6}，湿度为 96%时，试样表面只有 $CuSO_4\cdot5H_2O$ 的生成	Ericsson 等
7	250ppb	80%	IR-RAS	对青铜而言，在雨季随着青铜中 Zn 含量的增加，金属表面的腐蚀特征尺寸增加，在试样表面可用 AFM 观察到小腐蚀特征顶部的大腐蚀特征。此外，青铜表面的物理吸附水含量的增加与青铜中 Zn 含量的增加无关	Kleber
8	0.5%	75%	—	腐蚀早期产物主要为 Cu_2O 和 CuS 的化合物	Chawla 等

3. 电化学研究

金属的大气腐蚀是电化学腐蚀的一种特殊形式，是金属表面处在薄层电解质液膜下的电化学腐蚀过程。因此，大气腐蚀过程既服从电化学腐蚀的一般规律，又具有大气腐蚀的特点。运用电化学方法研究金属的大气腐蚀始于20世纪50年代后期。我国大气腐蚀的电化学研究始于20世纪80年代后期，起步较晚。到目前为止，大量的科学工作者采用电化学测试技术评价了铜及铜合金在各种环境中的腐蚀规律。

Cu在溶液中的腐蚀因介质的不同，存在较大差异。范汉香等对铜合金在盐雾环境中的腐蚀情况进行了分析，认为Cu及铜合金在NaCl溶液中的腐蚀受阴极控制，Cl^-离子的掺杂使Cu_2O膜变得疏松，而CuO则对膜有一定的修复作用，合金的腐蚀同Cl^-的点蚀作用关系密切。Magaino关于Cu在模拟酸雨溶液中的腐蚀行为研究结果显示：在$pH \geqslant 3.5$的酸雨溶液中，Cu腐蚀的速率控制步骤是膜的形成和溶解过程，而在$pH \leqslant 2.9$的酸雨溶液中，Cu的腐蚀控制步骤是溶解氧(DO)的扩散过程。

Cu在淡水中有较高的耐腐蚀性。在工业热交换水系统中，随着CO_2、DO含量的增加或pH值的减小，Cu的腐蚀速率增加。在海水环境中，Cl^-的存在会加剧Cu的腐蚀，Cu的阳极溶解只与Cl^-浓度有关而与pH值无关。当Cl^-浓度小于1mol/L时，Cu的腐蚀机理如下：

阳极：$Cu+Cl \longrightarrow CuCl+e^-$

$CuCl+Cl^- \longrightarrow CuCl_2+e^-$

阴极：$O_2+4e^-+2H_2O \longrightarrow 4OH^-$

当Cl^-浓度大于1mol/L时，将会有$CuCl_3^{2-}$和$CuCl_4^{3-}$的混合物形成。在碱性液体中，由于构成金属腐蚀的阴极反应的氧、氢的电极电位较低，与金属铜阳极溶解反应的平衡电位之间电位差较小，在常温条件下，Cu的腐蚀速率较低。但随着环境温度升高，溶液浓度增加及溶液中存在DO时，Cu及铜合金的腐蚀速率会加剧。

在众多的铜合金中，锡青铜、铝青铜和白铜的应用研究占绝大多数。锡青铜因Sn的加入在合金表层形成锡化合物，抑制阳极腐蚀过程，从而提高合金耐蚀性。铝青铜的高耐蚀性也是由于在其表层形成Al的氧化物保护膜。高含量Cr的加入也是同样的道理。但对于微量合金元素的添加，对合金耐蚀性的影响研究不多。资料显示，在Cu中添加少量Sn可使铜合金表面耐蚀性膜层的特性发生改变，添加少量Zn可以改变Cu_2O表面膜缺陷的结构，添加少量的Cr同样也可以提高合金的耐蚀性。而微量Li的添加会使工业纯铜在饱和NaCl溶液中的耐蚀性提高。但当超过一极限值时，其抗腐蚀性能又会下降。这是由于 Li 对纯铜的净化效果及对晶粒大小、组织形态及晶格畸变的影响而产生的综合效应所致。

1.3.2 铜及铜合金的腐蚀参数

纯铜在大气中能生成 $CuCO_3 \cdot Cu(OH)_2$保护层，故有一定的稳定性，但在化工大气(如 Cl、Br、I、H_2S、SO_2 等)中，特别是在潮湿环境中，Cu 易于遭受腐蚀。紫铜在工业大气中可生成 $CuSO_4 \cdot 3Cu(OH)_2$，在海洋大气中生成 $CuCl_2 \cdot 3Cu(OH)_2$。由于 Cu 的电极电位比氢正，比氧负，在一般酸溶液中不能置换出氢，在没有氧化剂存在的情况下，铜在水及非氧化性酸中是稳定的。在稀浓度和中等浓度的硫酸、醋酸、柠檬酸、乳酸、脂肪酸等溶液中，紫铜显示出良好的耐蚀性能，但当这些酸中含有氧(空气饱和)或氧化剂时，腐蚀速度则明显提高。Cu 在 NaOH 和中性盐中较稳定，但在氨、氨盐、氯化物、氰化物等水溶液中易被腐蚀，这是由于铜离子会与溶液中的氨根离子相结合，形成络离子$[Cu(NH_3)_4]^{2+}$或$[Cu(CN)_4]^{2-}$，降低了溶液中铜离子浓度，使 Cu 的电位降低，促进了铜的腐蚀。

表 1-19~表 1-23 所示为铜及其化合物的部分理化参数和耐蚀性测评结果。

表 1-19 铜及铜合金的热力学参数

T	C_p	S	H	G	ΔH_f	ΔG_f	$\log K_f$
Cu(s)							
298.15	24.443	33.164	0.00	-9.888	0.000	0.000	0.000
300.0	24.464	33.315	0.045	-9.949	0.000	0.000	0.000
400.00	25.318	40.481	2.538	-13.654	0.000	0.000	0.000
500.00	25.912	46.196	5.100	-17.998	0.000	0.000	0.000
600.00	26.477	50.971	7.720	-22.862	0.000	0.000	0.000
700.00	26.995	55.092	10.394	-28.170	0.000	0.000	0.000
800.00	27.494	58.731	13.12	-33.86	0.000	0.000	0.000
900.00	28.032	61.999	15.895	-39.904	0.000	0.000	0.000
1000.00	28.676	64.985	18.73	-46.255	0.000	0.000	0.000
1100.00	29.456	67.753	21.635	-52.894	0.000	0.000	0.000
1200.00	30.519	70.359	24.63	-59.800	0.000	0.000	0.000
1300.00	32.136	72.861	27.757	-66.962	0.000	0.000	0.000
1358.00	33.473	74.291	29.658	-71.229	0.000	0.000	0.000

续表

T	C_p	S	H	G	ΔH_f	ΔG_f	$\log K_f$
CuBr(s)-α							
298. 15	54. 744	96. 102	-105. 604	-134. 257	-105. 604	-101. 678	17. 814
300. 0	54. 810	96. 441	-105. 503	-134. 435	-105. 618	-101. 654	17. 700
400. 00	57. 513	112. 605	-99. 878	-144. 920	-119. 727	-97. 357	12. 714
500. 00	60. 308	125. 722	-93. 994	-156. 855	-118. 252	-91. 931	9. 604
600. 00	79. 155	136. 897	-87. 838	-169. 976	-116. 574	-86. 796	7. 556
657. 00	139. 275	146. 460	-81. 806	-178. 030	-113. 124	-84. 100	6. 686
CuBr(s)-β							
657. 00	73. 220	153. 465	-77. 204	-178. 030	-108. 522	-84. 100	6. 686
700. 00	73. 220	158. 107	-74. 056	-184. 730	-107. 334	-82. 539	6. 159
741. 00	73. 220	162. 274	-71. 054	-191. 299	-106. 211	-81. 119	5. 718
CuBr(s)-γ							
741. 00	58. 158	165. 154	-68. 920	-191. 299	-104. 077	-81. 119	5. 718
759. 00	58. 158	166. 550	67. 873	-194. 284	-103. 858	-80. 564	5. 544
CuCl(s)-α							
298. 15	52. 528	87. 743	-155. 645	-181. 805	-155. 645	-138. 657	24. 292
300. 0	52. 586	88. 068	-155. 548	-181. 968	-155. 624	-138. 551	24. 124
400. 00	55. 016	103. 352	-150. 230	-191. 571	-154. 533	-133. 023	17. 371
500. 00	57. 978	116. 072	-144. 524	-202. 560	-153. 175	-127. 798	13. 351
600. 00	65. 271	126. 942	-138. 552	-214. 718	-151. 640	-122. 858	10. 696
685. 00	113. 287	137. 994	-131. 418	-225. 944	-148. 338	-118. 958	9. 071
CuCl(s)-β							
685. 00	79. 496	145. 109	-126. 544	-225. 944	-149. 464	-118. 958	9. 071
696. 00	79. 496	146. 376	-125. 670	-227. 547	-143. 089	-118. 958	8. 898
$CuCl_2$(s)-α							
298. 15	71. 865	108. 073	-217. 986	-250. 208	-217. 986	-173. 798	30. 449
300. 0	71. 982	108. 518	-217. 853	-250. 408	-217. 961	-173. 524	30. 213
400. 00	76. 322	129. 898	-210. 411	-262. 370	-216. 479	-158. 929	20. 754
500. 00	78. 639	147. 199	-202. 653	-276. 253	-214. 854	-144. 727	15. 120
600. 00	80. 159	161. 679	-194. 709	-291. 716	-213. 165	-130. 860	11. 392
675. 00	81. 041	171. 173	-188. 663	-304. 204	-211. 874	-120. 649	9. 336

续表

T	C_p	S	H	G	ΔH_f	ΔG_f	$\log K_f$
$CuCl_2$(s)−β							
675. 00	82. 425	172. 220	−187. 956	−304. 204	−211. 167	−120. 649	9. 336
700. 00	82. 425	175. 218	−185. 895	−308. 548	−210. 702	−117. 305	8. 753
800. 00	82. 425	186. 224	−177. 653	−326. 632	−208. 890	−104. 087	6. 796
900. 00	82. 425	195. 932	−169. 410	−345. 749	−207. 149	−91. 092	5. 287
Cu_2O(s)							
298. 15	62. 544	92. 341	−170. 707	−198. 238	−170. 707	−147. 880	25. 908
300. 0	62. 666	92. 728	−170. 591	−198. 410	−170. 709	−147. 739	25. 724
400. 00	67. 666	111. 505	−164. 052	−208. 654	−170. 641	−140. 084	18. 293
500. 00	70. 939	126. 976	−157. 113	−220. 601	−170. 356	−132. 475	13. 840
600. 00	73. 475	140. 141	−149. 888	−233. 973	−169. 950	−124. 935	10. 877
700. 00	75. 650	151. 634	−142. 430	−248. 574	−169. 468	−117. 470	8. 766
800. 00	77. 66	161. 866	−134. 765	−264. 258	−168. 922	−110. 078	7. 187
900. 00	79. 484	171. 117	−126. 909	−280. 914	−168. 319	−102. 758	5. 964
1000. 00	81. 267	179. 585	−118. 871	−298. 455	−167. 681	95. 507	4. 989
1100. 00	83. 414	187. 425	−110. 643	−316. 810	−167. 018	−88. 322	4. 194
1200. 00	86. 123	194. 796	−102. 169	−335. 926	−166. 310	−81. 198	3. 534
1300. 00	89. 197	201. 809	−93. 406	−355. 758	−165. 592	−74. 135	2. 979
1400. 00	92. 516	208. 540	−84. 322	−376. 277	−191. 151	−66. 313	2. 474
1500. 00	96. 004	215. 041	−74. 897	−397. 458	−190. 116	−57. 430	2. 000
1516. 70	96. 600	216. 107	−73. 289	−401. 058	−189. 910	−55. 954	1. 927
CuO(s)							
298. 15	42. 244	42. 593	−156. 063	−168. 762	−156. 063	−128. 292	22. 476
300. 0	42. 363	42. 855	−155. 985	−168. 841	−156. 057	−128. 120	22. 308
400. 00	46. 808	55. 727	−151. 500	−173. 791	−155. 551	−118. 875	15. 523
500. 00	49. 264	66. 457	−146. 687	−179. 915	−154. 829	−109. 786	11. 469
600. 00	50. 937	75. 595	−141. 672	−187. 029	−154. 014	−100. 853	8. 780
700. 00	52. 241	83. 548	−136. 511	−194. 995	−153. 155	−92. 061	6. 870
800. 00	53. 348	90. 598	−131. 231	−203. 709	−152. 268	−83. 393	5. 445
900. 00	54. 340	96. 939	−125. 845	−213. 091	−151. 361	−74. 838	4. 343
1000. 00	55. 260	102. 713	−120. 365	−223. 077	−150. 446	−66. 385	3. 468
1100. 00	56. 135	108. 021	−114. 795	−233. 618	−149. 536	−58. 023	2. 755
1200. 00	56. 978	112. 941	−109. 139	−244. 669	−148. 650	−49. 743	2. 165
1300. 00	57. 798	117. 535	−103. 400	−256. 195	−147. 829	−41. 535	1. 669
1397. 00	58. 578	121. 722	−97. 756	−267. 801	−160. 257	−33. 252	1. 243

续表

T	C_p	S	H	G	ΔH_f	ΔG_f	$\log K_f$
$Cu(OH)_2(s)$							
298. 15	87. 850	87. 027	-443. 086	-469. 033	-443. 086	-359. 018	62. 899
300. 0	87. 967	87. 571	-442. 923	-469. 195	-443. 076	-358. 497	62. 420
400. 00	92. 917	113. 610	-433. 860	-479. 304	-442. 383	-330. 400	43. 146
500. 00	96. 458	134. 739	-424. 385	-491. 754	-441. 452	-302. 508	31. 603
600. 00	99. 444	152. 595	-414. 587	-506. 144	-440. 362	-274. 819	23. 925
700. 00	102. 168	168. 131	-404. 505	-522. 196	-439. 146	-247. 323	18. 455
$Cu_2S(s)$-α							
298. 15	76. 910	116. 152	-81. 170	-115. 801	-81. 170	-86. 468	15. 149
300. 00	77. 090	116. 628	-81. 028	-116. 016	-81. 160	-86. 500	15. 061
376. 00	84. 475	134. 838	-74. 888	-125. 587	-80. 988	-87. 905	12. 212
$Cu_2S(s)$-β							
376. 00	100. 249	144. 463	-71. 269	-125. 587	-80. 988	-87. 905	12. 212
400. 00	99. 203	150. 634	68. 876	-129. 129	-78. 576	-88. 543	11. 563
500. 00	95. 215	172. 331	-59. 160	-145. 325	-77. 886	-91. 149	9. 522
600. 00	91. 755	189. 378	-49. 815	-163. 442	-77. 356	-93. 850	8. 170
700. 00	88. 779	203. 292	-40. 792	-183. 097	-76. 992	-96. 633	7. 211
720. 00	88. 241	205. 786	-39. 022	-187. 188	-76. 965	-97. 194	7. 051
$Cu_2S(s)$-γ							
720. 00	82. 969	207. 414	-37. 850	-187. 188	-76. 965	-97. 194	7. 051
800. 00	82. 718	216. 142	-31. 223	-204. 137	-76. 233	-99. 550	6. 500
900. 00	82. 398	225. 867	-22. 967	-226. 247	-129. 735	-101. 271	5. 878
1000. 00	82. 090	234. 532	-14. 743	-249. 275	-129. 015	-98. 148	5. 127
1100. 00	81. 795	242. 342	-6. 549	-273. 125	-128. 473	-95. 089	4. 515
1200. 00	81. 504	249. 447	1. 616	-297. 720	-128. 147	-92. 071	4. 008
1300. 00	81. 204	255. 959	9. 752	-322. 994	-128. 119	-89. 068	3. 579
1400. 00	80. 877	261. 965	17. 856	-348. 895	-154. 711	-85. 241	3. 180
$CuS(s)$							
298. 15	47. 824	66. 484	-53. 095	-72. 917	-53. 095	-53. 472	9. 368
300. 0	47. 844	66. 780	-53. 007	-73. 040	-53. 094	-53. 474	9. 311
400. 00	48. 949	80. 695	-48. 167	-80. 445	-55. 328	-53. 513	6. 988
500. 00	50. 053	91. 736	-43. 217	-89. 085	-56. 843	-52. 906	5. 527
600. 00	51. 158	100. 959	-38. 156	-98. 732	-57. 978	52. 003	4. 527
700. 00	52. 262	108. 928	-32. 985	-109. 235	-58. 791	-50. 941	3. 801
800. 00	53. 367	115. 979	-27. 704	-120. 487	-59. 594	-49. 766	3. 249
900. 00	54. 471	122. 329	-22. 312	-132. 408	-113. 184	-47. 336	2. 747
1000. 00	55. 576	128. 125	-16. 809	-144. 934	-112. 352	-40. 063	2. 093

续表

T	C_p	S	H	G	ΔH_f	ΔG_f	$\log K_f$
1100.00	56.681	133.474	-11.197	-158.018	-111.486	-32.876	1.561
1200.00	57.785	138.453	-5.473	-171.617	-110.607	-25.769	1.122
1300.00	58.890	143.122	0.360	-185.698	-109.754	-18.734	0.753
$CuSO_4$(s)							
298.15	98.769	109.002	-771.358	-803.857	-771.358	-662.082	115.994
300.0	99.143	109.614	-771.175	-804.059	-771.371	-661.404	115.161
400.00	115.401	140.520	-760.393	-816.601	-773.606	-624.623	81.567
500.00	127.012	167.579	-748.245	-832.034	-774.040	-587.332	61.358
600.00	135.927	191.558	-735.079	-850.014	-773.389	-550.032	47.885
700.00	142.813	213.052	-721.127	-870.263	-771.929	-512.914	38.274
800.00	147.948	232.476	-706.575	-892.556	-770.137	-476.013	31.082
900.00	151.467	250.120	-691.591	-916.699	-820.945	-438.234	25.434
1000.00	153.439	266.195	-676.333	-942.528	-817.281	-395.906	20.680
1078.00	153.930	277.743	-664.340	-963.747	-814.450	-363.147	17.596
$CuSO_4 \cdot 5H_2O$(s)							
298.15	281.190	300.399	-2279.648	-2369.212	-2279.648	-1879.715	329.318
300.0	281.578	302.139	-2279.127	-2369.769	-2279.726	-1877.233	326.855
400.00	297.696	385.538	-2250.099	-2404.314	-2285.672	1742.394	227.533
500.00	308.963	453.229	-2219.743	-2446.357	-2290.159	-1606.066	167.785
600.00	318.322	510.405	-2188.369	-2499.612	-2293.842	-1468.886	127.878

表 1-20 25℃时元素及化合物的电极电势

半反应	标准电势或表观电势	溶液组成
$Cu^{2+}+2e^- = Cu$	0.34	
$Cu^{2+}+e^- = Cu^+$	0.159	
$Cu^++e^- = Cu$	0.520	1KBr
$Cu^{2+}+Cl^-+e^- = CuCl$	0.559	
$Cu^{2+}+2Br^-+e^- = CuBr^{2-}$	0.52	
$Cu^{2+}+I^-+e^- = CuI$	0.86	
$Cu^{2+}+2CN^-+e^- = Cu(CN)^{2-}$	1.12	
$Cu(NH_3)_4^{2+}+e^- = Cu(NH_3)_2^++2NH_3$	0.10	$1NH_3$
$Cu(en)_2^{2+}+e^- = Cu(en)^++en$	-0.35	
$Cu(CN)_2^-+e^- = Cu+2CN^-$	-0.44	
$CuCl_3^{2-}+e^- = Cu+3Cl^-$	0.178	1HCl
$Cu(NH3)_2^++e^- = Cu+2NH_3$	-0.1	

注：表中所列数值为标准电极电势，如果在溶液组成一栏中有说明，则为表观电势。浓度采用 mol/L 为单位。

表 1-21-1　铜(Ⅰ)的平衡常数

化合物	化学式	pK_{sp}	K_{sp}
叠氮酸亚铜	CuN_3	8.31	4.9×10^{-9}
碘化亚铜	CuI	11.90	1.27×10^{-12}
氯化亚铜	CuCl	6.76	1.72×10^{-7}
硫化亚铜	Cu_2S	47.60	2.5×10^{-48}
硫氰酸亚铜	CuSCN	12.75	1.77×10^{-13}
氰化亚铜	CuCN	19.46	3.47×10^{-20}
氢氧化亚铜	CuOH	14	1×10^{-14}
四苯硼酸亚铜	CuL	8.0	1.0×10^{-8}
溴化亚铜	CuBr	8.20	6.27×10^{-9}

表 1-21-2　铜(Ⅱ)的平衡常数

化合物	化学式	pK_{sp}	K_{sp}
草酸铜	CuC_2N_4	9.35	4.43×10^{-10}
叠氮酸铜	$Cu(N_3)_2$	9.20	6.3×10^{-10}
碘酸铜	$Cu(IO_3)_2$	7.16	6.94×10^{-8}
二硫代草酰胺铜	CuL	15.12	7.67×10^{-16}
焦磷酸铜	CuP_2O_7	15.08	8.3×10^{-16}
喹啉-2-羧酸	CuL_2	16.80	1.6×10^{-17}
邻氨基苯甲酸铜	CuL_2	13.22	6.0×10^{-14}
铬酸铜	$CuCrO_4$	5.44	3.6×10^{-6}
磷酸铜	$Cu_3(PO_4)_2$	36.85	1.40×10^{-37}
硫化铜	CuS	35.20	6.3×10^{-36}
氢氧化铜	$Cu(OH)_2$	19.66	2.2×10^{-20}
8-羟基喹啉铜	CuL_2	29.70	2.0×10^{-30}
砷酸铜	$Cu(AsO_4)_2$	35.10	7.95×10^{-36}
碳酸铜	$CuCO_3$	9.86	1.4×10^{-10}
亚铁氰酸铜	$Cu_2[Fe(CN)_6]$	15.89	1.3×10^{-16}
亚硒酸铜	$CuSeO_3$	7.68	2.1×10^{-8}

注：铜(Ⅱ)式中 L 是有机配体的缩写。

表 1-22　铜及其合金的基本物理化学性质

化合物	分子式	分子量	相对密度	熔点/℃	沸点/℃	溶解度
半水合草酸铜	$CuC_2O_4 \cdot 0.5H_2O$	160.57		anhyd>200	d 310	0.002aq；s NH_4OH
碘化亚铜	CuI	190.45	5.67	606	≈1290	i aq；s KCN，NH_4OH，KI
二水合钨酸铜	$CuWO_4 \cdot 2H_2O$	347.41				0.115 aq；d acids；s NH_4OH
二水合氯化铜	$CuCl_2 \cdot 2H_2O$	170.48	2.51	anhyd 200	d>300	76.4g/100mL aq；v ac；s acet
氟化铜	CuF_2	101.54	4.23	836	1676	4.75g/100mL aq；s acids
高氯酸铜	$Cu(ClO_4)_2$	262.45	2.225	d>130		146g/100mL aq；s eth，EtAc；i bz
甲酸铜	$Cu(CHO_2)_2$	153.58	1.831			12.5 aq
硫化亚铜	Cu_2S	159.16	5.6	1130		i aq；d HNO_3，s KCN
硫化铜	CuS	95.61	4.76			i aq；s hot HNO_3，KCN
硫氰酸亚铜	CuSCN	121.62	2.85	1084		0.00044 aq；s NH_4OH，eth，alkali SCN
硫酸铜	$CuSO_4$	159.61	3.603	d>560		14.3g/100mL aq；i alc
五水合硫酸铜	$CuSO_4 \cdot 5H_2O$	249.69	2.284	anhyd 200		32 g/100mL aq；MeOH，glyc
六水合氯酸铜	$Cu(ClO_3)_2 \cdot 6H_2O$	338.54		65	d 100	242 g/100mL aq；v s alc；s acet
氯化亚铜	CuCl	99.00	4.14	430	≈1400	0.024 aq；s conc HCl，conc NH_4OH
氯化铜	$CuCl_2$	134.45	3.386	300d		73 g/100mL aq；s alc acet
硼酸铜	$Cu(BO_2)_2$	149.17	3.859			s a；i aq
氢氧化铜	$Cu(OH)_2$	97.56	3.368	d160		i aq；s acids
氰化亚铜	CuCN	89.56	2.92	473 (in N_2)	d	i aq；s NH_4OH，KCN；d hot dil HCl
三水合酒石酸铜	$CuC_4H_4O_6 \cdot 3H_2O$	265.66				0.4220 aq；s acids，alkalis
三水合磷酸铜	$Cu_3(PO_4)_2 \cdot 3H_2O$	434.63		d		i aq；s acids
三水合硝酸铜	$Cu(NO_3)_2 \cdot 3H_2O$	241.60	2.32	114.5	170d	138g/100mL aq；v s alc
2.5 水合柠檬酸铜	$Cu_2C6H_4O_7 \cdot 2.5H_2O$	360.22		anhyd 100		0.17 aq；s acids

续表

化合物	分子式	分子量	相对密度	熔点/℃	沸点/℃	溶解度
四水合六氟硅酸铜	$Cu[SiF_6] \cdot 4H_2O$	277.60	2.56	d		124g/100mL aq
四水合水杨酸铜	$Cu_2(C_7H_5O_3)_2 \cdot 4H_2O$	409.83		dehyd in air		v s aq; s alc
碳酸铜氢氧化铜	$CuCO_3 \cdot Cu(OH)_2$	221.12	4.0	d 200		i aq; s acids
五水合硒酸铜	$CuSeO_4 \cdot 5H_2O$	296.58	2.559	anhyd 265	d ca. 480	25g/100mL aq; v sl acet
硒化亚铜	Cu_2Se	206.05	6.8	1113		d HCl
硒化铜	CuSe	142.51	6.0	d 550		s acids
溴化亚铜	CuBr	143.45	4.98	497	1345	V sl s aq; s HCl, HBr, NH_4OH
溴化铜	$CuBr_2$	223.35	4.71	498	900	126g/100mL aq; s alc, acet, pyr; i bz
氧化铬氧化铜	$Cr_2O_3 \cdot Cu_2O$	295.07	5.24	d>900		i aq; s HCl
氧化亚铜	Cu_2O	143.09	6.0	1235	$-O_2$, 1800	i aq; s HCl
氧化铜	CuO	79.54	6.315	1450		i aq, alc; s acids, KCN
一水合亚硫酸亚铜	$Cu_2SO_3 \cdot H_2O$	225.16	3.83	d		sl s aq; s HCl
乙酸铜	$Cu(C_2H_3O_2) \cdot H_2O$	199.65	1.882	115	d240	8g/100mL aq; 0.48 MeOH; sl s eth
乙酸铜砷酸铜	$Cu(C_2H_3O_2)_2 \cdot 3Cu(AsO_2)_2$	1013.80				unstable in acids, bases; s NH_4OH
硬脂酸铜	$Cu(OOCC_{17}H_{35})_2$	630.50		≈250		i aq, alc, eth; s hot bz, pyr
油酸铜	$Cu(OOCC_{17}H_{33})_2$	626.46				i aq; s alc; s eth

注 1：缩写：anhyd：无水的；dehyd：脱水的；acet：丙酮；pyr：吡啶；bz：苯；etoac：乙酸乙酯；glyc：甘油；dil：稀释；d：分解；alk：碱性的（NaOH 或 KOH）；acid：酸性的；sl：轻微；i：不溶的；aq：含水的；c：固态；g：气体

注 2：熔点中如标识 170d，表示熔点为 170℃且在此温度下分解；如标识为 d170，表示只有在 170℃或 170℃以上才能发生分解。

表 1-23　铜在各种介质中的耐蚀性

介质	铜		低锌黄铜		高锌黄铜			特殊黄铜			磷青铜			铝黄铜		镍铜	
	1	2	3	4	5	6	7	8	9	10	11	12	13	14	15	16	17
醋酸	B	B	B	B	D	D	D	D	C	C	B	B	B	B	B	B	B
酸酐	B	B	B	B	D	D	D	D	C	C	B	B	B	B	B	B	B
丙酮	A	A	A	A	A	A	A	A	A	A	A	A	A	A	A	A	A
乙炔	D	D	D	D	D	A	A	A	D	D	D	D	D	D	D	D	D
醇类	A	A	A	A	A	A	A	A	A	A	A	A	A	A	A	A	A
明矾	D	B	B	B	D	D	D	D	B	B	B	B	B	B	B	B	A

续表

介质	铜		低锌黄铜		高锌黄铜			特殊黄铜			磷青铜			铝黄铜		镍铜
	1	2	3	4	5	6	7	8	9	10	11	12	13	14	15	16	17
矾土	A	A	A	A	A	A	A	A	A	A	A	A	A	A	A	A	A
氯化铝	B	B	B	B	D	D	D	D	C	C	B	B	B	B	B	B	B
氢氧化铝	A	A	A	A	A	A	A	A	A	A	A	A	A	A	A	A	A
硫酸铝	B	B	B	B	D	D	D	D	B	B	B	B	B	B	B	B	A
绝对干燥氨	A	A	A	A	A	A	A	A	A	A	A	A	A	A	A	A	A
湿氨	D	D	D	D	D	D	D	D	D	D	D	D	D	D	D	D	C
氢氧化铵	D	D	D	D	D	D	D	D	D	D	D	D	D	D	D	D	C
氯化铵	D	D	D	D	D	D	D	D	D	D	D	D	D	D	D	D	C
硝酸铵	D	D	D	D	D	D	D	D	D	D	D	D	D	D	D	D	D
硫酸铵	C	C	C	C	D	D	D	D	D	D	C	C	C	C	C	C	B
苯胺	C	C	C	C	C	C	C	C	C	C	C	C	C	C	C	C	C
工业大气	A	A	A	A	B	B	B	B	A	A	A	A	A	A	A	A	A
海洋大气	A	A	A	A	B	B	B	B	A	A	A	A	A	A	A	A	A
乡村大气	A	A	A	A	A	A	A	A	A	A	A	A	A	A	A	A	A
碳酸钡	A	A	A	A	A	A	A	A	A	A	A	A	A	A	A	A	A
氯化钡	B	B	B	B	D	D	D	D	C	C	B	B	B	B	B	B	B
氢氧化钡	A	A	A	A	B	B	B	B	A	A	A	A	A	A	A	A	A
硫酸钡	A	A	A	A	A	A	A	A	A	A	A	A	A	A	A	A	A
苯甲酸	A	A	A	A	B	B	B	B	A	A	A	A	A	A	A	A	A
苯	A	A	A	A	A	A	A	A	A	A	A	A	A	A	A	A	A
硼酸	A	A	A	A	B	B	B	B	A	A	A	A	A	A	A	A	A
溴，干燥	A	A	A	A	A	A	A	A	A	A	A	A	A	A	A	A	A
溴，潮湿	B	B	B	B	D	D	D	D	C	C	B	B	B	B	B	B	B
丁醇	A	A	A	A	A	A	A	A	A	A	A	A	A	A	A	A	A
丁酸	A	A	A	A	C	C	C	C	A	A	A	A	A	A	A	A	A
氯化钙	B	B	B	B	D	D	D	D	B	B	B	B	B	B	B	B	B
氢氧化钙	A	A	A	A	B	B	B	B	A	A	A	A	A	A	A	A	A
次氯酸钙	B	B	B	B	D	D	D	D	B	B	B	B	B	B	B	B	B
二氧化碳，干燥	A	A	A	A	A	A	A	A	A	A	A	A	A	A	A	A	A
二氧化碳，潮湿	B	B	B	B	C	C	C	C	B	B	B	B	B	B	B	B	B
碳酸水	B	B	B	B	C	C	C	C	B	B	B	B	B	B	B	B	B
四氯化碳，干燥	A	A	A	A	A	A	A	A	A	A	A	A	A	A	A	A	A
四氯化碳，潮湿	B	B	B	B	D	D	D	D	B	B	B	B	B	B	B	B	B
氯，干燥	A	A	A	A	A	A	A	A	A	A	A	A	A	A	A	A	A
氯，潮湿	C	C	C	C	D	D	D	D	C	C	C	C	C	C	C	C	C
氯带醋酸	B	B	B	B	D	D	D	D	C	C	B	B	B	B	B	B	B
铬酸	D	D	D	D	D	D	D	D	D	D	D	D	D	D	D	D	D
柠檬酸	A	A	A	A	C	C	C	C	A	A	A	A	A	A	A	A	A
氯化铜	C	C	C	C	D	D	D	D	C	C	C	C	C	C	C	C	C
硝酸铜	C	C	C	C	D	D	D	D	C	C	C	C	C	C	C	C	C
硫酸铜	B	B	B	B	D	D	D	D	B	B	B	B	B	B	B	B	B
原油	B	B	B	B	C	C	C	C	B	B	B	B	B	B	B	B	B
醚类	A	A	A	A	A	A	A	A	A	A	A	A	A	A	A	A	A

续表

介质	铜		低锌黄铜		高锌黄铜			特殊黄铜			磷青铜			铝黄铜		镍铜	
	1	2	3	4	5	6	7	8	9	10	11	12	13	14	15	16	17
乙醇	A	A	A	A	A	A	A	A	A	A	A	A	A	A	A	A	A
氯化铁	D	D	D	D	D	D	D	D	D	D	D	D	D	D	D	D	D
硫酸铁	D	D	D	D	D	D	D	D	D	D	D	D	D	D	D	D	D
氯化亚铁	B	B	B	B	D	D	D	D	B	B	B	B	B	B	B	B	B
硫酸亚铁	B	B	B	B	D	D	D	D	B	B	B	B	B	B	B	B	B
甲醛	A	A	A	A	C	C	C	C	A	A	A	A	A	A	A	A	A
甲酸	A	A	A	A	C	C	C	C	A	A	A	A	A	A	A	A	A
氟利昂	A	A	A	A	A	A	A	A	A	A	A	A	A	A	A	A	A
汽油	A	A	A	A	A	A	A	A	A	A	A	A	A	A	A	A	A
甘油	A	A	A	A	A	A	A	A	A	A	A	A	A	A	A	A	A
氢溴酸	C	C	C	C	D	D	D	D	C	C	C	C	C	C	C	C	C
盐酸	C	C	C	C	D	D	D	D	C	C	C	C	C	C	C	C	C
氢氰酸	D	D	D	D	D	D	D	D	D	D	D	D	D	D	D	D	D
过氧化氢	B	B	B	B	C	C	C	C	B	B	B	B	B	B	B	B	B
硫化氢，干燥	A	A	A	A	A	A	A	A	A	A	A	A	A	A	A	A	A
硫化氢，潮湿	D	D	D	D	C	C	C	C	C	C	D	D	C	D	D	D	C
煤油	A	A	A	A	A	A	A	A	A	A	A	A	A	A	A	A	A
喷漆	A	A	A	A	A	A	A	A	A	A	A	A	A	A	A	A	A
漆用溶剂	A	A	A	A	A	A	A	A	A	A	A	A	A	A	A	A	A
乳酸	A	A	A	A	C	C	C	C	A	A	A	A	A	A	A	A	A
氯化镁	B	B	B	B	D	D	D	D	C	C	B	B	B	B	B	B	B
氢氧化镁	A	A	A	A	A	A	A	A	A	A	A	A	A	A	A	A	A
硫酸镁	A	A	A	A	C	C	C	C	A	A	A	A	A	A	A	A	A
汞盐类	D	D	D	D	D	D	D	D	D	D	D	D	D	D	D	D	D
天然气	B	B	A	A	A	A	A	A	A	A	A	A	A	A	A	A	A
硝酸	D	D	D	D	D	D	D	D	D	D	D	D	D	D	D	D	D
油酸	A	A	A	A	C	C	C	C	A	A	A	A	A	A	A	A	A
氧	A	A	A	A	A	A	A	A	A	A	A	A	A	A	A	A	A
草酸	A	A	A	A	C	C	C	C	A	A	A	A	A	A	A	A	A
石蜡	A	A	A	A	A	A	A	A	A	A	A	A	A	A	A	A	A
磷酸	B	B	B	B	D	D	D	D	C	C	B	B	B	B	B	B	B
碳酸钾	A	A	A	A	B	B	B	B	A	A	A	A	A	A	A	A	A
氯化钾	B	B	B	B	D	D	D	C	B	B	B	A	B	B	B	A	A
铬酸钾	A	A	A	A	A	A	A	A	A	A	A	A	A	A	A	A	A
氰化钾	D	D	D	D	D	D	D	D	D	D	D	D	D	D	D	D	D
氢氧化钾	B	B	B	B	C	C	C	C	B	B	B	B	B	B	B	B	B
硫酸钾	A	A	A	A	B	B	B	B	A	A	A	A	A	A	A	A	A
海水	B	B	B	B	C	C	C	B	A	A	B	A	A	B	B	A	A
矿泉水	C	C	C	C	D	D	D	D	C	C	C	C	C	C	C	C	C
银的盐类	D	D	D	D	D	D	D	D	D	D	D	D	D	D	D	D	D
皂碱类	A	A	A	A	B	B	B	B	A	A	A	A	A	A	A	A	A
酸式碳酸钠	B	B	B	B	C	C	C	C	B	B	B	B	B	B	B	A	A
酸式硫酸钠	B	B	B	B	D	D	D	C	B	B	B	B	B	B	B	A	A

续表

介质	铜		低锌黄铜		高锌黄铜			特殊黄铜			磷青铜			铝黄铜		镍铜	
	1	2	3	4	5	6	7	8	9	10	11	12	13	14	15	16	17
酸式亚硫酸钠	B	B	B	B	D	D	D	C	B	B	B	B	B	B	B	A	A
碳酸钠	A	A	A	A	B	B	B	B	A	A	A	A	A	A	A	A	A
氯化钠	B	B	B	B	D	D	D	C	B	B	B	A	B	B	B	A	A
铬酸钠	A	A	A	A	A	A	A	A	A	A	A	A	A	A	A	A	A
氰化钠	D	D	D	D	D	D	D	D	D	D	D	D	D	D	D	D	D
酸式重铬酸钠	D	D	D	D	D	D	D	D	D	D	D	D	D	B	D	D	D
氢氧化钠	B	B	B	B	C	C	C	C	B	B	B	B	B	D	B	A	A
次氯酸钠	C	C	C	C	D	D	D	D	C	C	C	C	C	C	C	C	B
硝酸钠	B	B	B	B	C	C	C	C	B	B	B	B	B	B	B	A	A
磷酸钠	A	A	A	A	B	B	B	B	A	A	A	A	A	A	A	A	A
硫酸钠	A	A	A	A	B	B	B	B	A	A	A	A	A	A	A	A	A
亚硫酸钠	B	B	B	B	D	D	D	D	B	B	B	B	B	B	B	B	B
硫代硫酸钠	C	C	C	C	B	B	B	B	B	B	C	C	C	C	C	C	B
蒸汽	A	A	A	A	C	C	C	A	A	A	A	A	A	B	B	A	A
硬脂酸	B	B	B	B	C	C	C	C	B	B	B	B	B	B	B	B	B
硫，干燥	B	B	B	B	A	A	A	A	A	B	B	B	B	B	B	B	B
硫，熔融	D	D	D	D	D	D	D	D	D	D	D	D	D	D	D	D	D
二氧化硫，干燥	A	A	A	A	A	A	A	A	A	A	A	A	A	A	A	A	A
二氧化硫，潮湿	B	B	B	B	D	D	D	D	B	B	B	B	B	B	B	C	C
三氧化硫，干燥	A	A	A	A	A	A	A	A	A	A	A	A	A	A	A	A	A
硫酸	B	B	B	B	D	D	D	D	C	C	B	B	B	B	B	B	B
亚硫酸	B	B	B	B	D	D	D	D	B	B	B	B	B	B	B	C	C
甲苯	A	A	A	A	A	A	A	A	A	A	A	A	A	A	A	A	A
三氯乙烯，潮湿	B	B	B	B	C	C	C	C	B	B	B	B	B	B	B	B	A
醋	B	B	B	B	D	D	D	D	C	C	B	B	B	B	B	B	B
自来水	A	A	A	A	C	C	C	C	A	A	A	A	A	A	A	A	A
氯化锌	C	C	C	C	D	D	D	D	C	C	C	C	C	C	C	C	C
硫酸锌	B	B	B	B	D	D	D	D	B	B	B	B	B	B	B	B	B

注：A—大多数条件下金属很耐蚀；B—金属耐蚀，在实际使用中，主要考虑某些性质(不是耐蚀时)可以用来代替“A”符号评定的金属；C—金属尚耐蚀；D—金属不耐蚀。

1.3.3 提高铜合金耐蚀性的方法

防腐蚀方法要根据腐蚀过程的影响因素来选择。在此基础上，选择那些能使腐蚀过程难以进行的方法，才能有效防止或控制腐蚀。防腐蚀方法根据腐蚀影响因素可分为提高体系热力学稳定性、增强阳极控制过程、增强阴极控制过程和增加电阻控制四种防腐蚀方法。上述每一种防腐蚀措施，都有其应用的范围和条件。对某种情况有效的措施，在另一种情况下可能无效，甚至是有害的。在某些情况下，采用单一的防腐蚀措施效果不明显，但如果采用两种或几种措施进行联合保护，其效果就好得多。因此，对于一个具体的腐蚀体系，究竟采用什么措施，应根据腐蚀原因、环境条件、该措施的防腐蚀效果、施工难易及经济效益等综合考虑，不能一概而论。具体的防大气腐蚀的措施有以下几种：

(1) 合金化法

通过合金化的方法可以改善材料的耐大气腐蚀性能。

(2) 表面保护

采用表面保护层隔绝潮湿空气与金属直接接触是防止大气腐蚀的有效手段。无论临时性保护层(油封、蜡封、可剥性塑料)还是永久性保护层(电镀、涂料等)都可取得明显的效果。

(3) 降低相对湿度

采用加热空气、干燥剂、冷冻除水等方法将相对湿度控制在临界值以下，也就是把大气腐蚀控制在大气腐蚀的低速率之内。这种方法常用于金属材料及制品的库房管理中。

(4) 缓蚀剂

在保管、运输、加工过程中，人们广泛应用多种油溶性缓蚀剂、水溶性缓蚀剂和气相缓蚀剂，制成各种防锈液和防锈包装材料，都可有效抑制或减缓大气腐蚀的发生和发展。

(5) 其他

其他如净化空气、擦拭金属表面、消除表面附着物等也有助于减轻大气腐蚀的危害。

参 考 文 献

[1] 刘淑云．铜及铜合金热处理[M]．北京：机械工业出版社，1990.
[2] 田荣璋，王祝堂．铜合金及其加工手册[M]．长沙：中南大学出版社，2000.
[3] 冯端，师昌绪，刘治国．材料科学导论[M]．北京：化学工业出版社，2002.
[4] 田莳．材料物理性能[M]．北京：北京航空航天大学出版社，2001.
[5] 张宝昌．有色金属其热处理[M]．西安：西北工业大学出版社，1993.
[6] 张强．中、高速电气化铁路接触线的选择[J]．铁道机车车辆，1997(4)：21-27.
[7] 张强．我国高速电气化铁路接触线与承力索的研制[J]．电气化铁道，1997(2)：9-14.
[8] 冯瑞．金属物理学(第三卷)[M]．北京：科学出版社，1999.
[9] 二塚錬成．コネクターリードフレーム用铜素材の现状と未来[J]．伸铜技术研究会志，1993，32：1-7.
[10] 贾淑果，刘平，任凤章，等．高强高导 Cu-Ag-Cr 合金的强化机制[J]．中国有色金属学报，2004，14(7)：1144-1148.
[11] 贾淑果，郑茂盛，周根树．Cr 对 Cu-Ag-Cr 合金再结晶行为的影响[J]．金属热处理，2005，30：242-245.
[12] 山根寿己．高强度高传导性铜合金设计の基础[J]．伸铜技术研究会志，1990(29)：13-17.

[13] 岩坂光富，中岛和隆，大山繁，等．合金设计法による新高强度铜基合金の开发[J]．伸铜技术研究会志，1985(24)：126-132.

[14] 阪本光雄．超LSI用バッヅ-の动向とリードフレーム铜合金の开发[J]．伸铜技术研究会志，1990(29)：1-12.

[15] 赵冬梅，董企铭，刘平，等．高强高导铜合金成分设计[J]．功能材料，2001(6)：609-611.

[16] 宫藤久元．一ドフレーム铜合金の开发动向[J]．伸铜技术研究会志，1990(29)：18-21.

[17] MEIJERING J L，DRUYVESTEYN M J. Hardening of metals by internal oxidation[J]. Philips Research Reports，1947，2：81-102.

[18] JENA P K，BROCCHI E A，MOTTA M S. In-situ formation of Cu-Al_2O_3 nano-scale composites by chemical routes and studies on their microstructures [J]. Mater Sci & Eng A，2001，313：180-186.

[19] UPADHYAYA A，UPADHYAYA G S. Sintering of Copper-Alumina Composites through blending and mechanical alloying powder metallurgy routes[J]. Materials & Design，1995，16：41-45.

[20] SONG K X，XING J D，DONG Q M. Internal oxidation of dilute Cu-Al alloy powders with oxidant of Cu_2O [J]. Mater Sci & Eng A，2004，380：117-122.

[21] 徐国葆．我国沿海大气中盐雾含量与分布[J]．环境技术，1994(3)：1-7.

[22] 金振钢．盐雾环境对电信产品的影响[J]．电信网技术，2002，12(6)：63.

[23] 杜迎，朱卫良．盐雾对集成电路性能的影响[J]．半导体技术，2004，29(5)：53-56.

[24] 陈传生．输配电线路防盐雾的探讨[J]．农村电气化，2004(4)：32-33.

[25]赵岩，林昌健，李彦，等．覆铜板在NaCl溶液中的腐蚀电化学行为[J]．物理化学学报，2007，23(9)：1342-1346.

[26] 刘瑛，刘威宏．火力发电厂铜材应用现状及对策[J]．工业水处理，2007，27(2)：75-77.

[27] WATANABE M，HIGASHI Y，TANAKA T. Differences between corrosion products formed on copper exposed in Tokyo in summer and winter [J]. Corrosion Science，2003，45(7)：1439-1453.

[28] JOUEN S，HANNOYER B，BARBIER A，et al. A comparison of runoff rates between Cu，Ni，Sn and Zn in the first steps of exposition in a French industrial atmosphere[J]. Materials Chemistry and Physics，2004，85：73-80.

[29] TIDBLAD J，GRAEDEL T E. Gildes model study of aqueous chemistry. Ⅲ. initial SO_2-induces atmospheric corrosion of copper[J]. Corro Science，1996，38(12)：2201-2224.

[30] GRANT S，JASON N. Atmospheric corrosion of copper at Heron[J]. Island，Material Leters，1997，30(5)：141-146.

[31] DONALD J R，JACOB K，ARTHUR W. The anodic behaviour of copper in aqueous solutions [J]. Journal of Inorganic and Nuclear Chemistry，1957，4(2)：115-127.

[32] STRANDBERG H，LANGER V，JOHANSSON G. Structure of $Cu_{2.5}(OH)_3SO_4 \cdot 2H_2O$：a

novel corrosion product of copper[J]. Acta Chemical Scandinavica, 1995, 49: 5-10.

[33] NASSAU K, GAILAGHER P K, MILLER A E, et al. The characterization pf patina components by X-ray diffraction and evolved gas analysis[J]. Corrosion Science, 1987, 27(7): 669-684.

[34] ODNEVALL I, LEYGRAF C. Atmospheric corrosion of copper in rural atmosphere[J]. Journal of Electrochemical Society, 1995, 142: 3682-3689.

[35] SELWYN L, BINNIE N E, POITRAS J. Outdoor bronze statues: analysis of metal and surface samples[J]. Studies in Conservation 1, 1996: 205-209.

[36] STRANDBERG H, JOHANSSON L G. The formation pf black patina on copper in humid air containing traces of SO_2[J]. Journal of electrochemical Society, 1997, 144: 81-89.

[37] STRANDBERG H. Reaction of copper patina compounds-Ⅰ. Influence of some air pollutants[J]. Atmospheric Environment, 1998, 32(20): 3511-3520.

[38] FORSLUND M, LEYGRAF C. In situ weight gain rate on copper during outdoors exposures[J]. J. Electrochem. Society, 1997, 144 (1): 113-120.

[39] FONSECA I T E, PICCIOCHI R, MENDONCA M H, et al. The atmospheric corrosion of copper at two sites in Portugal: A comparative study[J]. Corrosion Science, 2004, 46(3): 547-561.

[40] 张吉刚，王振尧，魏立营，等. 铜合金及其复合材料在氯化钠盐雾中的腐蚀行为[J]. 中国有色金属学报，2004，14(5)：836-841.

[41] 张际标. 大气腐蚀起始过程中的微液滴现象研究[D]. 青岛：中国科学院海洋研究所，2005.

[42] 王振尧，汪川，张春基，等. 白铜和黄铜在SO_2气氛中的腐蚀对比[J]. 装备环境工程，2006，3(5)：16-20.

[43] 严川伟，何毓番，林海潮，等. 铜在含SO_2大气中的腐蚀初期规律和机理[J]. 中国有色金属学报，2000，10(5)：645-648.

[44] 金蕾，唐其环. 大气腐蚀的模拟加速实验方法研究[J]. 腐蚀科学与防护技术，1995，7(3)：214-215.

[45] 张琦，程基伟. 高强铝合金加速实验方法的研究[J]. 航空学报，2000，21(4)：39-42.

[46] 王绍明. 模拟大气环境加速腐蚀实验的研究[J]. 装备环境工程，2004，2(4)：65-68.

[47] STRANDBERG H, JOHANSSON L G. Role of O_3 in the atmospheric of copper in presence of SO_2[J]. J. Electrochem. Society, 1997, 144 (7): 2334-2342.

[48] PERSSON D, LEYGRAFET C. Vibrational spectroscopy and XPS for atmospheric corrosion studies on copper[J]. J. Electrochem. Socity, 1990, 127(10): 3163-3169.

[49] WADSAK M, SCHREINER M, AASTRUP T, et al. Combined in-situ investigations of atmospheric corrosion of copper with SFM and IRAS coupled with QCM[J]. Surface Science, 2000, 454/456: 246-250.

[50] CHAWLA S K, PAYER J H. The early stage of atmospheric corrosion of copper by sulfur dioxide[J]. J. Electrochem. Soc., 1990, 137(1): 60-64.

[51] 范汉香，郭稚弧．氯化钠中性溶液中铜及铜合金的腐蚀行为[J]．油气田地面工程，1998，17(3)：31-33.

[52] 雷惊雷，李凌杰，蔡生民，等．弱碱性介质中氯离子对铜电极腐蚀行为的影响[J]．物理化学学报，2001，17(12)：1107-1111.

[53] 任聚杰，杨迈之，童汝亭，等．铜在3%NaCl溶液中腐蚀行为的光电化学研究[J]．物理化学学报，1994，10(5)：452-455.

[54] MANKOWSKI G，DUTHIL T P，GIUSTI A，et al. The pit morphology on copper in chloride-and sulphate-containing solutions[J]. Corrosion Science，1997，39(1)：27-42.

[55] BADAWY W A，EL-EGAMY S S，EL-AZAB A S. The electrochemical behaviour of leaded brass in neutral Cl^- and SO_4^- media[J]. Corrosion Science，1995，37(12)：1969-1979.

[56] JUN I，TAKESHI S，TOSHIAKI O，et al. Surface layers formed initially on copper in air containing water vapor and SO_2 as determined by IR-RAS and 2D-IR[J]. Journal of Electroanalytical Chemistry，1999，473：256-264.

[57] KLEBER C，SCHREINER M. Multianalytical in-situ investigations of the early stages of corrosion of copper，zinc and binary copper/zinc alloys[J]. Corrosion Science，2003，45：2851-2866.

[58] KLEBER C，WEISSENRIEDER J，SCHREINER M，et al. Comparison of the early stages of corrosion of copper and iron investigated by in situ TM-AFM[J]. Applied Surface Science，2002，193：245-253.

[59] JUN I，TAKESHI S，TOSHIAKI O. The influence of oxide layers on initial corrosion behavior of copper in air containing water vapor and sulfur dioxide[J]. Corrosion Science，2000，42(9)：1539-1551.

[60] BARBOUR J C，BRAITHWAITE J W，WRIGHT A F. Determination of solid-state sulfidation mechanism in ion-implanted copper[J]. Nuclear Instruments and Methods in physics Research B，2001，175/177：382-387.

[61] SYDBERGER T，VANNERBERG N G. The influence of the relative humidity and corrosion products on the adsorption of sulfur dioxide on metal surfaces[J]. Corrosion Science，1972，12(10)：775-784.

[62] OESCH. The effect of SO_2，NO_2，NO and O_3 on the corrosion of unalloyed carbon steel and weathering steel-The results of laboratory exposures[J]. Corrosion Science，1996，38(8)：1357-1368.

[63] CHAWL S K，RICKETT B I，SANKARRAMAN N，et al. An X-ray photo-electron spectroscopic investigation of the air-formed film on copper[J]. Corrosion Science，1992，33(10)：1617-1631.

[64] BADAWY W A，ISMAIL K M，FATHI A M，et al. Effect of Ni content on the corrosion behavior of Cu-Ni alloys in neutral solutions[J]. Electrochemica Acta，2005，50(18)：3603-3608.

[65] 赵永韬，李海洪，陈光章．铜合金在海水中电化学阻抗谱特征研究[J]．海洋科学，2005，29(7)：21-25.

[66] 刘伟华，曹中秋，郑志国．Cl^-含量对铸态Cu-40Ni合金电化学腐蚀行为的影响[J]．沈阳

师范大学学报，2004，22(3)：220-223.
[67] 张学元，安百钢，韩恩厚. 铜在雨水中的腐蚀行为电化学研究[J]. 腐蚀科学与防护技术，2002，14(5)：257-259.
[68] 石忠宁，徐君莉，邱竹贤，等. Cu-Ni-Al 金属阳极抗氧化耐腐蚀性能研究[J]. 轻金属，2003(6)：22-24.
[69] BECCARIA A M，POGGI G. The effect on the behavior of α-brasses in sea water of the addition of Al and Sn[J]. Corrosion Prevention and Control，1989，10：169-178.
[70] ATEYE B G，ASHOUR E A，SAYED S M. Stress corrosion behavior of α-Al bronze in saline water[J]. Corrosion Science，1994，50(1)：20-28.
[71] NIU Y，GESMUNDO F，DOUGLASS D L. The Air oxidation of two phase Cu-Cr alloys at 700~900℃[J]. Oxid. Met，1997，48(5/6)：357-359.
[72] FU G Y，NIU Y，WU W T. Oxidation of two-phase Cu-Cr alloys with different microstructures [J]. Trans Nonferrous Met Soc. China，2001，11 (3)：332-336.
[73] 刘建华，高月敏，章向前. Cu-Cr 合金在 3.5%NaCl 溶液中的腐蚀行为[J]. 上海有色金属，2003，24(4)：149-157.
[74] 付广艳，牛焱，吴维文. Cu-Cr 合金在 H_2-H_2S 混合气体中的腐蚀行为[J]. 中国有色金属学报，2001，11(4)：532-566.
[75] 邵力，王久亮，钱建明，等. Cu-Cr 合金在 NaOH 溶液中的腐蚀行为[J]. 物理测试，2003(3)：32-34.
[76] TÜKEN T，YAZICI B，ERBIL M. The use of polyindole for prevention of copper corrosion [J]. Surface and Coatings Technology，2006，200(16/17)：4802-4809.
[77] VALCARCEM B，SÁNCHEZ SR D，VÁZQUEZ M. A comparative analysis of copper and brass surface films in contact with tap water[J]. Materials Science，2006，41(7)：1999-2007.
[78] 罗兵辉，赵楠，柏振海. 含微量 Al，Sn 元素铜合金的腐蚀行为研究[J]. 矿业工程，2002，22(2)：107-109.
[79] 张荣军，张天明. 添加少量 Sn 和 Zn 对铜在弱酸性介质中耐蚀性的影响[J]. 材料保护，2007，40(11)：22-25.
[80] 朱达川，陈家钊，周秀丽，等. 锂对工业纯铜抗腐蚀性能的影响[J]. 稀有金属材料与工程，2000，29(6)：423-426.
[81] ERICSSON R，SYDBERGER T. Influence of SO_2，periodical wetting and corrosion products on the atmospheric corrosion of steel[J]. Materials and Corrosion/Werkstoffe und Korrosion，1980，31 (6)：455-463.
[82] Seo M，Sawamura I，Sato N. Proc. 1st Inter. Symp. on Corrosion of Electric Materials and Devices，Seattle，Washington，14-19 Oct.，1990，The Electrochem. Soc.，p. 165.
[83] 伊赫桑·巴伦. 纯物质热化学数据手册[M]. 北京：科学出版社，2003.
[84] J. A. 迪安. 兰氏化学手册[M]. 北京：科学出版社，1999.

2 合金元素的添加对铬青铜性能的影响

纯铜的强度不高，退火态纯铜抗拉强度仅为200MPa左右，硬度约为50HV，延伸率为50%。采用冷作硬化的方法可使铜的抗拉强度提高到~450MPa，硬度提高到110~130HV，但与此同时，延伸率急剧下降到2%左右。为保持足够的塑性并进一步提高合金的强度，常采用在铜中加入适当的合金元素的方法。

2.1 合金元素的选择及性能改善

合金的强度和电导率是一对矛盾体，为保证两种性能的最佳结合点，合金元素的选择要综合考虑其对合金导电率和析出强化两方面的影响。析出强化的效果主要取决于：合金元素的类型及对溶解度变化曲线的影响；合金元素在Cu中的极限溶解度和在室温下的平衡溶解度；析出相的类型及与基体的关系；析出相的形态、大小、分布；析出相的热稳定性等。合金的电导率主要取决于：合金元素类型；合金元素在室温下的平衡溶解度；以固溶体形态存在的合金元素对电导率的影响；析出相的类型、数量、形态及大小等因素。综合这两方面的要求，合金元素的选择应满足以下条件：①合金元素固溶于Cu中，对Cu基体电阻率的影响要小；②在高温时，合金元素在Cu基体中的极限溶解度要大；③在室温下，合金元素在Cu基体中的平衡溶解度要尽量的小；④在析出过程中，析出相弥散分布并与基体有一定的共格关系；⑤析出相稳定性好，在高温时不易长大；⑥同时，为达到材料研究的最终目的，该类合金材料还应有利于生产，有利于进一步推广应用。

2.1.1 铜合金中的相

合金是指由两种或两种以上的金属与金属或金属与非金属经一定方法所合成的具有金属特性的物质。相是合金组织的基本成分，它具有一定的晶体结构和化学成分。根据形成条件、结构特征和相图中的位置，固态铜合金中的相可分为两大类：α固溶体和金属间化合物。

1. α固溶体

如果在合金中，组成合金的异类原子能够以不同比例均匀混合，相互作用，其晶体结构与组成合金的某一组元相同，这种合金就叫作固溶体。α 固溶体是铜合金的基体，大部分变形铜合金均为固溶体型合金。α 固溶体的晶体结构与纯铜晶体结构相同，为面心立方晶格。但由于溶入其他元素原子，因而晶格常数有所改变。不同元素在铜中的固溶度差别很大。如 Ni 能和 Cu 以任意比例互溶，而 Fe 的溶解度则极小。影响元素固溶度的因素主要包括：原子的尺寸因素、电负性因素、电子浓度因素、晶体结构因素等。

α 固溶体一般为无序固溶体，即溶质原子的分布一般是无序的，溶质呈统计分布。但当某些溶质(X)成分接近一定原子比，即 CuX、Cu_3X 或 CuX_3，且温度降至某一临界值以下时，两种原子会从高温短程有序状态转变为 Cu、X 两种原子在较大范围都占有一定位置的规则排列状态，即发生"有序化"转变，形成有序固溶体。对于有序固溶体而言，由于溶质原子和铜原子分别占据固定位置，而且每个晶胞中的溶质原子与铜原子的比都是一定的。因此固溶体的无序—有序转变也属固态相变的一种类型。固溶体发生相变时合金强度提高，塑性降低，同时合金电阻降低。

2. 金属间化合物

金属间化合物是指金属与金属或金属与非金属之间形成的化合物。金属间化合物多以金属键的方式进行键合，其晶体结构不同于构成它的纯金属。金属间化合物可用分子式表示，在相图中呈现为一条竖线。但也有很多金属间化合物在相图中呈现一定成分范围分布的单相区。

金属间化合物一般熔点较高、硬度较大、脆性明显。当金属间化合物数量合适、形状分布合理时，合金的强度、硬度、耐热性、耐磨性可得到显著提高。但也有部分类型化合物的存在会导致合金变脆，材料设计中应尽量避免。

金属间化合物主要包括三类：由电负性控制的正常价化合物，由电子浓度起到控制作用的电子价化合物以及以原子尺寸为主要因素的原子尺寸因素化合物。铜合金中的中间相主要为后两种，但也有一些铜合金相不属于上述三类化合物，如 Cu_2Al 等。

(1) 正常价化合物

电负性差别较大的组元可形成与离子化合物结构类似的金属间化合物。这种化合物中组元的原子数比较符合化合价规律，所以称为正常价化合物。正常价化合物的键合特征取决于电负性差值。电负性差值越大，稳定性越高，越接近于离子键合；电负性差值越小，化合物稳定性越差，越接近于金属键合。正常价化合物的分子式一般有 AB、A_2B(AB_2)两种类型。AB 型具有与离子化合物 NaCl 相同的晶体结构，AB_2型具有离子化合物型的晶体结构，而 A_2B 则为反 CaF_2型晶体结构。由于 Cu 的电负性与Ⅳ、Ⅴ、Ⅵ族非金属及类金属元素的电负性差值不大，因而属于正常价化合物的铜合金中间相不多，Cu_2Se、CuMgBi、CuCdSb 等则属于反 CaF_2型晶体结构。

（2）电子价化合物

电子价化合物是指由电子浓度控制的中间相化合物。这些化合物不符合化学价规律，但对应的化合物却具有相同的电子浓度和相同的晶体结构类型。如 Cu-Zn 二元系中，随着 Zn 含量增加，依次出现 α(CuZn)、β(Cu_5Zn_8)、γ($CuZn_3$)三种化合物，其电子浓度分别为 3/2、21/13、7/4，其对应的晶体结构分别为体心立方、复杂立方和密排六方。在其他铜合金、银合金等中也发现有类似化合物。

决定电子价化合物晶体结构的基本因素是电子浓度，但尺寸因素、组元价态和生成环境等也会对晶体结构产生影响。例如，电子浓度为 3/2 的电子化合物，当两组元的原子尺寸相近时，倾向于形成密排六方结构；当原子尺寸相差较大时，则倾向于形成体心立方结构。在铜的电子价化合物中，第二组元原子价增高，有利于形成密排六方结构而不利于形成体心立方结构。又如 Cu_3Ga，在高温时为体心立方结构，低温时为密排六方结构。

电子化合物的成分可在一定范围内变化，在相图中表现为有一定成分范围的单相区，因此其电子浓度也可在一定范围内变化。

（3）原子尺寸因素化合物

当形成金属间化合物的组元原子间直径相差较大时，则形成主要受尺寸因素支配的化合物。这类化合物有两种类型：间隙相和拓扑密排相。铜合金中一般不存在间隙相。

若将纯金属原子视为等径刚性球，它们在空间的堆垛只能是由等棱四面体和八面体构成的面心立方和密排六方结构，最大配位数均为 12，存在四面体和八面体两种间隙，这种密堆结构称为几何密堆相。由于四面体间隙比八面体间隙小，所以如果都是四面体堆垛，那么空间利用率会比较高。由于一种等径原子堆垛不可能由四面体堆满整个空间，因此等径原子纯金属一般只能堆垛成配位数 12、致密度为 0.74 的几何密堆结构。如果用大小不同的两种原子进行最紧密堆垛，通过合理搭配，就有可能获得全部或主要由四面体堆垛整个空间，达到空间利用率和配位数更高的密堆结构，配位数可为 12、14、15、16。这种结构称为拓扑密堆结构，具有这种结构的中间相称为拓扑密堆相。

铜合金中的拓扑密堆相主要表现为 Laves 相，Cu_2Mg、Cu_3MgAl 就是 Laves 相的典型代表。

2.1.2 铜合金相图

1. 二元铜合金相图

铜合金二元相图大致包括以下类型：

(1) 液态产生混熔间隙且无中间相生成的二元系。属于此类型的有 Cu-Cr (图 2-1)、Cu-Pb、Cu-V 等二元系。

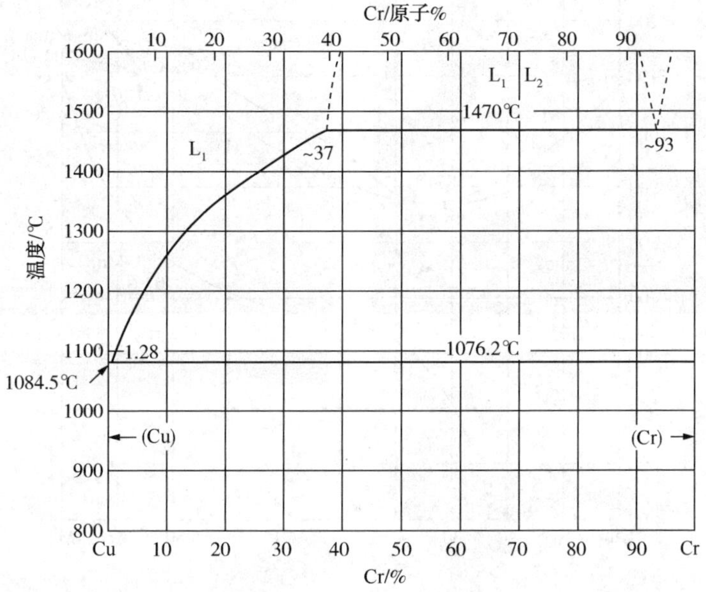

图 2-1 Cu-Cr 二元相图

(2) 形成连续固溶体或大范围固溶体的二元系。属于此类型的有 Cu-Ni (图 2-2)、Cu-Al、Cu-Mn(图 2-3)、Cu-Pd、Cu-Pt、Cu-Rh 等二元系。

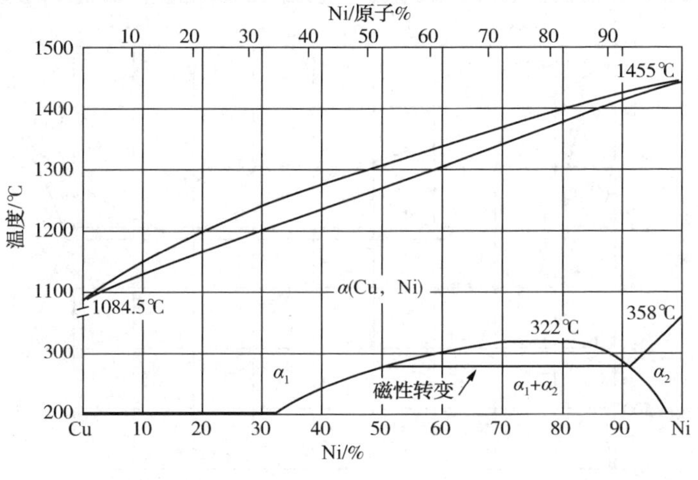

图 2-2 Cu-Ni 二元相图

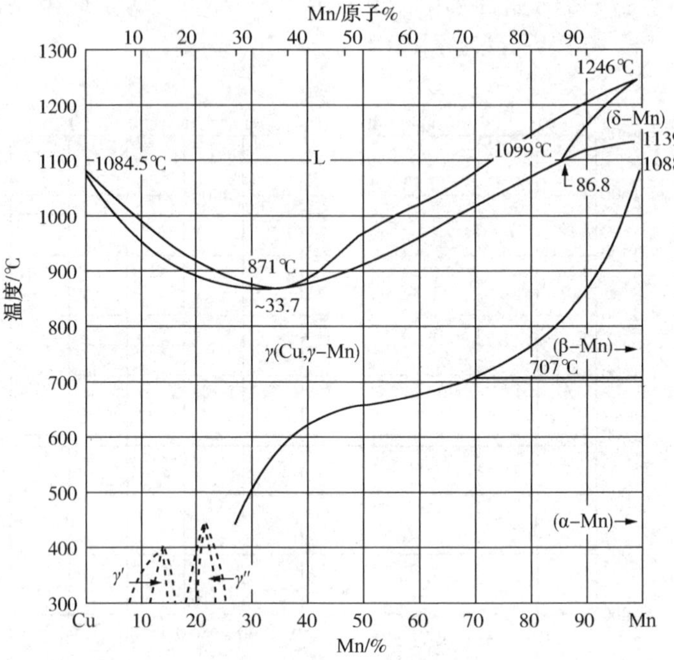

图 2-3　Cu-Mn 二元相图

（3）产生共晶反应但无中间相的二元系。此类包括 Cu-Ag(图 2-4)、Cu-B、Cu-Bi、Cu-Li 等二元系。

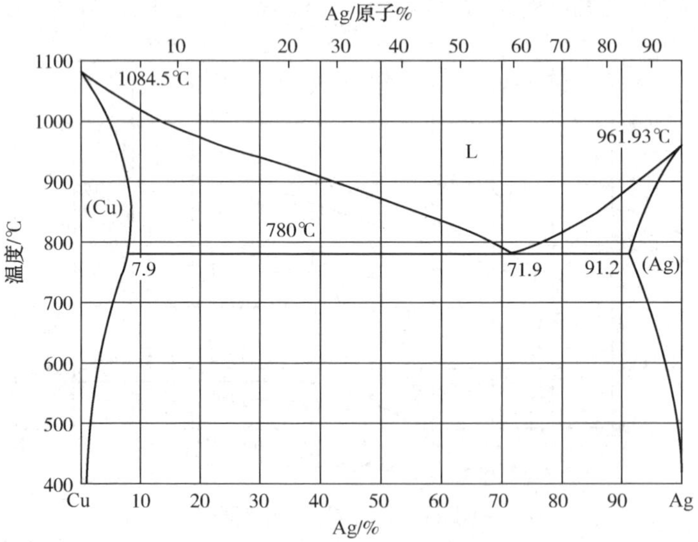

图 2-4　Cu-Ag 二元相图

（4）产生包晶反应但无中间相的二元系。包括 Cu-Fe（图 2-5）、Cu-Co、Cu-In、Cu-Nb 等二元系。

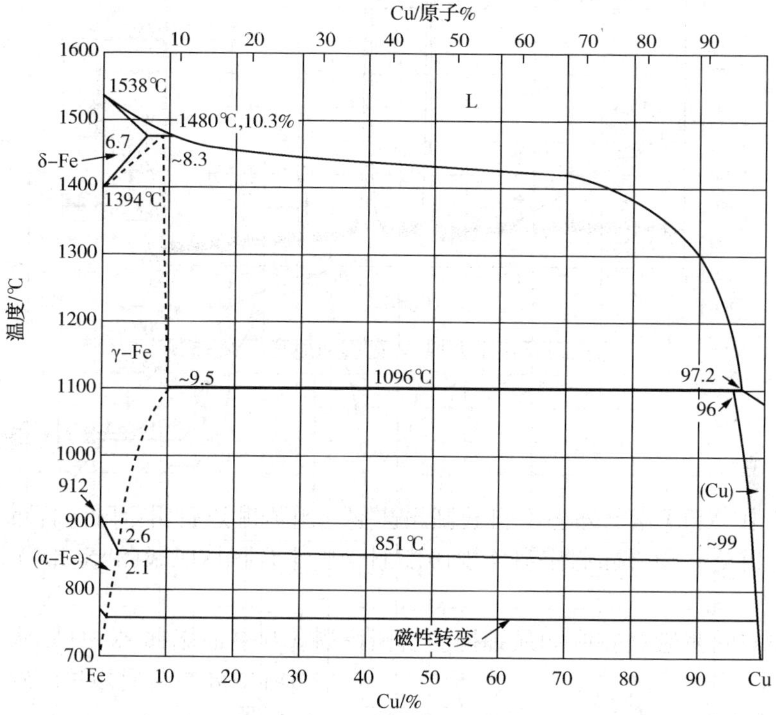

图 2-5　Cu-Fe 二元相图

（5）生成中间相的二元系。铜侧发生共晶反应的有 Cu-As、Cu-Ca（图 2-6）、Cu-Re、Cu-Mg、Cu-O、Cu-S、Cu-P、Cu-Se、Cu-Sb、Cu-Pu、Cu-Th、Cu-U、Cu-Zr 等二元系。铜侧发生包晶反应的有 Cu-Ba、Cu-Ge、Cu-In、Cu-Si、Cu-Sn、Cu-Sr、Cu-Ti、Cu-Zn（图 2-7）等二元系。

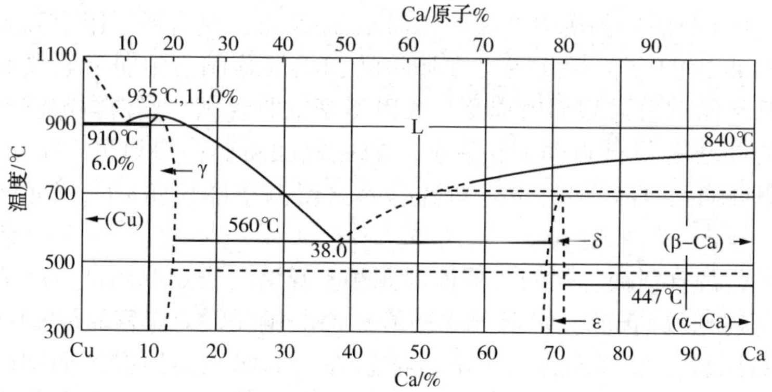

图 2-6　Cu-Ca 二元相图

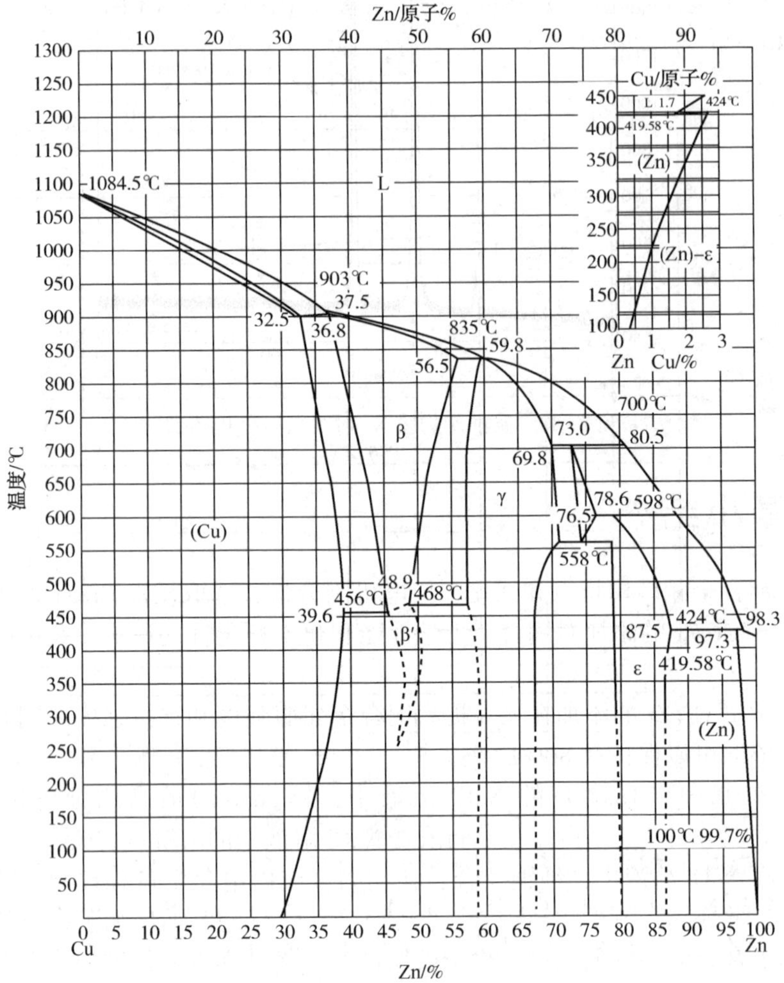

图 2-7　Cu-Zn 二元相图

此外，还包括在铜侧发生偏晶反应且生成中间相的二元系，如 Cu-Te 系；第二组元在液态和固态铜中仅有极微溶解度的二元系，如 Cu-C 系。

2. 三元铜合金相图

对于铜合金，目前没有三元相图，只有某些合金的液相面投影或一些等温界面。如 Cu-Ag 系、Cu-Al 系、Cu-Ni 系、Cu-Sn 系、Cu-Zn 系、Cu-Si 系等部分三元合金相图的液相面、固相面和某些等温面的投影图。

图 2-8 所示为 Cu-Al-Zn 三元相图的液相面和 700℃、550℃、350℃及 200℃等温截面。

由图 2-8 可知，当含铝量为 16%~22%时，生成 γ 单相区。在 350℃及 200℃

时，该单相区分为三个部分，即富铜的 γ'（16%～19% Al），中间的 γ_1（19%～20.5%Al）及富铝的 γ_2（20.5%～22%）。由图 2-8 也可知，在 700℃存在 ζ_1 单相区，在 550℃及更低的温度下，存在 ζ_2 单相区。ζ_1 相当于 Cu-Al 二元相图中的 ε_2 相，而 ζ_2 相当于 Cu-Al 二元相图中的 ζ_1 相和 ζ_2 相。在高于 Cu-Al 二元相图中 β 相的分解温度（565℃）时，Cu-Al 二元相图中的 β 相与 Cu-Zn 二元相图中的 β 相完全互溶。在相稳定的温度范围内，Cu-Al 二元系中 γ 相的各种变体与 Cu-Zn 二元系中的 γ 相完全互溶。在 680℃～696℃的 Cu-Zn 二元系中的 δ 相的狭窄形成温度，Cu-Al 系中的 ζ_1 相与 Cu-Zn 系中的 δ 相完全互溶。

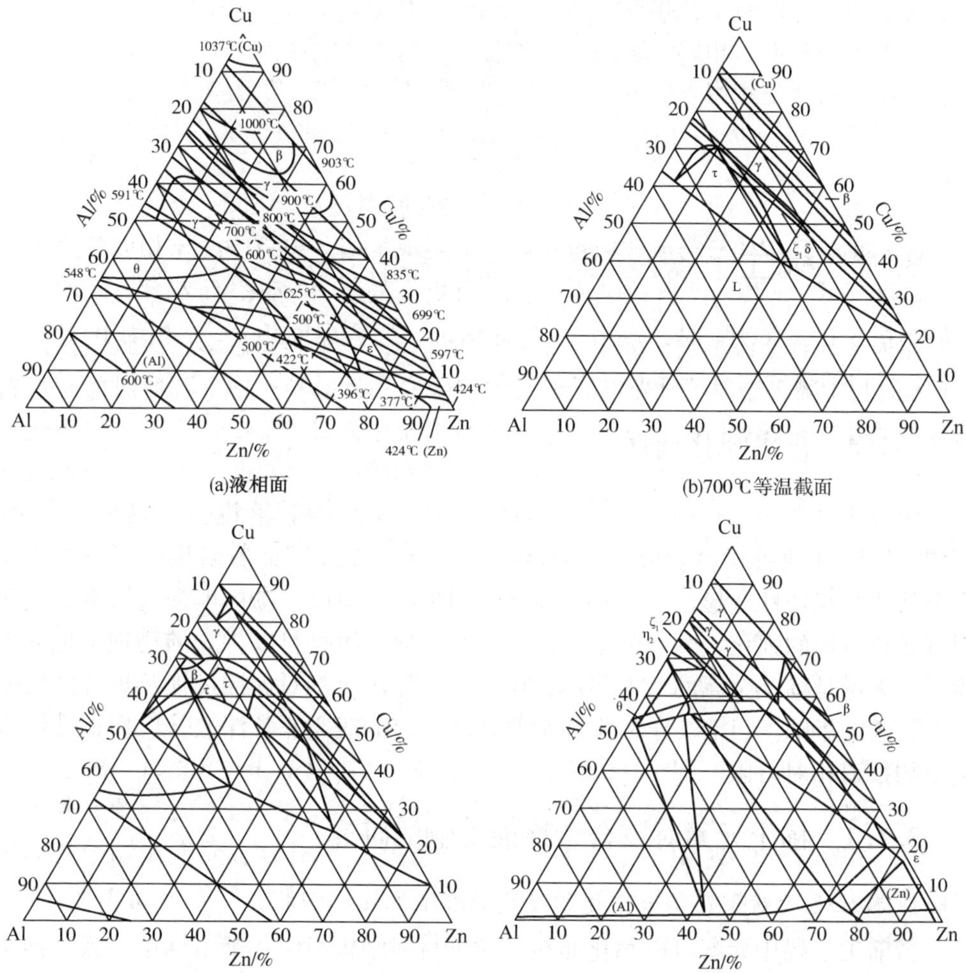

(a)液相面 (b)700℃等温截面

(c)550℃等温截面 (d)350℃等温截面

图 2-8 Cu-Al-Zn 三元相图

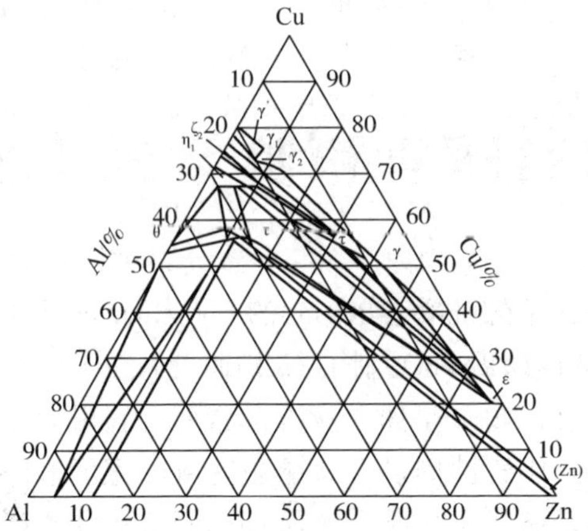

(e)200℃等温截面

图 2-8 Cu-Al-Zn 三元相图(续)

ζ 固溶体于~740℃与液相通过包晶反应生成 τ 相，700℃时，τ 相成分范围狭窄。温度降低，τ 相的成分范围增宽，含有更高的 Al 和 Zn，而 Zn 和 Cu 的含量降低。在 550℃~600℃时，τ 相的富铝侧出现三元金属间相 τ′，τ 相为 B_2 型立方结构，τ′相为畸变的有序体心立方晶体结构。

2.1.3 析出强化选择

如图 2-9 所示，Guliaev 将合金元素与铜所组成的合金相图分为 6 种类型。能和铜形成 1、2 类相图的元素有：Mn、Ni、Rh、Pd、Pt、Au；能和铜形成 3 类相图的元素有：Ti、Be、Si、Zn、Cd、In、Hg、Ga、Ge、Sn；能和铜形成 4 类相图的元素有：V、Nb、Ta、Mo、W、Tc、Re、Fe、Ru、Os、Tr；能和铜形成 5 类相图的元素有：Li、Mg、Al、Cr、Ag、Zr、Hf、Sc、Y、La、Ca、Sr、Ba、B、C、P、As、Sb、S、Se、Te；能和铜形成 6 类相图的元素有：Pb、Bi、Tl、K、Na、Rb、Cs、Po、At、H、He、N、O、F、Ne、Cl、Ar、Br、Kr、I、Xe。在上述几种类型中，能产生弥散强化的合金系主要有 3 类、4 类、5 类相图三种类型(共晶型相图与包晶型相图)，而在这些合金系中，只有合金元素在铜中的固溶度随着温度降低而减小的合金系才能产生析出强化。因此，结合上述 3 类、4 类相图的要求，所确定的合金系首先要具备如图 2-10 所示的相图特征。合金元素在铜中的固溶度随着温度降低而减小，从而合金系才能产生析出强化。

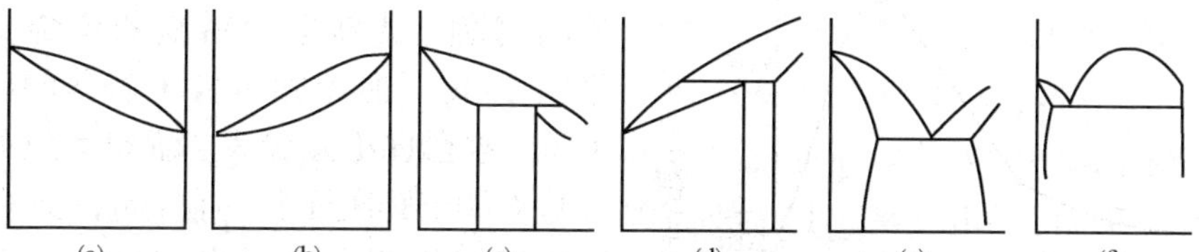

图 2-9　铜合金相图类型

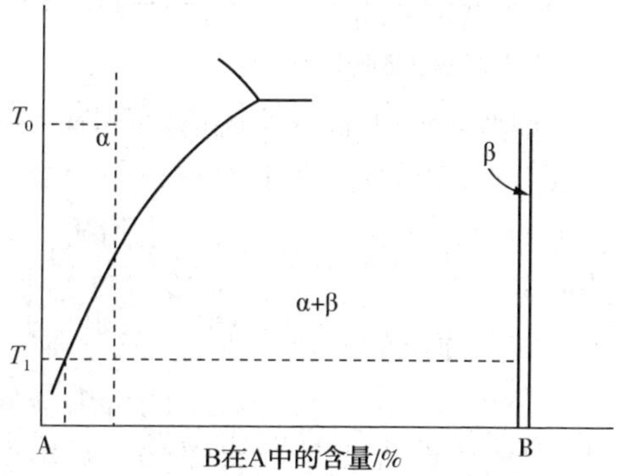

图 2-10　符合要求的合金系相图特征

按照 1、2 类相图的要求，合金元素固溶于 Cu 基体中对铜导电率的影响应尽可能的小。而固溶体的电阻率，主要取决于两方面因素：一方面是溶剂金属的电阻率，它与该元素在元素周期表中的位置有关，由该元素的电子结构、能带结构所决定；另一方面是基体中加入合金元素后异类原子引起点阵畸变，组元间相互作用引起有效电子数的变化、能带结构的变化以及合金组织结构的变化等。能带导电理论认为，金属的导电性与其价电子结构有关，它反映了电子在未填满能带中的活动程度，金属元素通常存在着能带的重叠区，因此无论价带是半满还是全满的情况下，价电子均有跃迁到高能级上的余地，即价带顶部的一些电子容易被外电场加速，从而呈现良好的导电性。对一价碱金属和贵金属（Cu 为一价贵金属），它的价电子只填满 *s* 能带的1/2，即价带是半满的，同时 *s* 能带扩展很宽，和 *p* 能带有相当宽的重叠区。因此在电场的作用下，电子不仅能在自己的价带中有充分活动余地，而且很容易跃迁到 *p* 能带中去，即电子能被加速的程度大，因而具有良好的导电性。二价碱金属价带上的 2N 个价电子正好填满二价带，这似乎和绝缘体的情况相类似，然而 *s* 价带与 *p* 导带有重叠区，实际上已有少量的电子进入重叠的 *p* 导带，*s* 价带则已接近被填满。电子虽然在自己的价带中无充分活动余地，但在 *p* 导带中能自由跃迁，故仍有良好的导电性，但毕竟因进入 *p* 导带的电子数较少，因此其导电性比一价金属要差得多。三价金属外电子层有 3N 个价电子，其中 2N 个价电子属于 *s* 能带，并填满 *s* 能带，而另 N 个价电子属于 *p* 能带，*p* 能带有 3N 个能级，故电子只填充 *p* 能带的一部分。同时其 *s* 能带与 *p* 能带也有重叠。可以认为，三价金属 *p* 能带中的电子数要比二价金属 *p* 能带中的电子数要多，故其导电性要比二价金属好。过渡族金属具有特殊的能带结构，这些元素组成晶体时，其 s 能带与内 d 层能带都发生重叠(如 4s 与 3d)，使一部分 s 层电子填入内 d 层中，降低了 s 层电子密度，故其导电性较差。

当纯金属中加入溶质而形成固溶体时，其电导率都要降低，即便溶质原子的导电率比溶剂的导电率高。其主要原因是异类原子的溶入引起溶剂点阵的畸变，增加了电子的散射，因而加大了电阻，同时由于组元间化学相互作用的加强使有效电子数减少，也会造成电阻率的加大。对低浓度固溶体的电阻，通常认为服从 Matthissen 经验定则。由式(1-3)可知，合金的电阻率 ρ 与固溶体中溶质元素的浓度 c 呈线性关系。

因而，要使固溶体保持较高的导电率，室温下固溶体中合金元素的含量应越少越好，最多不应大于 1%，即其室温固溶度不宜过高。但考虑析出强化的目的，过少的合金元素析出后无法达到析出强化的效果，因此其极限固溶度不宜过低。按照上述要求，参考相关溶解度数据(在 Cu 中极限溶解度大于 0.2%)，满足①②③条要求的合金元素有：Ag、Ti、Co、Cd、Fe、Mg、Be、P、Zr、Cr。

一般情况下，合金元素的析出会使合金的强度提高，提高的幅度随析出量的增加而增加，但对其延伸率的影响则会因元素不同而不同。Ag、Ti、Cd 和 Zr 的加入量较大时会严重降低合金的延伸率，但考虑到在高导电铜合金中合金元素的加入量一般很少(<1%)，对延伸率的影响不会很大。而对 Ti、Fe、Co、P 等元素而言，0.1%的加入量已使铜合金的导电率急剧恶化，且它们在 Cu 中的室温固溶度较高，仅固溶体对电导率的影响就使其下降到 80%IACS 之下。显然这些元素不宜作为高强度高导电铜合金的合金元素。Cu 和 Ag 可组成在固态下部分互溶的简单二元共晶相。经固溶处理后，在时效过程中从固溶体中析出富 Ag 的固溶体，且多在晶界上析出，析出相颗粒粗大，析出强化效果很差。高含量的 Cd、Mg、Be 析出相对导电率下降明显，同时 Cd 和 Be 有毒，对环境有污染。

图 2-11 为 Cu-Zr 二元相图富铜端。Zr 在 Cu 中原子分数的极限溶解度为 0.11%(966℃)，在室温下的平衡溶解度比 Cu-Cr 合金更低，为 0.01%。由于 Zr 对 Cu 固溶电阻率的影响要小于 Cr 原子，因而该合金系可以得到比 Cu-Cr 合金更高的导电率。在时效过程中，大部分 Zr 以 Cu_3Zr 的形式弥散析出，可以产生极强的弥散强化效果。但是由于 Zr 在 Cu 中的极限溶解度很低，为 0.11%Zr，因而传统冶金方法配合固溶时效处理，其弥散强化效果不理想。

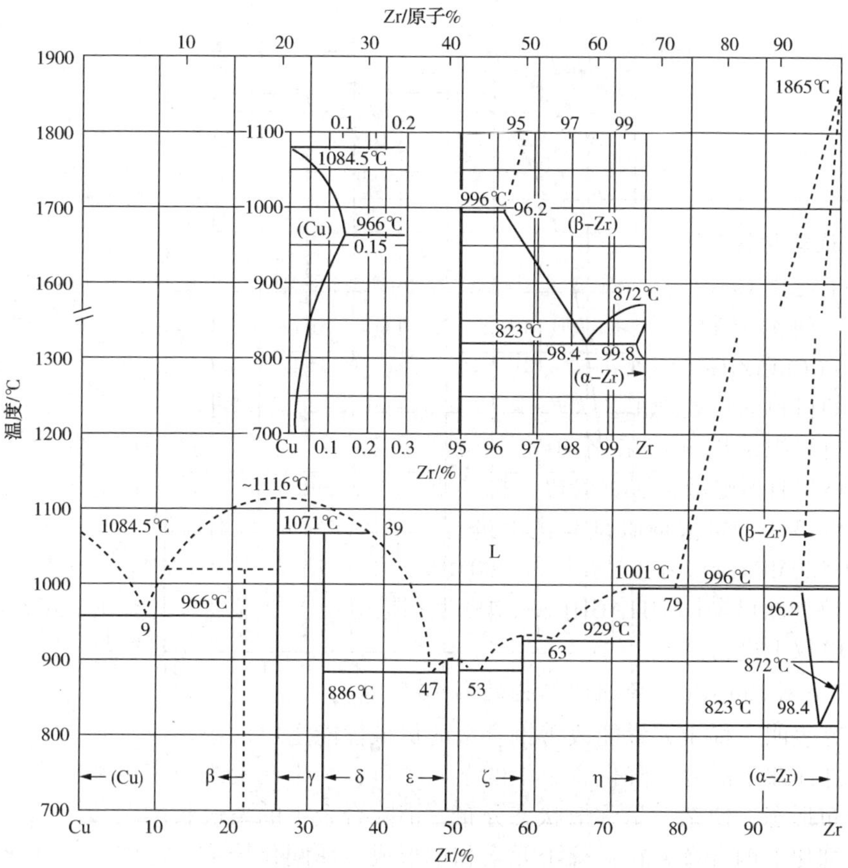

图 2-11　Cu-Zr 二元相图富铜端

图 2-12 所示为 Cu-Cr 二元相图富铜端。从相图上可见，Cr 与 Cu 不生成任何化合物相，当 Cr 含量超过质量分数 0.65%时，会出现 Cu(α)+Cr 共晶。该合金系中 Cr 质量分数的极限固溶度为 0.65%(1076.2℃)，800℃溶解度为 0.15%，500℃以下则几乎不溶，在室温下的平衡溶解度小于 0.03%。经固溶处理后，在时效过程中，绝大部分的 Cr 原子以 Cr 相的形式析出，Cr 析出相是铬青铜系列合金唯一的强化相，可产生极强的弥散强化效果。

结合 Cu、Cr、Zr 组元特性常数(表 2-1)，对于高强高导铜合金，Cr 元素的加入可产生较强的析出强化。Cr 析出相稳定性好，在高温时不易长大；室温平衡溶解度极低，经时效处理后 Cr 元素可大部分析出，使合金具有高的电导率；且工艺相对简单，可实现大规模连续化工业生产。Zr 元素的加入同样可产生较强的析出强化，使 Cu-Zr 合金具有较高的软化温度。同时 Zr 可以使 Cr 颗粒沉淀析出相呈球化的趋势，从而更好地提高合金的屈服强度、抗拉强度。因此合金元素 Cr/Zr 成为高强高导铜合金的添加优选。

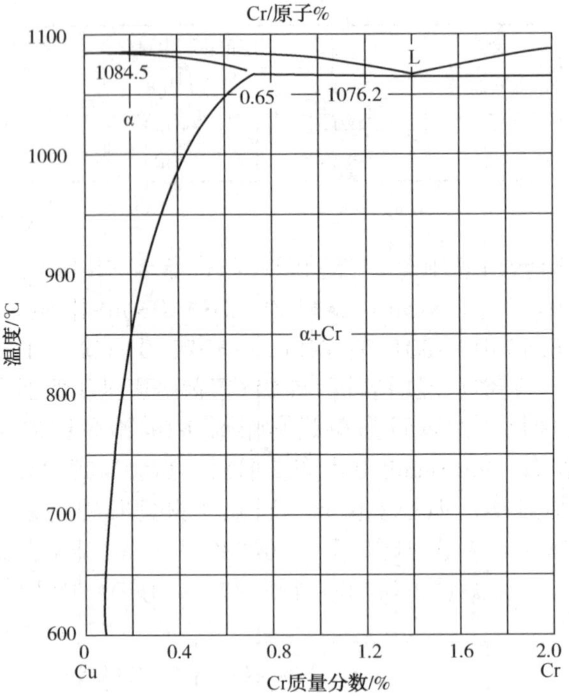

图 2-12　Cu-Cr 二元相图富铜端

表 2-1　Cu、Cr、Zr 组元特性常数

元素	晶体结构	点阵常数/ 10^{-10}	熔点/ ℃	沸点/ ℃	导热率/ W/(m·K)	密度/ (g/cm³)	线胀系数 $(1/k)\times10^{-6}$
Cu	FCC	3.615	1083	2595	394	8.96	16.5
Cr	BCC	2.884	1875	2220	67	7.19	6.2
Zr	HCP	—	1852	4377	22	6.49	—

2.1.4　Cr/Zr 的添加对铜合金力学性能和导电性的影响

图 2-13 所示为含有微量合金元素 Cr/Zr 的铜合金的静拉伸曲线。表 2-2 所示为从曲线中获取的相关指标参量。其中 CuCr 试样为 Cu-0.36Cr 冷拔合金，CuZr 为 Cu-0.16Zr 冷拔合金，CuCrZr 为 Cu-0.37Cr-0.11Zr 冷拔合金，纯铜作为对比材料。四种测评材料的基本工艺为：固溶+时效+冷拔。可以看到，对于冷拔纯铜，其抗拉强度仅为 432MPa，当向纯铜中添加微量的合金元素 Cr 和 Zr 后，合金的抗拉强度得到了大幅度提高，提升量高达 50%。此时，合金的延伸率降低，合金的电导率降低至 80%IACS 左右。

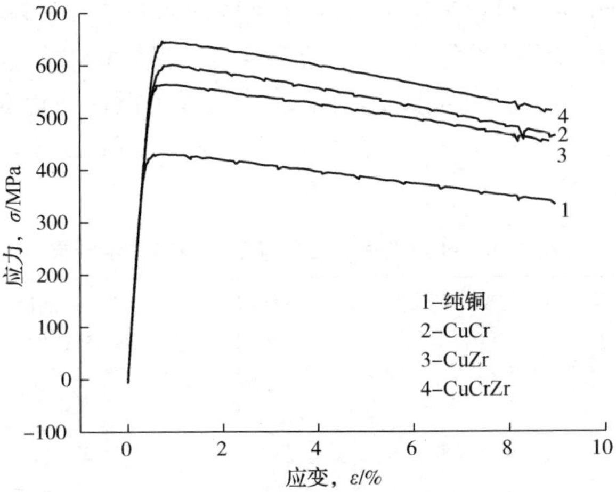

图 2–13 微量合金元素 Cr/Zr 的铜合金的静拉伸曲线

表 2–2 研究合金的静强度指标及导电率

试样名称	抗拉强度/(σ_b/MPa)	屈服强度/($\sigma_{0.2}$/MPa)	延伸率/(δ/%)	导电率/(IACS/%)
纯铜	432	430	18	100
CuCr	593	578	17	83
CuZr	567	562	17	81
CuCrZr	645	638	14	78

图 2–14 所示为合金经历 50 万次疲劳后的静拉伸曲线。疲劳性能评定试验中最大拉应力为 520MPa，最小拉应力为 280MPa，平均拉应力为 400MPa。采用正弦应力幅控制，加载频率为 30Hz。

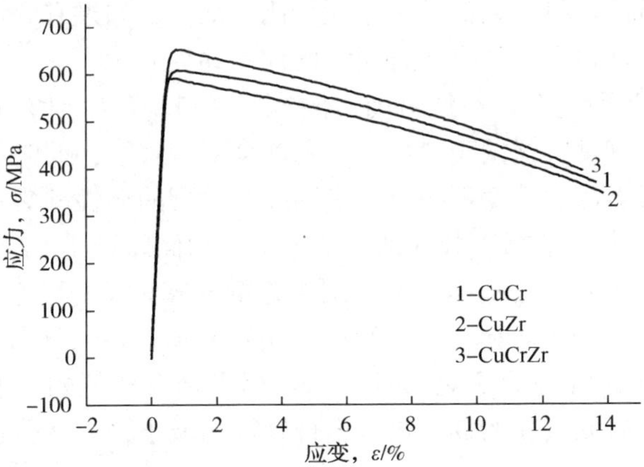

图 2–14 50 万次疲劳后试样的静拉伸曲线

表 2-3 所示为 50 万次疲劳前后的力学指标对比（由于铜的抗拉强度低于 520MPa，因此不参与疲劳性能评价）。疲劳后合金试样的抗拉强度和屈服强度得到不同程度的提高，反复的应力波动在合金中造成了循环硬化现象，同时也使合金的延伸率由 17%降至 13%。对比合金元素，Zr 元素和 Cr 元素单独添加时循环硬化效果更为明显。

表 2-3 50 万次疲劳后试样的静拉伸力学结果

编号	屈服强度/($\sigma_{0.2}$/MPa)	抗拉强度/(σ_b/MPa)	延伸率/(δ/%)	疲劳前后屈服强度差值/MPa	疲劳前后抗拉强度差值/MPa
CuCr	606	611	13	28	18
CuZr	590	588	13	28	21
CuCrZr	657	661	13	19	16

大多数金属材料在连续增加载荷下的断裂机制属微孔聚集型。即随着载荷升高，在材料内部的夹杂物、析出相、晶界、亚晶界或其他塑性变形不连续的地方会发生位错堆积，造成应力集中，从而在局部塑性变形区域导致微孔形成。随着应变增加，微孔不断连接、聚集、长大，直至材料发生颈缩和断裂，结果在断裂表面就形成了一些形状、大小和深浅不同的韧窝。影响韧窝形成的因素有三个：一是材料中夹杂物和析出相质点的大小、数量及分布；二是基体材料的塑性变形特性，尤其是形变硬化能力；三是应力大小和性质及温度和应变速率等外界条件。韧窝的大小和深度取决于材料断裂时微孔生核的数量与材料形变硬化指数值的大小，即取决于析出相质点及夹杂物的形状、大小、分布和数量，以及材料塑性变形能力和晶粒度。同时也与外加应力大小和性质等外界条件有关。材料中存在细小、密集的析出相时，韧窝的尺寸往往比较细小。如果有大小不同的析出相质点同时存在时，断口上就会有多种尺寸的韧窝共存。

图 2-15 所示为研究合金在疲劳前后的拉伸断口形貌。研究断口均表现出大量细小均匀的等轴韧窝，这属于典型的微孔聚合形貌特征，同时在韧窝壁上清晰地看到蛇形滑移线类的塑性变形痕迹，表明此为典型的韧性断裂。对比调查的三种材料，CuCr 合金断口韧窝十分的细小均匀，从侧面印证了 Cr 析出相粒子大小非常均匀，并弥散地分布在基体之上。细小弥散分布的 Cr 质点与基体呈共格关系，可有效地阻碍位错运动和晶面的滑移。相对 CuCr 合金，CuZr 合金的韧窝尺寸明显增大，这说明 CuZr 合金在塑性变形过程中具有较低的形变强化能力。对比疲劳前后，三组研究试样的韧窝尺寸出现轻微的减小，与疲劳造成的强度提高有关。

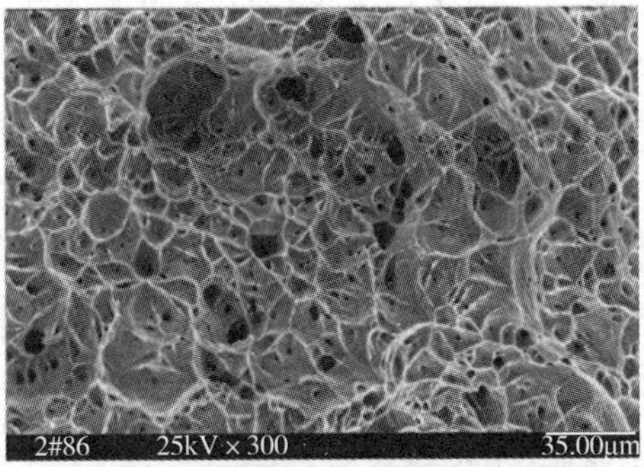

(a)疲劳前CuCr拉伸断口

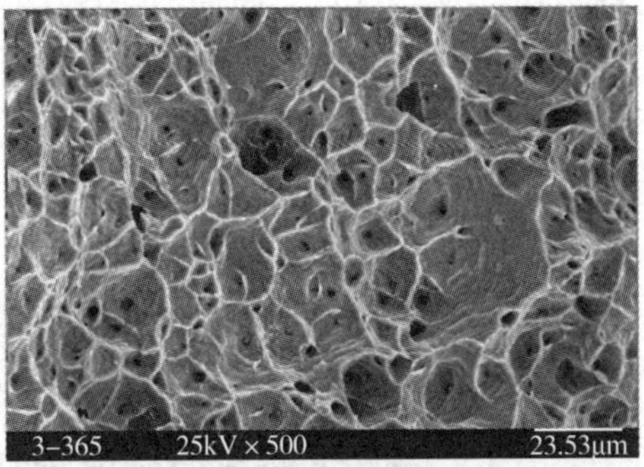

(b)疲劳后CuCr拉伸断口

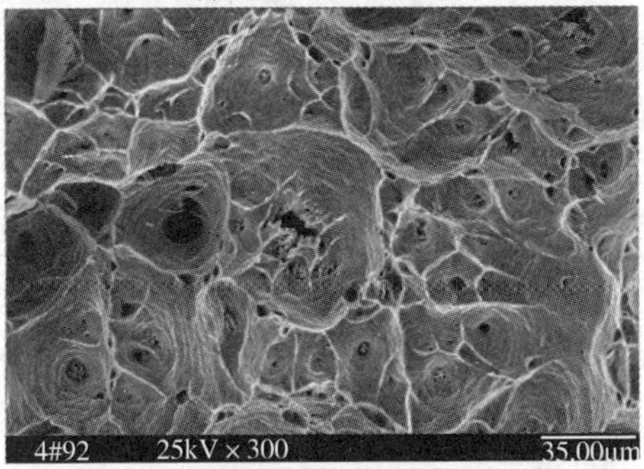

(c)疲劳前CuZr拉伸断口

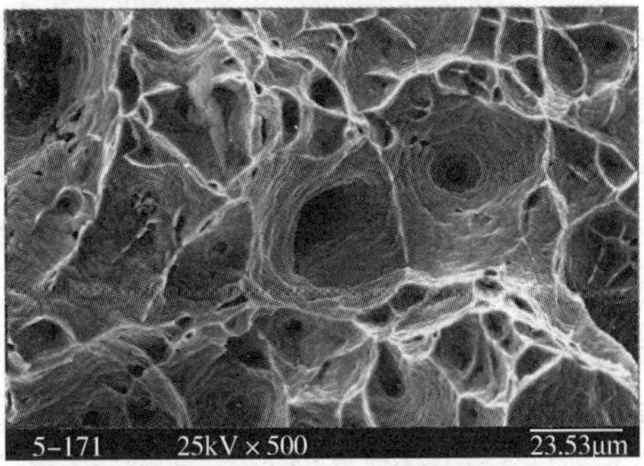

(d)疲劳后CuZr拉伸断口

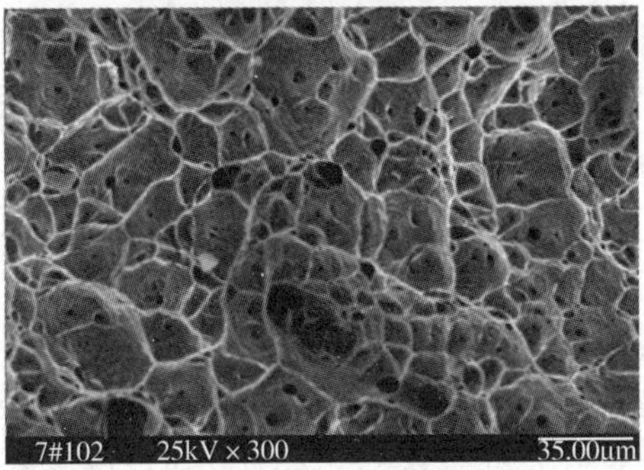

(e)疲劳前CuCrZr拉伸断口

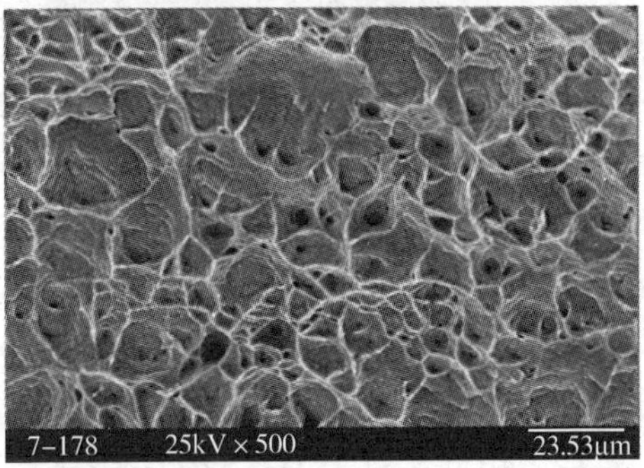

(f)疲劳后CuCrZr拉伸断口

图 2-15 合金的拉伸断口扫描

2.2 Cr/Zr 的添加对铬青铜在模拟海洋大气中耐蚀性的影响

大气腐蚀可分为工业大气腐蚀、海洋大气腐蚀和乡村大气腐蚀。Cl^- 主要存在于海洋大气中，是对金属腐蚀危害最大的大气污染物。海洋大气中存在的大量海盐微粒($NaCl$、$MgCl_2$)通过沉积在金属表面上，吸附或凝聚空气中的水蒸气而形成电解质液滴或液膜，诱发大气腐蚀，对临海或海上建筑及设施造成破坏。由于Cl^-体积极小，具有强烈的穿透性，可以穿透金属表面腐蚀层到达基体表面，从而导致金属腐蚀的不断加重，并且由于Cl^-不是参加反应而是起到催化加速作用，在反应中不会发生转化或大量消耗，从而使其对金属的危害更加严重。尽管氯盐的溶解度通常都很高，可在大气降水过程中被冲刷走，但由于Cl^-本身的强侵蚀能力，即使少量Cl^-的存在也会对金属造成严重的破坏。

2.2.1 Cr/Zr 对铜合金腐蚀性能影响的研究

研究合金耐蚀性的核心是研究合金中各种元素对合金耐蚀性的影响。关于合金元素 Cr、Zr 的添加对合金耐蚀性的影响，大多数研究工作基本围绕 CuCr47 合金和非晶 CuZr 合金。关于高添加量的 Cr(>12%)对基体耐蚀性的影响，调查结果显示：Cr 的加入会在材料的表面形成一层钝化膜，该钝化膜可显著提高合金的耐蚀性。关于微量 Cr 的添加对基体材料腐蚀性的影响，更多的工作是集中在铁基合金和铝基合金上。研究结论主要表现在以下几个方面：①腐蚀形式：随着微量 Cr 的加入，腐蚀形式由均匀腐蚀变为均匀腐蚀和点蚀相结合的形式。②Cr 在腐蚀产物中的分布形式：以化合物(氧化物)的形式呈岛状分布于腐蚀层的内侧，接近金属面处。③腐蚀速率：失重结果表明，随着 Cr 含量的增加，合金的耐蚀性提高；关于微量 Cr 对铜合金耐蚀性的影响，研究者很少。刘兵等通过电化学方法研究了微量 Cr 对铜基块状非晶合金耐蚀性的影响，认为 Cr 具有提高 Cu 块体非晶合金的非晶形成能力倾向，有助于材料耐蚀性的提高。关于微量 Cr 对铜合金耐蚀性影响的更多情况，仍是迷雾一团。

关于 Zr 的研究工作，主要体现在非晶合金方面，并且 Zr 含量相对较高。主要结论如下：对于 Cr-Zr 合金和 Ni-Zr 合金，点蚀电压随着合金中 Zr 含量的增加而提高。相反，对于 Mg-Al-Zr 合金，当合金中 Zr 含量为 4%~15%时，合金的耐蚀性随着 Zr 含量的增加而提高，但当合金中 Zr 含量为 32%~50%时，合金的耐蚀性随着合金中 Zr 含量的增加而降低。对于两相合金 Mn-Zr 和 Mn-Cr 而言，Zr 元素对金属 Mn 耐蚀性的提高甚于 Cr 元素。当 Cr 元素和 Zr 元素同时添加时，三相合金 Mn-Zr-Cr 的耐蚀性显著好于二相合金，同时，在三相合金中，元素 Cr 对合金耐蚀性的影响强于元素 Zr。关于 Zr 的添加对纯铜耐蚀性的影响。Lu 等详细调查了 Cu-Zr 合金在盐酸中的耐蚀性问题。结果显示，在测试的 Cu-15%Zr、Cu-30%Zr 和 Cu-66%Zr 三种铸造合金中，当外加电压位于 Zr 的选择性溶解阶段，Cu-15%Zr 由于具有最低的 Zr 含量，所以此阶段的腐蚀电流最低。但随着扫描电压的增加，腐蚀进入 Zr、Cu 同时溶解阶段，Zr 含量的增加对耐蚀性的影响逐渐减小，合金的腐蚀速率取决于 Zr 和 Cu 含量，此时，Cu-30%Zr 具有最高的腐蚀速率。

可以看出，目前关于微量 Cr、Zr 对铜合金耐蚀性的影响研究甚少。由于对材料而言，耐蚀性不仅和材料本身有关，还和材料的应用环境以及材料表面腐蚀产物的性质有关。本节采用电化学工作站研究了微量元素的添加对合金金属/溶液界面电化学性质的影响以及对膜层性质的影响；采用大气暴露试验和模拟加速试验调查了微量元素的添加对合金长期耐蚀性的影响。这对于合理使用材料，预防失效和节约具有重要的意义。

2.2.2 Cr/Zr 的添加对铜合金在中性 NaCl 溶液中电化学性能的影响

图 2-16 所示为冷拔纯铜在 0.5mol/L NaCl 溶液中的极化曲线。同以前的研究结果类似，纯铜在静态氯化钠中的动力学极化曲线的阳极部分可分为塔菲尔区、过渡区和类钝化区三个部分。类钝化区电流的降低与阳极产物在电极表面沉积转化有关，传质过程是决定类钝化区情况的关键。整体来看，纯铜在 0.5mol/L NaCl 溶液中的腐蚀主要由 Cu^{2+} 的活化过程控制。

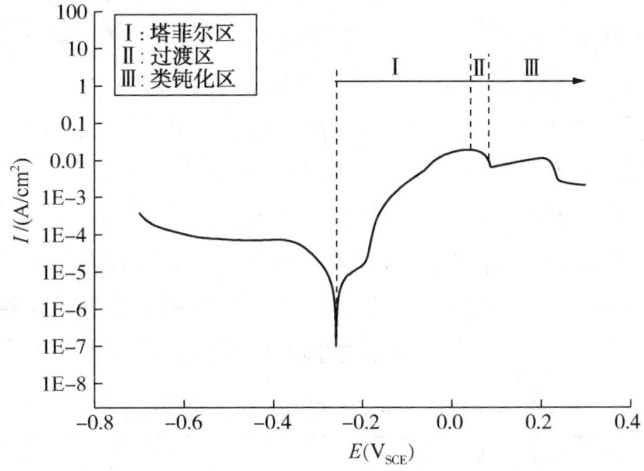

图 2-16　纯铜在 0.5mol/L NaCl 溶液中的极化曲线

图 2-17 所示为纯铜及其合金的开路电压随着 Cl^- 浓度改变的曲线，可以看出，在 Cl^- 浓度较低时，合金的开路电压随着 Cl^- 浓度的增加迅速降低。随着 Cl^- 浓度的进一步增加，合金开路电压的降低趋势逐渐变缓。至 1M 时，拟合曲线几乎与 X 轴平行。

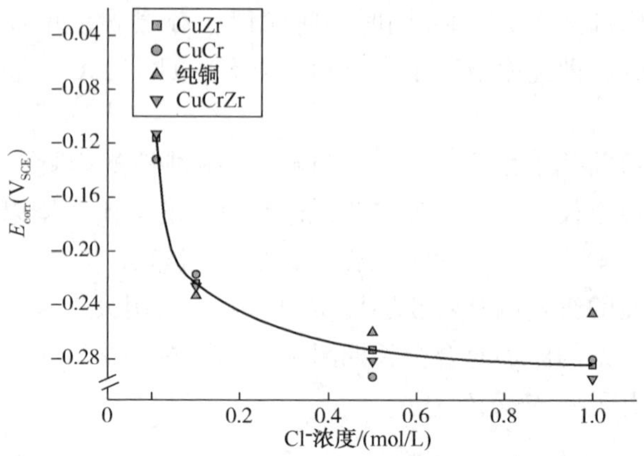

图 2-17　开路电压随着 Cl^- 浓度改变的曲线

图 2-18 所示为 4 组试样在 0.01mol/L、0.1mol/L、0.5mol/L 和 1mol/L 浓度的 NaCl 溶液中的动力学极化曲线，对应的开路电压和腐蚀电流值见表 2-4。由图 2-18 可见，合金在不同浓度中的极化曲线同对应浓度纯铜的极化曲线相类似，并且随着 Cl^- 浓度的增加，合金的极化曲线不同程度地向负电位方向移动。这表明，随着 Cl^- 浓度的增加，合金的耐蚀趋势降低。对阴极而言，在 Cl^- 浓度小于 0.1mol/L 时，Cl^- 浓度的增加对金属的溶解有促进作用。但随着 Cl^- 浓度的进一步增加，阴极腐蚀电流密度减小，此时 Cl^- 浓度的增加对阴极过程有抑制作用。这是由于 Cl^- 浓度的增加导致 O_2 在溶液中溶解量的降低所致。对于阳极过程，Cl^- 浓度的增加促进了金属的溶解，并且当 Cl^- 浓度达到或超过 0.5mol/L 时，三组合金试样的阳极曲线部分的电流密度出现突增。对于 CuCr 和 CuCrZr 合金而言，该处的电压值和电流值均低于 CuZr 合金，其电压相差约 100mV，电流相差约 1 个数量级。并且，对于 CuCr 和 CuCrZr 合金，在此点之后，电流显著增加，而对于 CuZr 合金，该点之后电流增加较小。这表明 Zr 元素的存在有利于扩散作用的进行。另外，元素的添加提高了合金对 Cl^- 浓度改变的敏感性。对纯铜而言，在 Cl^- 浓度大于 0.1mol/L 时，开路电压随着浓度的变化幅度明显小于合金的变化幅度。

表 2-4　试样在不同浓度 NaCl 溶液中的动力学极化参数　　单位：(mol/L)

试样编号	$E_{corr}(V_{SCE})$				$I_{corr}(A/cm^2)(E-7)$			
	0.01	0.1	0.5	1	0.01	0.1	0.5	1
纯铜	-0.085	-0.233	-0.260	-0.246	0.27	3.22	0.79	2.04
CuCr	-0.132	-0.217	-0.293	-0.280	2.28	18.43	3.95	6.14
CuZr	-0.116	-0.224	-0.273	-0.284	2.57	25.45	4.29	15.21
CuCrZr	-0.112	-0.225	-0.281	-0.294	3.63	42.61	6.41	21.20

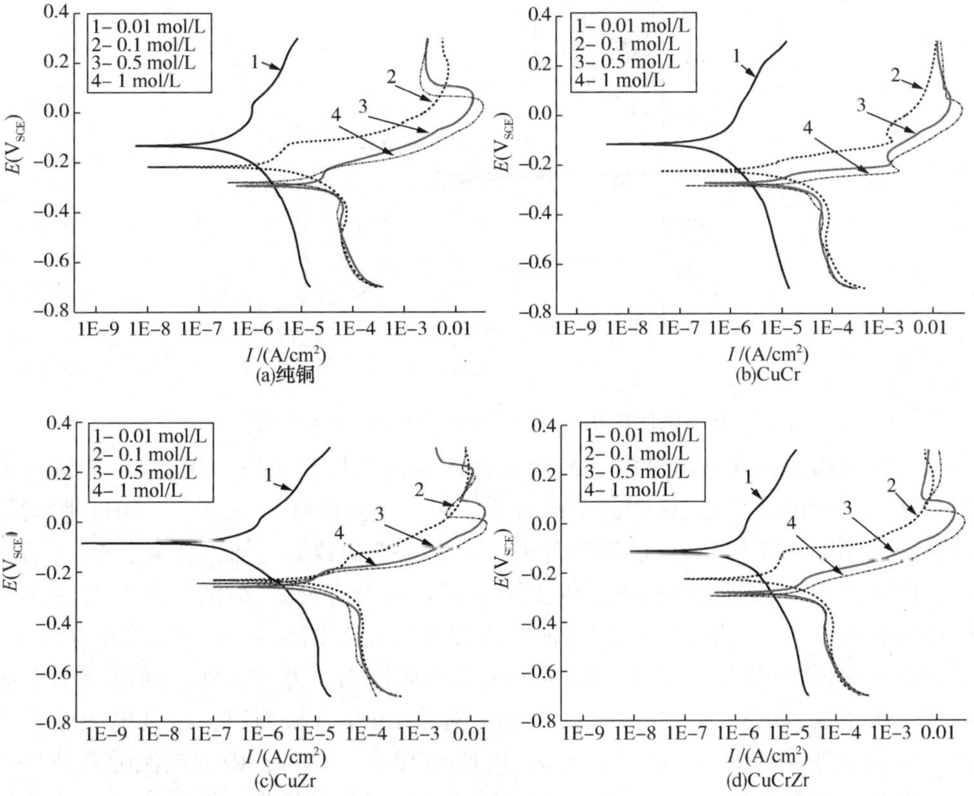

图 2-18　试样在 NaCl 溶液中的动力学极化曲线

图 2-19 所示为 4 组试样在 0.1mol/L NaCl 溶液中的动力学极化曲线。可以看出，在测量范围内材料成分的改变对阴极影响不大，但却显著地影响阳极的极化曲线。对于纯铜而言，随着外加电压的增加，阳极电流呈反抛物线形增加。对 CuZr 合金而言，随着外加电压的增加，初期，阳极电流呈线性增加。当外加电压增至-0.1V 时，腐蚀电流增加密度减缓。此时所对应的电流密度为 1.54×10^{-3} A/cm^2，对于含 Cr 的两组试样而言，同样在-0.1V 时，电流密度为 1.035×10^{-4} A/cm^2 和 3.159×10^{-4} A/cm^2（此时纯铜所对应的电流密度为 3.159×10^{-4} A/cm^2）。上述分析可以看出 Cu 元素的存在减缓了 Zr 元素对铜合金的腐蚀加速。

图 2-20 所示为 4 组试样在 1mol/L NaCl 溶液中的循环伏安曲线。实验条件为常温常压，试验扫描速率为 10mV/s，实验结果见表 2-5。表 2-5 中，V_{a1} 表示循环伏安曲线中峰 1 的电压，I_{a1} 表示电压为 V_{a1} 时的腐蚀电流密度；V_{a2} 表示曲线中峰 2 的电压，I_{a2} 表示电压为 V_{a2} 时的腐蚀电流密度；以 I_{min} 表示两峰之间的谷电流密度。由图 2-20 可见，对于纯铜试样而言，循环伏安曲线由一个双阳极峰和

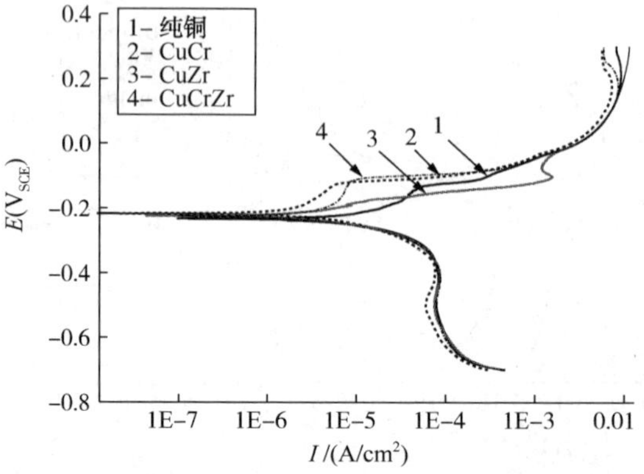

图 2-19　试样在 0.1mol/L NaCl 溶液中的动力学极化曲线

一个阴极峰组成。这表示试样表面的腐蚀产物由双层膜组成。Deslouis 等研究表明，第一个阳极峰与 Cu_2O 膜的形成有关，第二个阳极峰与 $CuO/Cu(OH)_2$ 膜的形成有关，而阴极峰与 Cu_2O 的消融有关。由表 2-5 的数据可知，合金元素 Cr 的添加，使试样表面氧化膜的形成变得更为容易，而合金元素 Zr 的添加却对氧化膜的形成影响不大。一方面，元素 Cr 的添加对氧化亚铜膜具有一定的修补作用，而元素 Zr 的添加却对氧化亚铜膜的形成有破坏作用。另一方面，随着外加电压的进一步增加，试样的钝化膜出现破损。对于 CuCr 合金而言，破钝电流随着外加电压的增加缓慢增加，而对于 CuZr 和 CuCrZr 合金而言，破钝电流随着外加电压的增加而迅猛增加。对于纯铜而言，随着外加电压的增加，腐蚀电流的变化程度不大。至于还原电流值，对于 CuZr 合金而言，有着最大的还原电流，对于纯铜而言，却有最小的还原电流。

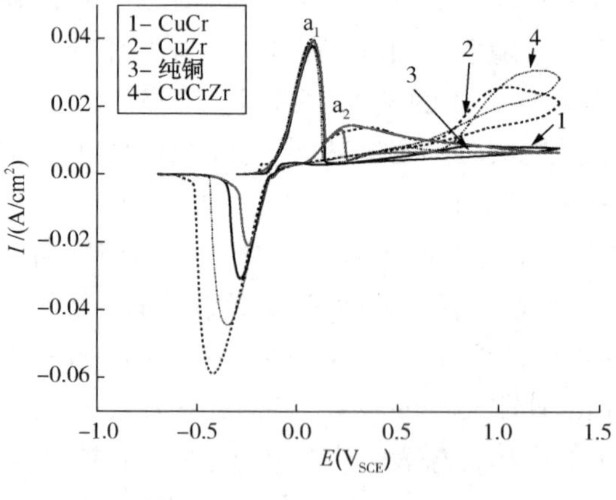

图 2-20　试样在 1mol/L NaCl 溶液中的循环伏安曲线

表 2-5 试样在 1mol/L NaCl 溶液中的循环伏安研究参数

试样编号	$V_{a1}(V_{SCE})$	$V_{a2}(V_{SCE})$	$I_{a1}(A/cm^2)$	$I_{min}(A/cm^2)$	$I_{a2}(A/cm^2)$
纯铜	0.07	0.21	3.80×10^{-2}	8.51×10^{-3}	12.08×10^{-3}
CuCr	0.08	0.88	3.86×10^{-2}	3.22×10^{-3}	9.00×10^{-3}
CuZr	0.07	0.23	4.04×10^{-2}	10.97×10^{-3}	15.97×10^{-3}
CuCrZr	0.09	0.25	3.60×10^{-2}	10.71×10^{-3}	12.14×10^{-3}

图 2-21 所示为 4 组试样在 1mol/L NaCl 溶液中的交流阻抗曲线。其测试条件如下：交流正弦激励信号为 5mV，测试频率为 $10^{-2}\sim10^{5}$。由图 2-21 可见，试样的阻抗曲线由单容抗弧组成，容抗弧圆心偏离实轴，这说明在反应过程中存在明显的弥散效应。同时在低频端出现了“扩散尾”，表现出 Warburg 阻抗的性质，表明电极表面的腐蚀过程由电化学控制变为扩散控制。对于待测的 4 组试样，由于容抗弧的半径表示反应腐蚀电阻。由图 2-21 可知，合金的圆弧半径较纯铜为小，所以合金的腐蚀速度较纯铜的腐蚀速度有所增加。这与前面动力学极化曲线所得的结果相一致。

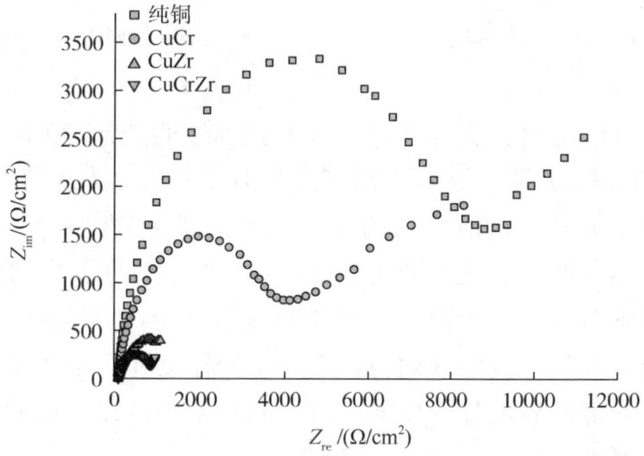

图 2-21 试样在 1mol/L NaCl 溶液中的交流阻抗曲线

2.2.3 影响机理分析

当把纯铜浸入 NaCl 溶液中时，其初期的反应过程如式(2-1)~式(2-3)所示：

$$Cu \longrightarrow Cu^{+}+e^{-} \qquad E^0_{Cu^+}=+0.521V \tag{2-1}$$

$$Cu \longrightarrow Cu^{2+}+2e^{-} \qquad E^0_{Cu^{2+}}=+0.337V \tag{2-2}$$

$$Cu^{+} \longrightarrow Cu^{2+}+e^{-} \qquad E^0_{Cu^{2+/+}}=+0.153V \tag{2-3}$$

也就是说，在开路电压附近，以纯铜的活性溶解为主，此时电流密度不高。随着外加电压的进一步增加，纯铜的腐蚀速率将会显著提高，塔菲尔斜率一般为60mV。对于一个不断搅动的反应体系而言，物质的迅速扩散及传递使局部区域的 $CuCl_2^-$ 含量浓度有限，所以不会有钝化现象产生。但对于一个相对静止的环境而言，离子的自然扩散速率极低，随着外加电压不断提高，$CuCl_2^-$ 的生成速率越来越高，这就导致电极附近的 $CuCl_2^-$ 浓度迅猛提高。在更高电压时，$CuCl_2^-$ 发生水解，生成 Cu_2O。具体反应式如式(2-4)所示：

$$2CuCl_2^- + H_2O \longrightarrow Cu_2O + 4Cl^- + 2H^+ \qquad (2-4)$$

随着 Cu_2O 在电极表面的沉积，纯铜的腐蚀电流密度降低，在一些情况下，还会在 Cu_2O 层的顶部生成一层 $CuO/Cu(OH)_2$，从而导致腐蚀电流的进一步降低。据有关资料报道，当溶液中的 Cl^- 浓度高于 1mol/L 时，在溶液中会生成高氯化铜 $CuCl_3^{2-}$，并且随着 Cl^- 浓度的增加，高氯化铜含量会显著增加。

当把以 Cu 为基础的合金浸入 NaCl 溶液中时，合金表面不仅发生了铜元素的溶解，同时也存在合金元素 Cr、Zr 的溶解，溶解的反应式如式(2-5)、式(2-6)所示：

$$Zr \longrightarrow Zr^{4+} + 4e^- \qquad E^0_{Zr^{4+}} = -1.53V \qquad (2-5)$$

$$Cr \longrightarrow Cr^{3+} + 3e^- \qquad E^0_{Cr^{3+}} = -0.913V \qquad (2-6)$$

由标准电位可以看出，Zr 元素的标准电位远远低于元素 Cu 和元素 Cr，其中又以 Cu 的标准电位为最正。所以在溶解发生时，首先会发生 Zr 的优先腐蚀，其次为 Cr 元素和 Cu 元素。这说明 CuZr 合金的耐蚀性会较纯铜及 CuCr 合金差。

冶金学的研究表明，合金元素 Cr、Zr 主要通过固溶强化的方式来提高材料的强度，即高温固溶，低温析出，析出相呈弥散状分布于铜基体中。一般来说，固溶元素能够细化晶粒，具体效果与合金元素的种类和含量相关。一方面，细化的结果导致晶体内部晶界数量的增加。由于晶界处多存在杂质元素的富集，有序度较低，故易于腐蚀。另一方面，对于 CuCr 合金而言，Cr 的析出相主要为 bcc 形式的纯 Cr 相，而 CuZr 合金的析出相主要为 Cu_xZr_y 相，当 Cr 元素和 Zr 元素同时添加到合金中，形成 CuCrZr 合金时，其析出相最终为 bcc 形式的纯 Cr 相和 Cu_xZr_y，并且只有当 Zr>8%和 Cr>16%时，Cr 相才会存在于 CuZr 的点阵中。

图 2-22 所示为 Cu/Zr 电位-pH 平衡图和 Cu/Cr 电位-pH 平衡图，以图 2-22(a)为例，在溶液中元素 Zr 和元素 Cu 具有较大的电极电位差。所以会在不同的阳极范围内具有不同反应。在溶液内，当外加电压位于 Zr/Zr^{4+} 和 $Cu/Cu^+/CuCl_s$ 之间时，会发生合金中富 Zr 相中 Zr 的优先溶解。而在此阶段，Cu 相并不发生溶解。Zr 元素优先溶解的结果是在电极表面形成微孔。

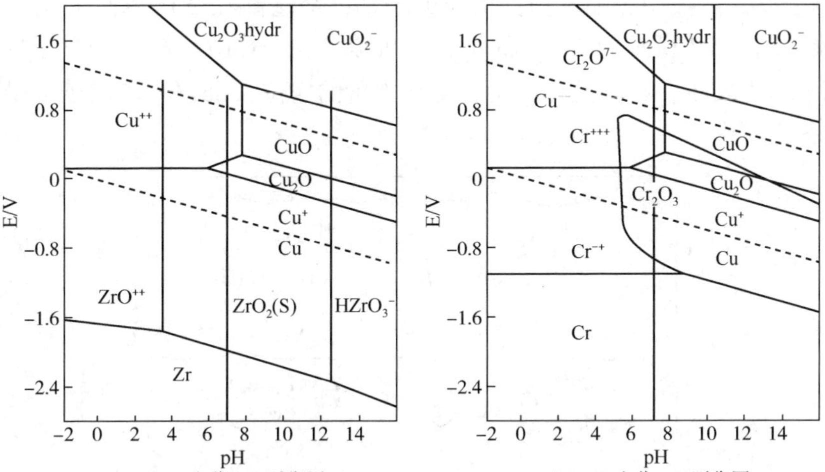

(a)Cu/Zr电位-pH平衡图　(b)Cu/Cr电位-pH平衡图

图 2-22　电位-pH 平衡图

随着外加电压的增高，当外加电压超过 Cu 的腐蚀电位时，Cu 发生溶解。此时，合金的腐蚀速度加快。在高电位区间，由于 Cu 与溶液中的 Cl^-生成铜氯化合物，随着铜氯化合物含量的增加，逐渐在电极表面沉积，Cu 的溶解过程受到抑制，阳极腐蚀电流随着外加电压的增长趋势减缓。反应方程式如下：

在酸性环境中，对于 Zr 元素：

阳极：$Zr \longrightarrow Zr^{4+}+4e^-$　(2-7)

阴极：$2H^++2e \longrightarrow H_2$　(2-8)

对于 Cu 元素：

阳极：$Cu \longrightarrow Cu^++e^-$　(2-9)

阴极：$O_2+4H^++4e^- \longrightarrow 2H_2O$　(2-10)

在中性或碱性环境中，对于 Zr 元素：

阳极：$Zr \longrightarrow Zr^{4+}+4e^-$　(2-11)

阴极：$2H_2O+2e^- \longrightarrow H_2+2OH^-$　(2-12)

对于 Cu 元素：

阳极：$Cu \longrightarrow Cu^++e^-$　(2-13)

阴极：$O_2+2H_2O+4e^- \longrightarrow 4OH^-$　(2-14)

由以上分析可以看出，在腐蚀过程中，对于阴极，不仅存在氢的去极化反应，同时也存在氧的去极化反应。而对于阳极过程，却存在腐蚀方式由 Zr 的优先腐蚀向 Cu、Zr 同时腐蚀转变。

合金的钝化行为与材料表面的钝化膜有很大关系，抗腐蚀能力和这层钝化膜与基体合金的结合能力、阻止电子和离子进入基体金属的能力有关。前面的分析显示，在 NaCl 溶液中，随着扫描电压的增加，会逐渐在试样表面沉积生成一层 Cu_2O 膜。图 2-23 所示为 Cu_2O 的结构。可以看出，Cu_2O 属于一种 P 型半导体膜，离子阻力较小，在其晶体结构中存在大量的空位，Cu^+和 O^{2-}离子可以自由出入于这些空位中。

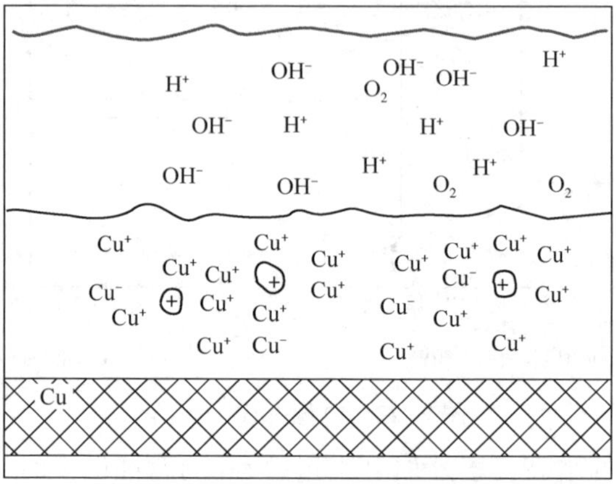

图 2-23　Cu_2O 的结构

当在纯铜中加入合金元素后，这些合金离子会进入这层半导体膜中，进入方式有两种：取代点阵中的一个铜原子或进入格子间隙。假如以第一种方式进行，这将会在导体膜中产生更多的阳离子空位；假如以第二种方式进行，将消除导体膜中先前存在的阳离子空位，提高膜的阻力。对于合金元素 Zr 而言，由于其原子半径为 1. 583Å，远远大于元素铜的原子半径 1. 278Å，所以元素 Zr 更多地会以取代的方式进入半导体膜中，这将导致半导体膜的电阻下降，有利于离子穿行。但对于元素 Cr 而言，由于其原子半径为 1. 248Å，略小于 Cu 原子的半径，所以对 Cr 元素而言，它将会更多地以第二种方式进入这层半导体膜中，导致膜的离子阻力和电子阻力增加。所以就出现了 Zr 元素的添加对半导体膜有破坏作用，Cr 元素的添加对半导体膜有修复作用的结果。

2. 2. 4　铬青铜在模拟海洋大气中的耐蚀性测评

采用盐雾实验对铬青铜在海洋环境中的耐蚀性进行测评。实验参考 GB/T 10125—2021《人造气氛腐蚀试验　盐雾试验》规定进行。实验温度控制在(35±2)℃，沉降量为 1~2mL/80cm² · h，NaCl 溶液浓度为(50±10)g/L，pH 值为 6. 5~7. 2；以 24h 为一个试验周期，在每个周期内，连续喷雾 8h 后保温 16h。试验材料选用含微量 Cr 的铜合金，其中 1#为 Cu-0. 55Cr 的冷轧棒材，A#为经历同样处理工艺的 Cu-0. 70Cr 冷轧棒材，C#为经历同样工艺的纯铜样。

图 2-24 所示为合金在盐雾中的失重情况。可以看出，随着时间的推移，合金在盐雾中的失重量呈上升趋势。在腐蚀初期，纯铜试样的失重量高于含 Cr 的 1#和 A#试样；随着腐蚀的进行，1#试样和 A#试样的失重量增长逐渐加快，在腐蚀进行 9d 后，1#试样和 A#试样的失重量高于纯铜试样。对于含 Cr 量不同的 1#试样和 A#试样，在腐蚀前期，含 Cr 量高的 A#试样的失重量较 1#试样低；后期，A#试样的失重量较 1#试样高，腐蚀 12d 后，两组试样的失重量趋于相同。

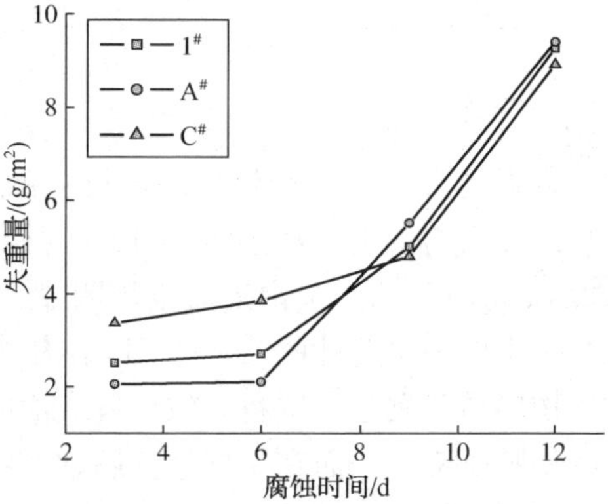

图 2-24　合金在盐雾中的失重情况

对于暴露过程中试样表面颜色的变化过程，在暴露 1d 后试样表面的金属光泽消失，试样表面呈棕红色，同时发现有极微量的腐蚀产物富集于试样表面，随着暴露时间的延长，富集的腐蚀产物逐渐增多，并呈现绿色。图 2-25 所示为合金在盐雾环境中的 SEM 产物形貌图。合金在盐雾环境中生成的产物结构疏松、多孔，与基体结合不紧密，产物层易于剥落。

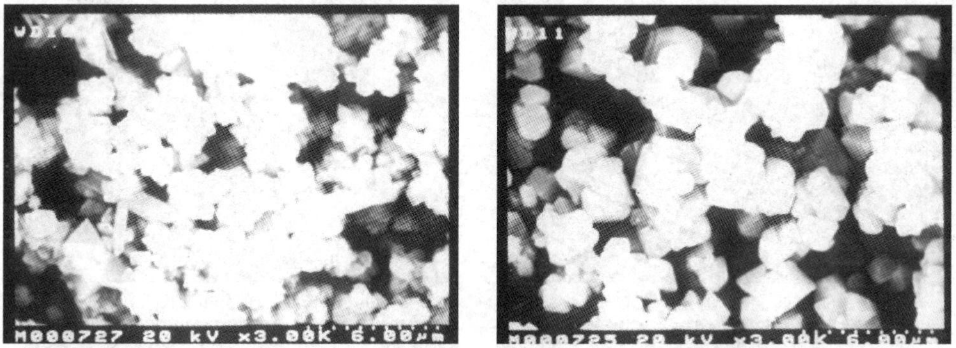

(a)1#试样　　(b)纯铜

图 2-25　盐雾环境中的 SEM 产物形貌图

盐雾是由许许多多含 NaCl 微小液滴所组成的弥散体系。当合金处于该环境中时，在试样表面形成一层很薄的含大量 NaCl 的水膜，试样腐蚀以电化学的方式进行。

阳极反应：

$$Cu \longrightarrow Cu^{2+}(\text{或 } Cu^{+})+2e^{-} \tag{2-15}$$

$$Cu^{2+}+2H_2O \longrightarrow Cu^{2+} \cdot 2H_2O \tag{2-16}$$

$$Cu+2H_2O \longrightarrow Cu^{2+} \cdot 2H_2O+2e^{-} \tag{2-17}$$

阴极反应：

$$1/2O_2+H_2O+2e^- \longrightarrow 2OH^- \qquad (2-18)$$

对盐雾环境而言，由于反应初期以氧化膜的破坏为主，所以微量 Cr 的加入可以提高合金的耐蚀性；随着反应的进行，Cu 的溶解导致合金中 Cr 相在产物/基体界面的富集，富集的 Cr 相在薄层产物的保护下，使合金的耐蚀性有所提高，含 Cr 量越高的合金富集效果越明显，耐蚀性提高也就越显著。由于盐雾反应的产物主要为可溶性的 $CuCl_2$，其结构疏松、多孔(图 2-26)，与基体结合不紧密，产物层易于剥落，这将导致金属表面的局部腐蚀。金属表面大部分区域都被腐蚀产物膜所覆盖，而在试样某些腐蚀产物膜脱落处或腐蚀产物膜孔隙处，腐蚀介质便可顺利地达金属表面，同时 Cl^- 较强的穿透性及液滴的冲刷作用，使试样表面的腐蚀产物层出现缺损，这些区域便成为电化学腐蚀中的阳极，而有腐蚀产物膜覆盖的地方便成为阴极。这种小阳极大阴极腐蚀使金属在很短的时间内形成严重的局部腐蚀坑，在腐蚀坑的底部，腐蚀介质不流通还可引起腐蚀反应的自催化效应而加剧局部腐蚀，所以腐蚀速率明显增加，使腐蚀在进行 6d 后，失重量以近似直线的方式增长。同时 Cr 的分布不均，对试样表面的电化学不均匀性有一定的影响，同样可以加速腐蚀的进行。

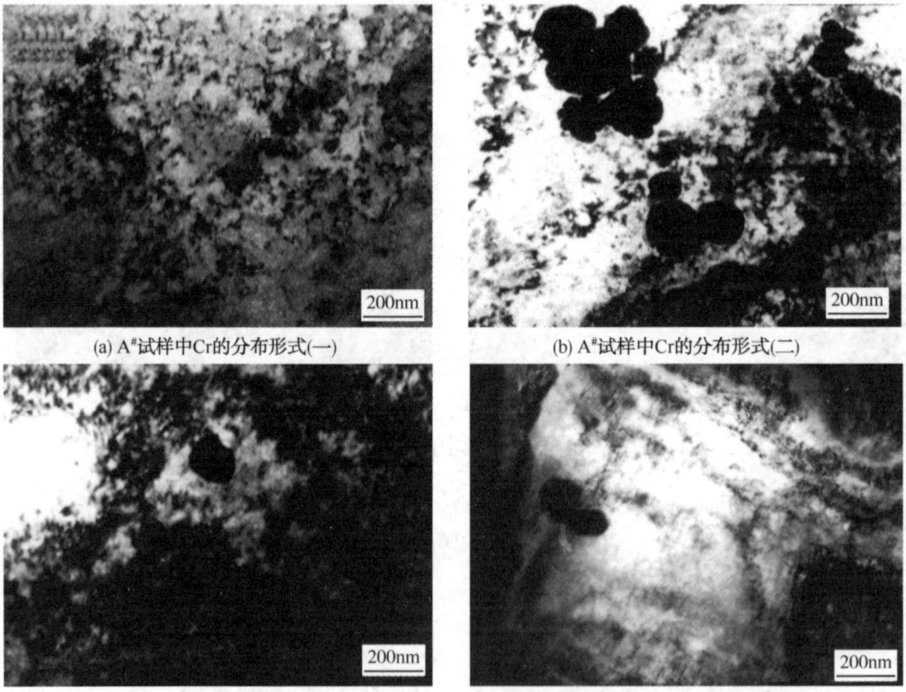

(a) A#试样中Cr的分布形式(一)　(b) A#试样中Cr的分布形式(二)

(c) 1#试样中Cr的分布形式(一)　(d) 1#试样中Cr的分布形式(二)

图 2-26　Cr 在合金中的分布形式

由 Cu－Cr 合金系相图可知，Cr 在铜中固溶度很低，1076.2℃时约有 0.65wt%的 Cr 溶于 Cu 中，800℃固溶度为 0.15wt%，500℃以下几乎不溶。不同的含 Cr 量，Cr 的分布形式在铜合金中有所不同。对本试验所用材料中元素 Cr 的分布形式进行 TEM 分析(图 2-26)，结果显示 Cr 在合金中的存在形式有两种：弥散相和大的析出相，弥散相直径多为几纳米到几十纳米；大的析出相聚集成团状分布，团粒直径多为几百纳米。同时发现，A#试样中大的析出相在数量上和聚集程度上明显高于 1#试样。也就是说，A#试样中 Cr 的局部富集程度略高于 1#试样。所以 A#试样较 1#试样的耐蚀性有所下降。

总之，铜合金在盐雾环境中被腐蚀后，最终导致的破坏形式很大程度上受到腐蚀产物膜的控制。对于研究试样暴露初期，含 Cr 氧化膜的致密性使得合金较纯铜具有更好的耐蚀性。随着反应进行，Cr 的富集作用致使含 Cr 量高的合金具有更好的耐蚀性。随着腐蚀产物的剥落，Cr 的分布不均使得含 Cr 量越高的合金耐蚀性越差。

2.3 Cr 的添加对铜合金在模拟工业气氛中的影响

工业大气中影响金属腐蚀的主要气体有：SO_2、CO_2、NO_2、H_2S 等，其中最主要也是对金属腐蚀危害程度最大的气体为 SO_2。SO_2的存在对碳钢的腐蚀起到催化和加速作用，并且锈层厚度及成分均随着 SO_2浓度增加而改变，如图 2-27 所示。SO_2通过进入并溶解在金属表面吸附的薄层液膜中发生水化反应，酸化液膜，使金属表面发生破坏。也有研究发现，在水的质量分数保持不变，只改变大气中 SO_2质量分数的情况下，当 SO_2的质量分数为 0.9%时，Cu 的腐蚀最轻。这是因为在 0.9%这个特殊质量浓度下试样表面的膜层是标准的 $CuSO_4$，它的保护作用比低浓度 SO_2时形成的碱式硫酸盐膜或高浓度时形成的酸式膜都好。

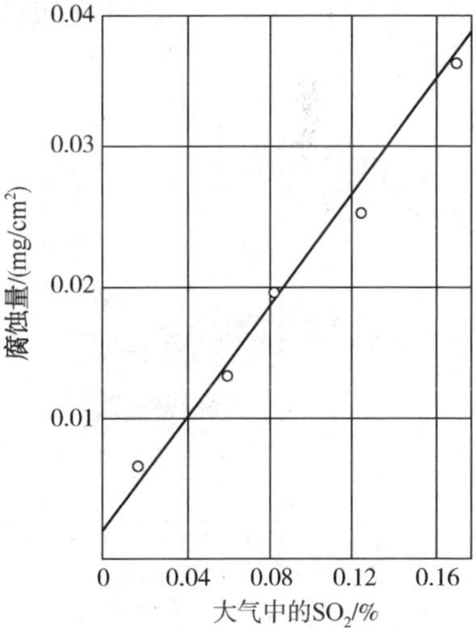

图 2-27 大气中 SO_2体积分数对碳钢腐蚀的影响

铜合金虽然具有良好的耐蚀性，但在工业大气和高温、高湿的环境中，其耐蚀性会大大降低。对铜铬合金的研究表明，只有 Cr 含量大于 25.6%时，才可能在 CuO、Cu_2O 膜层下形成连续的、具有很强保护性的 Cr_2O_3膜，在 Cr 含量处于较低水平时，随着 Cr 含量的增加，合金初期的抗氧化性出现下降。这主要与 Cr 含量较低时，无法形成连续的 Cr_2O_3保护膜，并且氧化膜的组成较为复杂(包括 CuO、Cu_2O、Cr_2O_3及 $CuCrO_4$等)等密切相关。同时显微组织对铜铬合金的化学稳定性影响也非常显著。

本节主要从 SO_3^{2-}浓度、高湿度下 SO_2模拟试验及北方工业大气暴露试验角度探索了 Cr 元素的添加对铜合金化学稳定性的影响，为理论研究和工业应用提供参考。

2.3.1 Cr 对铜合金在 SO_3^{2-}溶液中的电化学行为影响

SO_2作为对铜大气腐蚀的重要因素而备受关注。早在 1930 年，Vernon 就对浓度为 0.01%～10%的 SO_2的影响情况进行了深入研究，阐明了水在该腐蚀过程中的重要作用。如果大气中只含 SO_2或只含水分，Cu 的腐蚀行为没有多大变化，但如果二者都存在，且相对湿度超过 75%，腐蚀是显著的。此后，更多学者对 Cu 在 SO_2中的腐蚀进行了深入研究。对 Cu 在室内和户外腐蚀的调查结果显示，铜在户外的腐蚀速率比室内的腐蚀速率高出 100 多倍，原因是室内环境中的湿度和腐蚀气体浓度相对户外较低。SO_2在水中的溶解度较大，起到酸化腐蚀体系的作用。具体反应式如下：

$$SO_2(g) \longrightarrow SO_2(ads) \tag{2-19}$$

$$SO_2(ads) \longrightarrow HSO_3^- + H^+ \tag{2-20}$$

为明确铜合金在 SO_2气氛中的腐蚀行为，首先探索了 Cu-0.36Cr 合金在 SO_3^{2-}体系中的腐蚀行为。具体研究内容包括不同离子浓度下的 SO_3^{2-}对铜合金基体的腐蚀规律及对含膜层合金的腐蚀规律，用以体现材料使用初期及长期使用过程中的溶解变化。

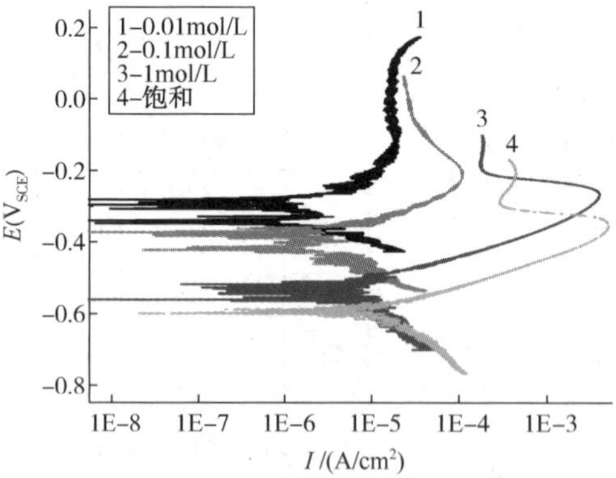

图 2-28 CuCr 合金在不同浓度的 Na_2SO_3溶液中的极化曲线

1. SO_3^{2-} 浓度对裸露铜合金腐蚀速率的影响

图 2-28 为 Cu-0.36Cr 合金在 0.01mol/L、0.1mol/L、1mol/L，以及饱和 Na_2SO_3溶液的极化曲线测试结果。在 4 种浓度的 Na_2SO_3溶液中，随着外加电压的增加，合金的腐蚀电流密度增加。由于测试是在静止环境中进行，离子扩散速率较慢，随着反应的进行，腐蚀产物逐渐在试验表面堆积，造成“假钝化”现象，腐蚀电流密度不同程度降低。表 2-6 所示为极化曲线的塔菲尔拟合结果。可以看出，在溶

液中SO_3^{2-}浓度较低时(0.01~1mol/L)时，随着溶液中SO_3^{2-}浓度的增加，腐蚀电流线性增加，如图2-29所示，当离子浓度由1mol/L增至5.4mol/L时，溶液电流密度由$1.48\times10^{-5}A/cm^2$增至$2.15\times10^{-5}A/cm^2$，腐蚀增长减缓。

表2-6 自腐蚀电位及电流与浓度的关系

浓度/(mol/L)	0.01	0.1	1	5.4(饱和)
自腐蚀电位 E/V_{SCE}	-0.306	-0.389	-0.561	-0.599
腐蚀电流密度/(A/cm^2)	3.70E-6	5.28E-6	1.48E-5	2.15E-5

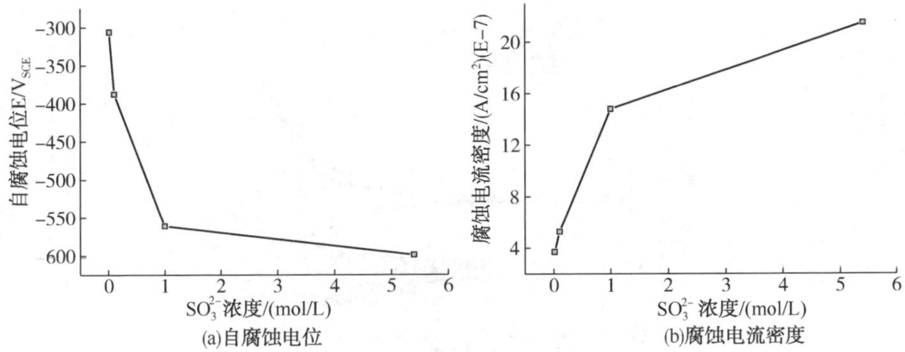

图2-29 SO_3^{2-}浓度对铜合金自腐蚀电位和腐蚀电流密度的影响

2. 腐蚀产物膜层对铬青铜在SO_3^{2-}环境中的腐蚀行为影响

产物膜层制备过程如下：将Cu-0.36Cr研究电极的裸露面朝下，置于未除氧的0.1mol/L的Na_2SO_3溶液中，研究面距液面深度30mm。常温常压下浸泡504h后即完成对膜层的制备。

图2-30展示了试样表面腐蚀产物层的形貌。腐蚀产物呈零星岛状分布于试样表面，且结构松散。选区EDS结果分析显示试样表面的腐蚀产物主要由Cu、O、S、Si、C组成。并没有检测到Cr元素的存在(表2-7)。

图2-30 CuCr合金不同放大倍率下的腐蚀产物形貌

表 2-7 EDS 选区测试结果 (原子分数/%)

	C	O	Si	S	Cu
1 区	60.57	27.76	0.54	1.66	9.47
2 区	26.87	52.03	135	3.19	16.56

图 2-31 对比了 CuCr 合金试样在 0.1mol/L Na_2SO_3 溶液中的极化行为。结果显示，含腐蚀产物的研究试样具有更高的腐蚀速率，这说明铬青铜表面的膜层不具有保护作用。

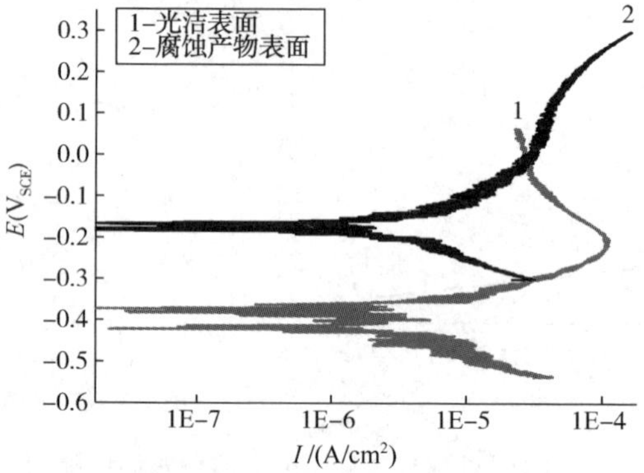

图 2-31 CuCr 合金有无腐蚀产物的极化曲线对比

2.3.2 铬青铜在 SO_2 气氛中的耐蚀性研究

实验材料选用含有微量 Cr 的冷轧铜合金，其中 1#和 A#为 Cu-0.55Cr 和 Cu-0.70Cr 的冷轧棒材，C#为同样工艺处理的纯铜样。将研究材料线切割为 3mm×10mm×20mm 的小段，经 180~800 号砂纸依次打磨至光亮，用蒸馏水冲洗，丙酮除油，热风吹干，放置干燥器内 24h 后待用。用分析天平对试样称重，精确至 0.1mg，用游标卡尺测量其尺寸。

实验参照 GB/T 9789—2008《金属和其他无机覆盖层 通常凝露条件下的二氧化硫腐蚀试验》进行。腐蚀试验箱为自行研制的体积为 10L 的小型腐蚀试验箱，箱中温度为(40±3)℃。每 24h 对试样进行称重并更新腐蚀气氛。由于腐蚀试验误差较大，重复性较差，因此在本实验中，每个数据点选取 3 个平行试样进行测定；将腐蚀后的试样放入干燥器中干燥 24h，以除去试样表面吸附的水分，然后再进行称重。

对于腐蚀后的试样，首先对试样表面的产物形貌进行观察，同时对产物成分进行分析，随后清除腐蚀产物，观察腐蚀形貌。清除腐蚀产物的方法为：将试样浸在 H_2O : HCl = 10 : 1 的除锈液中，并使用软毛刷不断刷洗以消除产物的再沉积。

图 2-32 所示为冷轧试样在 SO_2 环境中的增重情况。在腐蚀初期，试样单位面积上的增重量呈直线上升，随着暴露时间的延长，增重趋势逐渐变缓，腐蚀 4d 后，增重量基本保持不变。在整个腐蚀过程中，纯铜试样单位面积上的增重量较含 Cr 的 1#和 A#试样高；对于含 Cr 的两组试样，腐蚀初期，A#试样的增重量较 1#试样高。约在腐蚀进行 48h 时，A#试样单位面积上的增重量和 1#试样单位面积上的增重量相同。此后，1#试样的增重量一直高于 A#试样的增重量。说明微量 Cr 的加入对合金的耐蚀性有一定的改善作用，随着 Cr 含量的增加，合金的耐蚀性提高。

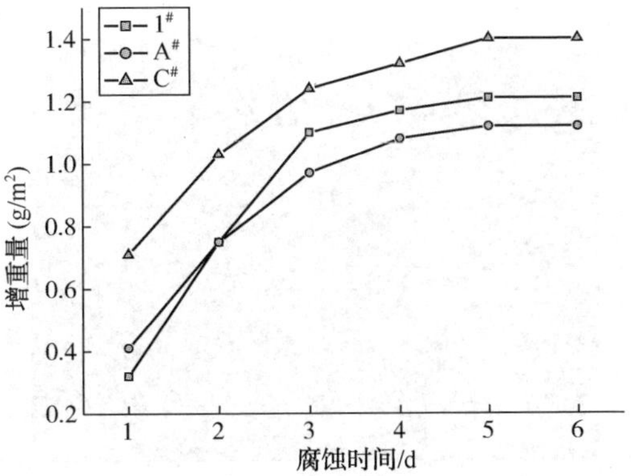

图 2-32　试样在 SO_2 环境中的增重情况

对于产物颜色变化，在 SO_2 气氛暴露过程中，三组试样表面的颜色变化基本相同。在最初 24h 后，试样表面为橙色，仍具有明亮的金属光泽；暴露 48h 后，试样表面变为浅灰色，并透出淡淡的橙色光泽；暴露 72h 后，试样表面灰色加深，只有局部区域可观察到橙色光泽；暴露 96h 后，试样表面完全呈现灰色，看不到任何光泽；此后，随着时间的推移，试样表面的灰色逐渐加深直至不变。

图 2-33 所示为合金试样在腐蚀环境中的产物形貌图。由图 2-33(a)、(c)可见，合金在 SO_2 环境中生成的腐蚀产物层表面平整、结构致密，在局部微小区域存在产物膜的脆裂现象。由图 2-33(b)、(d)断面扫描发现，腐蚀产物(箭头所指)在试样表面分布均匀，产物层平均厚度为 5um。对 1#试样断面进行能谱分析，EDX 点扫描(自左向右依次为点 1，2，…，6)结果如表 2-8 所示，腐蚀产物并未发现有 Cr 元素的存在。

表 2-8　1#试样断面能谱分析结果　　　　(质量分数/%)

No.	C	O	S	Cu	Cr
1	11.88	56.31	7.09	24.72	0
2	12.31	51.83	7.90	27.96	0
3	12.13	49.94	8.33	29.60	0
4	46.09	38.76	3.42	11.73	0
5	18.76	0	0	80.69	0.55
6	23.34	0	0	76.15	0.51

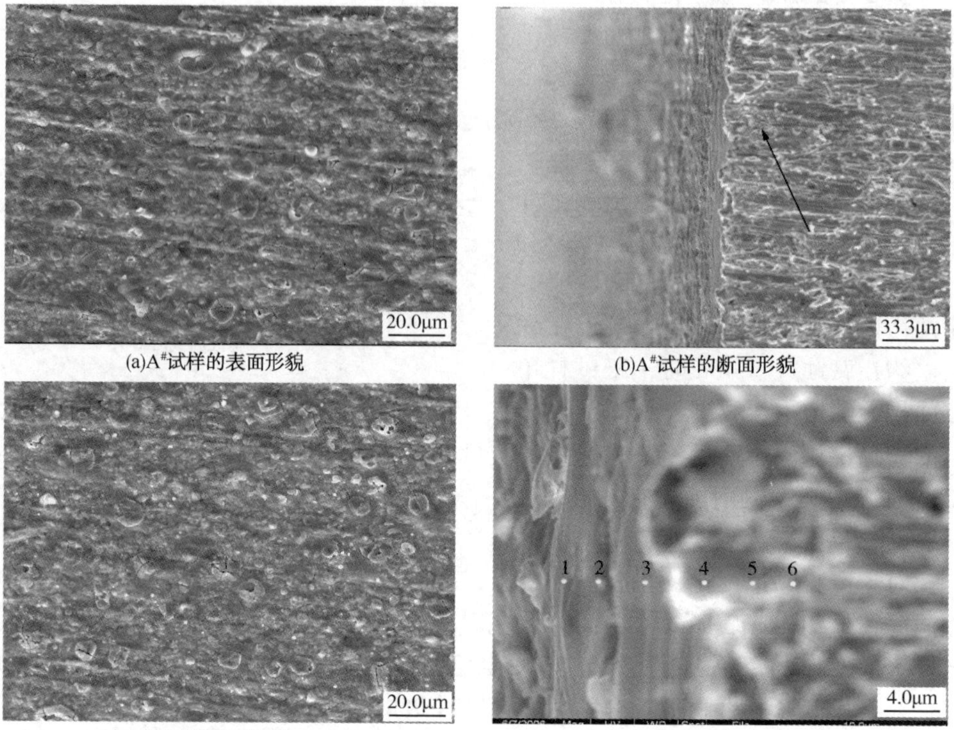

(a)A#试样的表面形貌　(b)A#试样的断面形貌

(c)1#试样的表面形貌　(d)1#试样的断面形貌

图 2-33　合金试样在腐蚀环境中的产物形貌

分别对腐蚀 3d 和腐蚀 6d 的合金试样表面产物组成进行 XPS 分析(图 2-34)，结果显示，在腐蚀 3d 后，试样表面 Cu^{+} 的含量远高于 Cu^{2+} 的含量；硫元素主要以亚硫酸根的形式存在，同时还伴有少量的硫酸根。随着暴露时间的延长，产物层中 Cu^{2+} 的含量逐渐增长，Cu^{+} 的含量逐渐降低；亚硫酸根逐渐向硫酸根转变，到试验结束时，S 元素几乎全部以硫酸根的形式存在。全谱扫描同样显示，在腐蚀产物中没有 Cr 元素的存在。

对于暴露前的纯铜试样，其表面由一层 Cu_2O 薄膜所覆盖，同时还含有少量的 CuO。由于 Cu_2O 为金属不足型氧化物，其中具有高密度的阳离子(Cu^{+})缺位，在这种缺位结构中，离子及电子的运动因 Cu^{+} 及 Cu^{2+} 间电子的变化而变得更为容易，因而对耐蚀性是不利的。微量 Cr 的加入，能够在试样表面形成一层含 Cr 的氧化膜。由于 Cr 的存在可以有效阻塞离子扩散的通道，使离子向氧化物-腐蚀界面处迁移困难，也使电子不易通过 Cu_2O 薄膜。所以 Cr 的加入可以提高合金初期的耐蚀性。

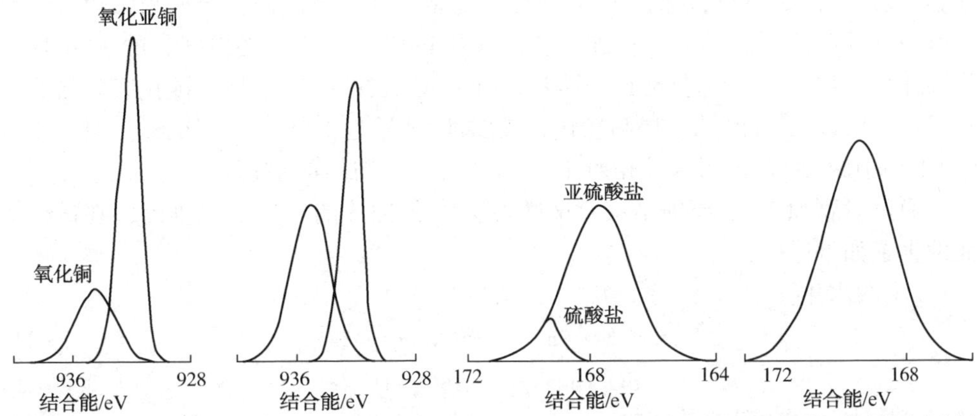

(a)暴露3d的试样元素分析 (b)暴露6d的试样元素分析 (c)暴露3d的试样元素分析 (d)暴露6d的试样元素分析

图 2-34　1#试样腐蚀产物层中元素 Cu、S 的 XPS 分析

同时，由于 Cr 与大气中高含量的 O_2 有极强的亲和力，所以合金中的 Cr 会与大气中的 O_2 优先发生反应，生成 Cr_2O_3。

$$4Cr+3O_2 \longrightarrow 2Cr_2O_3 \tag{2-21}$$

对本试验所用的 CuCr0.5 的圆柱形试样进行考察，由于合金中的 Cr 不参与腐蚀反应，参考工业环境下的腐蚀产物，假定本腐蚀的最终产物全部为 $CuSO_4$，按照理想状态下的原子排布，当试样的增重量为 1.21g/m^2 时，质量分数含量为 0.5%的 Cr 仅可以在试样表面堆积成 2~3 层 Cr 原子。由于实际合金中 Cr 的分布不均且 Cr 原子在晶体中迁移速度比铜原子和氧原子低，使得腐蚀结束后，Cr 不可能在试样表面形成一层致密的氧化膜，这与 Pardo 等对 6%Cr 的添加量的研究结果相一致；根据 Scully 的氧化物形成模型，当合金元素的氧化物不能成膜，那么基体元素将继续反应，最终的结果是在基体元素的膜中存在着合金元素氧化物的岛状分布。所以，在腐蚀结束后，Cr_2O_3 会以岛状形式分布于基体与腐蚀产物之间。

在氧化膜遭到破坏后，腐蚀会优先在 Cu-Cr 界面处开始，基体金属 Cu 的快速溶解，促进了合金/溶液界面处 Cr 相的富集，有利于钝化层的形成，从而提高合金的耐蚀性，Cr 含量高的合金钝化层形成迅速，形成的钝化层也更稳定。但同时，Cr 的局部富集对合金的耐蚀性有破坏作用。所以，在腐蚀的中后期，合金的耐蚀性究竟如何，取决于局部富集和钝化层的竞争结果。当 Cr 的富集占主导地位时，合金的耐蚀性降低，当钝化层起作用时，合金的耐蚀性提高。

对于本试验而言，在氧化膜破坏初期，试样表面没有腐蚀产物堆积或堆积很少，Cr 局部富集导致的耐蚀性下降占主导地位。随着腐蚀进一步进行，试样表面的腐蚀产物层逐渐增厚，通过缩合作用，表面腐蚀产物层逐渐变得致密，紧贴在金属表面(图 2-33)，保护了含 Cr 层的稳定存在，从而使合金的耐蚀性较纯铜样有一定程度的提高。对于参加试验的 3 组试样，局部富集程度大的 A#试样的耐蚀性较局部富集程度小的 1#试样差。由于 A#试样含 Cr 较高，钝化膜的形成相对迅速，所以 A#的耐蚀性提高较快，在腐蚀 2d 后赶上并超过 1#试样。对于不含 Cr 的纯铜试样而言，耐蚀性相对于含 Cr 的 1#和 A#试样就较差。

通过对腐蚀 3d 和腐蚀结束时试样表层产物 XPS 的分析可以推断，在试样表面发生了如下反应：

SO_2的水化：

$$SO_2(g) \longrightarrow SO_2(ads) \tag{2-22}$$

$$SO_2(ads) \longrightarrow HSO_3^- + H^+ \tag{2-23}$$

试样表面氧化膜的破坏：

$$Cu_2O(\text{air-formed oxide}) + 2H^+ \longrightarrow 2Cu^+ + H_2O \tag{2-24}$$

$$CuO(\text{air-formed oxide}) + SO_2 \longrightarrow Cu\text{-}SO_3 \tag{2-25}$$

$$CuO(\text{air-formed oxide}) + 2H^+ \longrightarrow Cu^{2+} + H_2O \tag{2-26}$$

随着反应的进行，在氧化膜破坏处暴露出来的铜基体会和 SO_2及 SO_2溶解于水中所形成的产物发生如下的反应，形成 Cu^+和 SO_3^{2-}：

$$Cu\text{-}OH(ads) + HSO_3^- \longrightarrow Cu\text{-}SO_3^-(ads) + H_2O \tag{2-27}$$

$$Cu\text{-}OH(ads) + SO_2(g) \longrightarrow Cu\text{-}SO_3^-(ads) + H^+ \tag{2-28}$$

$$Cu\text{-}SO_3^-(ads) \longrightarrow Cu^+ + SO_3^{2-} \tag{2-29}$$

$$Cu\text{-}SO_3^-(ads) + H_2O \longrightarrow Cu\text{-}OH(ads) + SO_3^{2-} + H^+ \tag{2-30}$$

$$SO_3^{2-} + 2H^+ \longrightarrow H_2O + SO_2(g) \tag{2-31}$$

Cu^+离子的氧化：

$$Cu^+ + 1/4O_2 + H^+ \longrightarrow Cu^{2+} + 1/2H_2O \tag{2-32}$$

HSO_3^-离子的氧化：

$$HSO_3^-(ads) + 1/2O_2 \longrightarrow SO_4^{2-}(ads) + H^+ \tag{2-33}$$

随着腐蚀产物在试样表面的堆积，致密的产物层阻碍了基体同腐蚀液的接触，腐蚀反应的主导类型发生转变，以亚硫酸盐向硫酸盐的转变为主。当试样增重量不再发生变化时，硫元素几乎全部以硫酸根的形式存在。

2.3.3 铬青铜在北方工业大气中的耐蚀性测评

试验地点选在北方城市中具有代表性的西安，实验材料为前述的 CuCr 冷拔合金。由于西安市的环境污染主要是工业污染，工业废气主要以粉尘、硫化物，特别是 SO_2和 NO_x为主。参照 ISO 8565—2011 标准对试样进行大气暴露试验，暴露起始时间为 6 月，结束时间为 12 月。

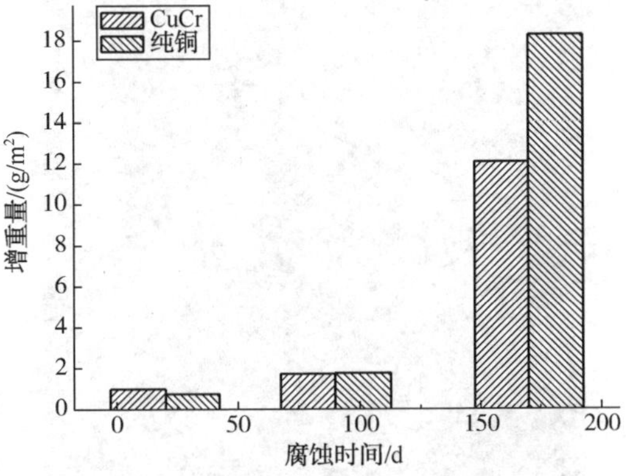

图 2-35 大气暴露试验中试样增重量随暴露时间的变化

图 2-35 所示为大气暴露试验中试样增重量随暴露时间的变化。可以看出，暴露初期，试样的增重程度甚微，随着暴露时间的延长，腐蚀量逐渐增加。6 个月后称量发现，试样的重量增加显著，约是暴露初期的 10 倍。后期重量的显著增加与西安地区的气候环境密切相关。后期的西安天气高温多雨，促进了腐蚀反应的发生。具体到成分的差异，暴露初期，合金的失重量较纯铜略高，但差距不甚明显。随着暴露时间的延长，成分的差别导致失重量的差距越来越大。暴露至 170d 时，纯铜的失重量为合金失重量的 150%左右。

图 2-36 所示为试样在大气中暴露 6 个月后的腐蚀产物形貌图。由图 2-36(a)、(c)可以看出，试样的腐蚀产物形貌相似，均由两部分组成。底部结构致密，局部区域有微裂纹分布。顶部腐蚀产物结构疏松，呈岛状分布，纯铜的岛状产物分布密度略高于合金。断面形貌分析显示腐蚀产物层的平均厚度为 10～30μm，在试样表面呈不均匀覆盖，如图 2-36(b)、(d)所示。膜层中微裂纹的出现与暴露过程中环境温度和湿度的变化有关。暴露过程中，温度和湿度的改变会在膜层内部形成内应力，从而使内外层腐蚀产物产生网状裂纹，削弱了腐蚀产物膜对传质过程的阻挡作用，减小了电极过程的阻力，导致腐蚀失重随着时间呈正指数快速增长的趋势。

图 2-37 和图 2-38 所示为大气腐蚀产物的成分分析。结果显示，试样在大气中的腐蚀产物均由 C、O、Cu、S 和 Cl 元素组成(谱图中 Si 峰的出现是由于试样经砂纸打磨，未清洗干净导致)。对于两组试样而言，各个元素在腐蚀产物中的含量基本相同，这表明各种腐蚀介质对纯铜和合金的影响程度基本相同，并不以合金元素的添加与否而改变。XRD 分析结果显示，CuCr 合金表面的腐蚀产物主要由 Cu_2O 晶体组成，同时还存在少量的 $Cu_2(SO_4)_2(OH)_2$。另外，衍射图谱中还发现有 Cu 的衍射峰，这可能由试样表面腐蚀产物膜剥落导致基体外露或局部产物膜较薄导致合金基体发生衍射所致。可以确定，Cu_2O 晶体是 Cu 在大气中被初步氧化所得。而 $Cu_2(SO_4)_2(OH)_2$ 是铜及铜合金长期暴露在大气中，有 SO_2 存在的条件下经由 Cu_2O 逐步氧化所得。

(a)CuCr试样的腐蚀形貌　(b)CuCr试样的断面腐蚀形貌

(c)纯铜试样的腐蚀形貌　(d)纯铜试样的断面腐蚀形貌

图 2-36　试样在大气中暴露半年后的腐蚀产物形貌

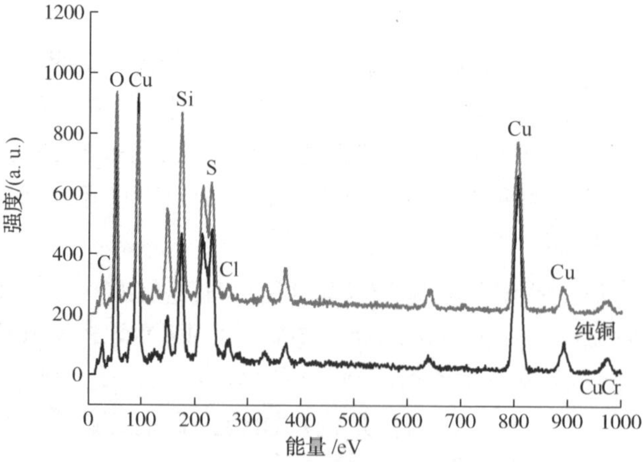

图 2-37　大气腐蚀产物的能谱分析

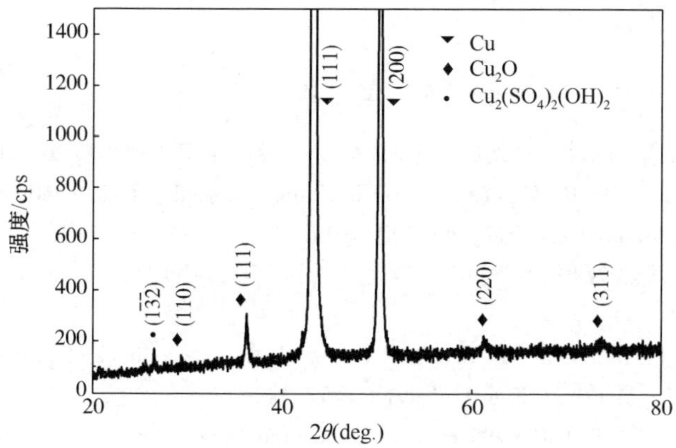

图 2-38 腐蚀产物膜 X-射线衍射分析图谱

本章小结

基于铜合金相结构特点和强化、导电机制分析，选取元素 Cr/Zr 作为强化元素，研究了 Cr/Zr 的添加对铜合金力学性能和化学稳定性的影响。获得的主要结论如下：

（1）微量 Cr/Zr 的添加在显著提高铜合金屈服强度和抗拉强度的同时，合金的导电率依旧可以保持在 80%IACS。

（2）在 0.01～1mol/L 的 NaCl 溶液中，铜合金的最高腐蚀电流出现在 0.1mol/L 的溶液中。这与 O_2 在不同浓度 NaCl 溶液中的溶解量有关。

（3）在 NaCl 溶液中，纯铜及合金初期的反应由电化学过程控制。随着反应的进行，扩散成为控制的主要因素。合金元素 Cr/Zr 的添加增加了合金的腐蚀电流，不利于合金耐蚀性的提高。但随着腐蚀产物在试样表面的堆积，合金的腐蚀电流降低。对于在纯铜表面形成的产物膜而言，合金元素 Cr 的添加对产物膜的致密性有提高作用，而合金元素 Zr 的添加对纯铜产物膜的耐蚀性有破坏作用。

（4）在盐雾环境中，随着暴露时间的延长，铜及铜合金的失重量呈上升趋势，这与产物结构松散、附着性差密切相关。反应初期以氧化膜的破坏为主，所以微量 Cr 的加入可以提高纯铜的耐蚀性。随着反应的进行，疏松的腐蚀产物在试样表面的堆积，Cr 的分布不均诱发局部腐蚀发生，所以合金的耐蚀性较纯铜就有所降低。

（5）在 SO_2 腐蚀环境中，在氧化膜破坏初期，试样表面没有腐蚀产物堆积或堆积很少，Cr 局部富集导致的耐蚀性下降占主导地位。随着腐蚀的进一步进行，试样表面的腐蚀产物层逐渐增厚，通过缩合作用，表面腐蚀产物层逐渐变得致密，紧贴在金属表面，保护了含 Cr 层的稳定存在，从而使合金的耐蚀性较纯铜样有一定程度的提高。

参 考 文 献

[1] 田荣璋，王祝堂．铜合金及其加工手册[M]．长沙：中南工业出版社，2000.

[2] SAKAI Y，SCHNEIDER MUNTAU H J. Ultra-high strength，High conductivity Cu-Ag alloy wires[J]. Acta Materialia，1997，45(3)：1017.

[3]《有色金属及其热处理》编写组．有色金属及其热处理[M]．北京：国防工业出版社，1981.

[4] SINGH P R，LAWLEY A，FRIEDMAN S，et al. Microstructure and properties of spray cash Cu-Zr alloys[J]. Mater Sci Eng A，1991，145：243-255.

[5] LEE J，JUNG J Y，LEE E S. Microstucture and properties of titanium boride dispersed Cu alloys fabricated by spray forming[J]. Mater Sci Eng A，2000，277：274-283.

[6] Yong-Jai Kwon，Makoto Kobashi，Takao Choh. Fabrication of TiCCu Composites by combustion synthesis in Cu-Ti-C system[J]. J Japan Inst Met，2001，65(4)：273-278.

[7] SPITZIG W A，BINER S B. Comparison of strengthening in wire-drawn or rolled Cu-20%Nb with a dislocation accumulation model[J]. J. Mater Sci，1993，28(17)：4623-4629.

[8] BISELLI C，MORRIS D G. Microstructure and strength of Cu-Fe insitu composite obtained from prealloyed Cu-Fe powders[J]. Acta Metall，1994，42(1)：163-176.

[9] NIU Y，GESMUNDO F，DOUGLASS D L. The Air oxidation of two phase Cu-Cr alloys at 700~900℃[J]. Oxid. Met，1997，48(5-6)：357-359.

[10] FU G Y，NIU Y，WU W T. Oxidation of two-phase Cu-Cr alloys with different microstructures[J]. Trans Nonferrous Met Soc China，2001，11 (3)：332-336.

[11] 刘建华，高月敏，章向前．Cu-Cr 合金在 3.5%NaCl 溶液中的腐蚀行为[J]．上海有色金属，2003，24(4)：149-157.

[12] 付广艳，牛焱，吴维文．Cu-Cr 合金在 H_2-H_2S 混合气体中的腐蚀行为[J]．中国有色金属学报，2001，11(4)：532-566.

[13] 邵力，王久亮，钱建明，等．Cu-Cr 合金在 NaOH 溶液中的腐蚀行为[J]．物理测试，2003(3)：32-34.

[14] TRUEMAN A R，SCHWEISBERG D P，HOPE G A. The effect of chromium additions on the corrosion behaviour of tungsten carbide：carbon steel metal matrix composites[J]. Corrosion Science，1998，40(10)：1685-1696.

[15] KAMIMURA T，NASU S，SEGI T，et al. Corrosion behavior of steel under wet and dry cycles containing Cr^{3+} ion[J]. Corrosion Science，2003，45(8)：1863-1879.

[16] INABA H，KIMURA M，YOKOKAWA H. An analysis of the corrosion resistance of low chromium-steel in a wet CO_2 environment by the use of an electrochemical potential diagram[J]. Corrosion Science，1996，38(9)：1449-1461.

[17] PARDO A，OTERO E，MERINO M C，et al. The influence of Cr addition on the corrosion resistance of Fe73.5Si13.5B9Nb3Cu1 metallic glass in SO_2 contaminated environments[J]. Corrosion Science，2001，43(4)：689-705.

[18] BHATTAMISHRA A K, LAI KISHORI. Microstructural studies on the effect of Si and Cr on the intergranular corrosion in Al-Mg-Si alloys[J]. Materials & Design, 1997, 18(1): 25-28.
[19] FUJIWARA M, TAKANASHI K, SATOU M, et al. Influence of Cr, Ti concentration on oxidation and corrosion resistance of V-Cr-Ti type alloys[J]. Journal of Nuclear Materials, 2004, 329-333(P2): 452-456.
[20] ZHANG Y, CHEN LX, LEI YQ, et al. The effect of partial substitution of Ti with Zr, Cr or V in the Mg35Ti10Ni55 electrode alloy on its electrochemical performance[J]. Electrochimica Acta, 2002, 47(11): 1739-1746.
[21] SHORES D A, MOHANTY B P. Role of chloride in hot corrosion of a cast Fe-Cr-Ni alloy. Part Ⅱ: thermochemical model studies[J]. Corrosion Science, 2004, 46(12): 2909-2924.
[22] KÖSTER U, ZANDER D, Rüdiger A, et al. Environmental properties of Zr-based metallic glasses and nanocrystaline alloys[J]. Scripta Mater, 2001, 44(8/9/10/11): 1649-1654.
[23] ZHANG B P, KAWASHIMA A, HABAZAKI H, et al. The effect of structure heterogeneity on the pitting corrosion behavior of melt-spun amorphous Ni-Zr alloys[J]. Corrosion Science, 1997, 39(10/11): 2005-2018.
[24] DHAWAN A, ROYCHOWDHURY S, DE P K, et al. Potentiodynamic polarization studies on bulk amorphous alloys and Zr46. 75Ti8. 25Cu7. 5Ni10Be27. 5 and Zr65Cu17. 5Ni10Al7. 5[J]. Journal of Non-Cryst Solids, 2005, 351(10/11): 951-955.
[25] GRIGUCEVICIENE A, LEINARTAS K, JUSKENAS R, et al. Structure and initial corrosion resistance of sputter deposited nanocystalline Mg-Al-Zr alloys[J]. Mater. Sci. Eng. A., 2005, 394(1/2): 411-416.
[26] E1-MONEIM A A, AKIYAMA E, HABAZAKI H, et al. Corrosion-resistance Mn-Zr-Cr alloys in chloride-containing media[J]. Mater. Sci. Eng. A., 1999, 267(2): 285-293.
[27] KIM J M, JEONG Y H. Influence of thermonecdhanical treatment on the corrosion behavior of Zr-1Nb-0. 2Cu alloys[J]. Journal of Nuclear Materials, 1999, 275(1): 74-80.
[28] LU H B, LI Y, WANG F H. Influence of compositon on corrosion behavior of as cast Cu-Zr alloys in HCl solution[J]. Electrochimca Acta, 2006, 52(2): 474-480.
[29] LU H B, LI Y, WANG F H. Improved corrosion behavior of nanocrystalline Cu-20Zr films in HCl solution[J]. Thin Solid Films, 2006, 510(1-2): 197-202.
[30] LU H B, LI Y, WANG F H. Dealloying behavior of Cu-20Zr alloy in hydrochloric acid solution[J]. Corrosion Science, 2006, 48(8): 2106-2119.
[31] 韩薇，贾薇，汪俊，等．凝露状态下 SO_2 对 A_3 钢腐蚀机理的影响[J]．中国腐蚀与防护学报，2002，22(6)：36-39.
[32] VERNON WHJ. Trans[J]. Faraday Soc, 1931, 27: 255.
[33] 刘兵，柳林，孙民，等．微量 Cr 对 Cu 基块体非晶合金的形成能力及耐蚀性能的影响[J]．金属学报，2005，41(07)：738-742.
[34] Deslouis C, Tribollet B, Mengoli G, et al. Electrochemical behavior of copper in neutral aerated chloride solution. Ⅰ: steady-state investigation[J]. J. Appli. Electrochem, 1988, 18(4): 374-382.

3 稀土元素对铬青铜性能的影响

稀土元素是镧系元素和钪(Sc)、钇(Y)的总称。镧系元素价电子层结构分布可以用$4f^n6s^2$来表示，但镧(La)、铈(Ce)、钆(Gd)和镥(Lu)为$4f^{n-1}5d^16s^2$排布。稀土元素的化学性质十分相近，通常状态下一般呈三价。它们的原子半径和离子半径的大小很相近，相邻元素的相差也不大。与周期表中大多数元素相比，稀土元素的原子尺寸是相当大的，在固态时基本上不溶于大多数的工业金属。它们的电负性很低，极易成为正离子，很容易与氧、硫及卤族元素等形成稳定的化合物。

3.1 稀土元素对铜合金性能的影响

作为一种合金添加剂，稀土元素对材料性能的影响报道较多，大致包括以下9个方面：①稀土金属可细化纯金属或固溶体的基体晶粒。这个现象对所有材料都毫不例外，它们在铸铁、钢、有色及磁性合金中效果更显著。②稀土可净化导致脆性的非金属杂质，如氧、氮、碳、氢、硫和磷等。③稀土与有害杂质形成准熔的化合物，在一定程度上克服低熔的杂质在热加工时经常破坏晶界的完整性(红脆性)。④改善材料表面氧化膜的结构，显著提高合金的耐热性能。⑤改变合金基体组织塑性变形机理。⑥提高合金的再结晶温度。⑦稀土金属的合金化作用可导致金属的强化。⑧能赋予铸铁、钢及其他无机材料以特殊的物理、化学性能。⑨无论是稀土金属的变质作用，还是脱氧作用，都对焊接过程及焊缝的质量产生有效的影响。目前关于稀土元素对铁基合金的研究非常深入，但在铜及铜合金中的报道相对有限。

3.1.1 稀土元素对铜合金性能影响的研究

1. 稀土元素对铜及铜合金组织结构的影响

目前关于稀土元素可以细化晶粒、改善材料结构组织，基本结论一致。而关于不同基体材料中稀土元素的最佳添加量，还需要实验进一步确定。资料显示，在铅黄铜中添加微量稀土元素，可使合金晶粒细化，同时改善合金的高温塑性和切削加工性能。在纯铜中添加La和Y，随着添加量的增加，纯铜晶粒持续细化。

但也有调查显示，随着稀土含量的增加，CuCrZr 合金的晶粒尺寸增大。陈复民等也指出随着稀土含量的增加，QBe2 的平均晶粒尺寸呈先增大后减小的趋势，稀土元素的加入量存在一个最佳值(图 3-1)。关于稀土元素细化晶粒的机理目前主要存在两种理论：①形成新晶核作用。稀土与铜及铜合金元素形成的高熔点化合物，常以极微细颗粒悬浮于熔体之中，成为弥散的结晶核心，从而细化晶粒。②微晶化作用。由于稀土元素的原子半径(0.174～0.204nm)比 Cu 的原子半径(0.127nm)要大 36%～60%，故稀土原子很容易填补正在生长中的铜或合金的晶粒新相的表面缺陷，生成能阻碍晶粒继续生长的膜，从而细化晶粒。

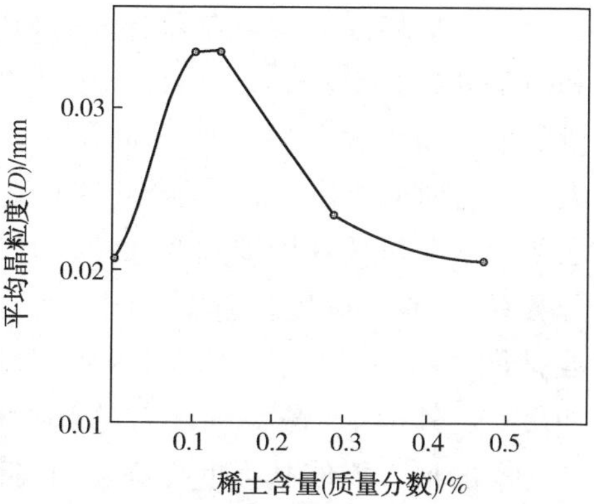

图 3-1　QBe2 合金固溶处理后晶粒尺寸随稀土量的变化

2. 稀土元素对材料力学性能的影响

稀土元素对材料力学性能的影响研究较多，一般认为随着稀土元素的添加，合金的力学性能得到改善。但尚有以下问题存在：

(1) 不同稀土元素种类对合金的影响结果不同。陈仕奇等研究了稀土元素 La、Ce、Tb、Dy 对铸态 Ti-48Al 组织与力学性能的影响规律。结果表明，La 的加入对 TiAl 有着较好的改善作用。在原子分数 0.2% La 处，不仅强度提高，且延性明显增加；而 Ce、Tb、Dy 均使强度直线下降，下降值依次增加，对延性改善甚微。其原因是稀土元素的蒸汽压和在 TiAl 中的固溶度不同，导致 Ce、Tb、Dy 较 La 更易在 TiAl 中形成气孔和粗大第二相粒子，使合金力学性能下降。对于铜及铜合金，其稀土元素添加主要以 La、Y、Ce 及混合稀土为主，如图 3-2 所示，结论差别较大。关于其他种类的稀土元素未见相关报道。

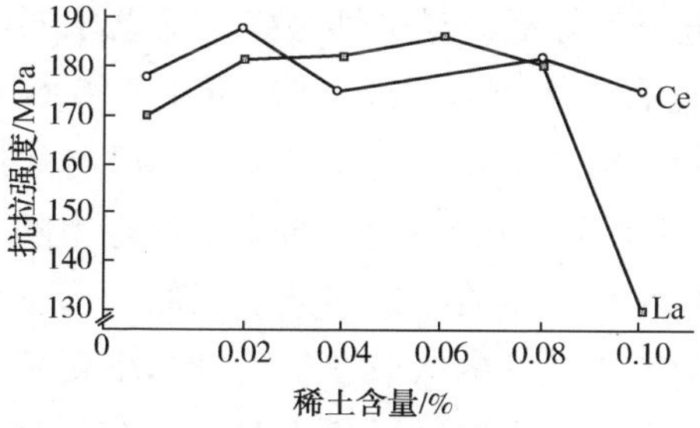

(a)稀土含量对纯铜的影响

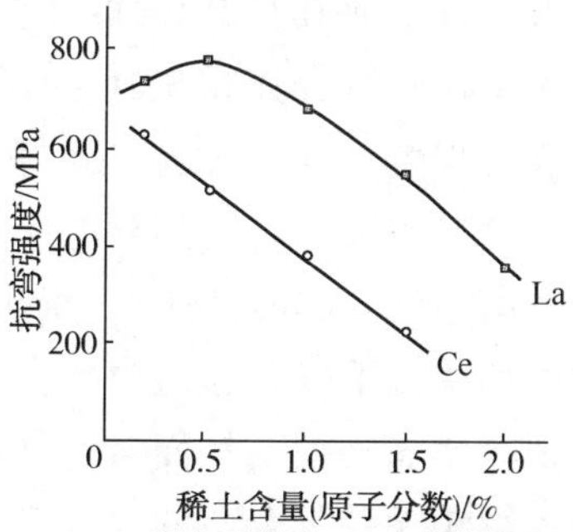

(b)稀土元素对TiAl合金的影响

图 3-2　稀土元素的添加对铜合金硬度的影响

(2) 最佳添加量存在差异。有研究提出在纯铜中加入质量分数 0.02%的 Ce 和质量分数 0.5%的 Ce，铜合金的强度、韧性最好，但合金硬度值随着稀土加入量的增加而增大，稀土加入量在质量分数为 0.2%～1.5%时，合金硬度变化不大。也有研究指出 CuCrZr 合金的硬度随着稀土含量的增加而提高。刘技文指出，当稀土加入量从 0 增加到 0.025%(质量分数)，铜合金的硬度增加，但超过质量分数 0.025%，硬度增加量趋于平缓，稀土的最佳加入量达到 0.025%(质量分数)[图 3-3(a)]。而刘国明等研究发现，铸态纯铜的硬度随着稀土的增加而增加[图 3-3(b)]。蔡磊则认为对于高强度耐磨黄铜(Cu-29Zn-3Al-1Si-1Fe)，稀土元素的加入能使其强度提高，但当稀土量大于 0.1%(质量分数)时会形成针状稀土相，反而使合金的力学性能下降[图 3-3(c)]。稀土元素对合金力学性能的影响存在一最佳添加量，该最佳添加量与合金的热处理工艺、合金成分等密切相关。

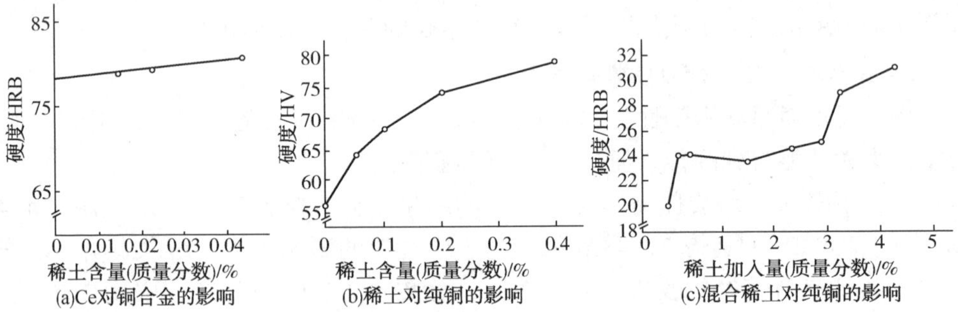

图 3-3　稀土元素的添加对铜合金硬度的影响

3. 稀土元素对材料导电性性能的影响

关于稀土元素添加对铜及其合金导电性的影响，其基本结论为：稀土元素的添加对铜合金的导电性有一定的改善，但改善程度与稀土的种类和含量密切相关。加入质量分数 0.02%Ce 的稀土，可以降低电阻率，提高纯铜的导电性，稀土的加入量在质量分数 0.5%Ce 时，电阻率最低，导电性最好。稀土 Y 对纯铜导电性的改善程度比 La、Ce、Nd 好。也有研究指出当稀土含量小于 0.015%时，随着稀土含量增加，合金的导电率增加，提高的幅度约为 2%，500h 时效后其导电率最大值达到 88.8% IACS。稀土含量大于 0.015%时，合金的导电率随着稀土含量的增加明显下降。这是由于铜中存在微量杂质，这些杂质以原子形态分布在铜基体中，使晶格畸变从而对传导电子产生强烈的散射，尽管杂质含量不多，但往往严重影响铜及其合金的导电率。当合金中含有微量稀土时，稀土与溶于铜中的一些有害杂质形成高熔点化合物。在形成化合物后，相对于分散质点所引起的畸变大为降低，对传导电子的散射也降低，从而使导电率有所提高。另外，稀土元素在导电铜中具有脱氧、脱硫作用，使基体和晶界得到净化，这是合金导电率有所提高的另一个因素。但当稀土含量超过一定限量时，稀土的作用与杂质相似，反而使合金的导电率降低。图 3-4 所示为稀土元素的添加量对铜合金导电性的影响，从 La 和 Ce 来看，最佳添加量基本在 0.02%。不管如何，稀土对纯铜导电性的影响与加入量密切相关。

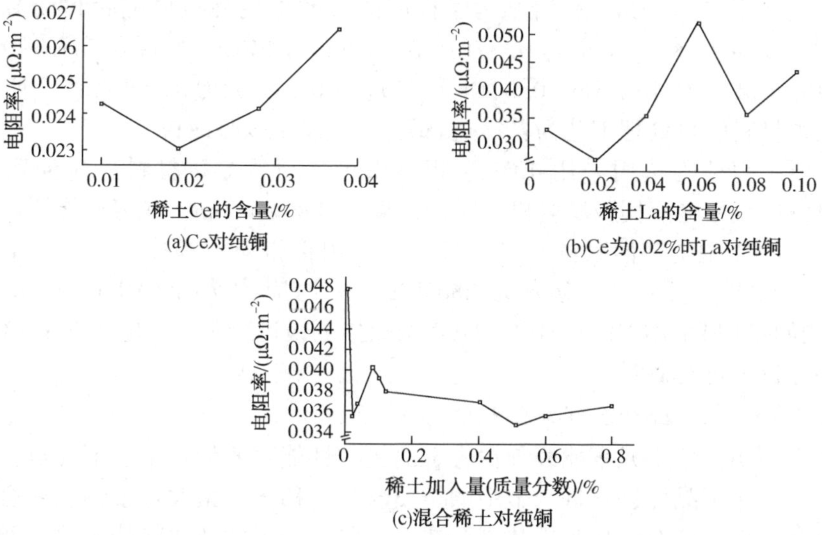

图 3-4　稀土元素的添加对铜合金导电率的影响

3.1.2　Ce 对 CuCrZr 合金性能的影响

材料在电场作用下能产生电流的原因是电荷的定向运动，因此材料中价电子的特性决定了材料的导电性高低。表 3-1 所示为部分稀土元素的外部电子排布。La 和 Ce 的最外层电子排布分别为 $5d^1 6s^2$、$4f^1 5d^1 6s^2$，含有较多的自由电子，是电的良导体。刘国明等对比研究了 La 和 Y 对纯铜导电性的影响，结果表明 Cu-Y 合金的电导率随着退火温度的升高而升高；Cu-La 合金退火后的电导率波动比较大。由于 Ce 的自由电子是 La 的 2 倍，因此研究中多以 Ce 为优选。

表 3-1　相关元素的物理性质

元素名称	原子半径/Å	外层电子排布	熔点/℃	沸点/℃	密度/(g/cm³)
Ce	1.818	$4f^1 5d^1 6s^2$	795	3443	6.768
La	1.87	$5d^1 6s^2$	920	3464	6.162
Y	0.89	$4d^1 5s^2$	1522	3338	4.689

续表

元素名称	原子半径/Å	外层电子排布	熔点/℃	沸点/℃	密度/(g/cm^3)
Cu	1.28	$3d^{10}4s^1$	1083	2562	8.960
Cr	1.85	$3d^5 4s^1$	1907	2761	7.190
Zr	2.16	$4d^2 5s^2$	1852	4377	6.506

1. 试验材料和方法

稀土元素 Ce 对 CuCrZr 合金力学性能的影响采用静拉伸试验和疲劳试验进行评估。研究材料选用 Cu-0.37Cr-0.11Zr(CuCrZr)、Cu-0.37Cr-0.11Zr-0.067Ce(CuCrZrCe1)、Cu-0.37Cr-0.11Zr-0.10Ce(CuCrZrCe2)三种合金材料。三种材料的热处理工艺为：铸造+锻造+固溶+时效+冷拔。

材料组织结构选用采用 40M 金相显微镜进行观察。材料静拉伸实验采用 INSTRON1341型电液伺服试验机，拉伸速度为 0.5mm/min。疲劳性能评定试验在 INSTRON1341 型电液伺服试验机上进行。采用正弦应力幅控制。试验中最大拉应力为 520MPa，最小拉应力为 280MPa，平均应力为 400MPa，加载频率为 30Hz。拉伸断口采用 HITACHI S-2700 型扫描电镜进行观察。电阻在 FQR7501 型涡流导电仪上进行测量。

2. Ce 对 CuCrZr 合金组织结构的影响

研究表明，稀土元素能改善铜合金的机械性能主要依赖于以下几点：稀土元素的添加净化了晶界，降低合金中的杂质含量；稀土元素改变了铜及铜合金中杂质的分布形态，使杂质呈弥散状态分布，消除合金中的条块状的杂质。稀土元素的添加细化了铜合金晶粒；稀土元素和铜形成金属间化合物。这些金属间化合物分布于基体中，成为位错运动的阻力。图 3-5 所示为研究试样的金相观察图。对于不含稀土的 CuCrZr 试样，其拉伸方向呈冷加工的条带状组织，晶粒粗大，如图 3-5(a)、(c)、(e)所示，随着稀土元素添加量的增加，条带状晶粒组织显著细化。而断面呈大变形的不规则组织，这是大变形量材料共有的特征。对比图 3-5(b)、(d)、(f)，也同样显示出稀土元素细化晶粒的特征。

3. Ce 对 CuCrZr 合金力学性能的影响

表 3-2 所示为添加不同含量 Ce 的铬青铜的静拉伸数据和电导率情况。对于 CuCrZr 试样，微量稀土元素的添加对铜合金的强度略有提升，但当 Ce 含量达到 0.1%时，铜合金的强度较未添加稀土元素时反而有所下降。合金电导率随着稀土元素的添加略有上升，这应与稀土元素脱氧、脱硫、降低合金中杂质含量、净化晶界有关。图 3-6 所示为 CuCrZr 试样和 CuCrZrCe2 试样的拉伸断口。可以看出，添加稀土后断口韧窝深度变浅，坑底存在明显的夹杂相。这些夹杂相的存在使微裂纹的萌生变得容易，材料在较低的应力水平下就发生断裂。因此，CuCrZrCe2试样的力学指标相对降低。

(a)CuCrZr沿拉伸方向

(b)CuCrZr断面方向

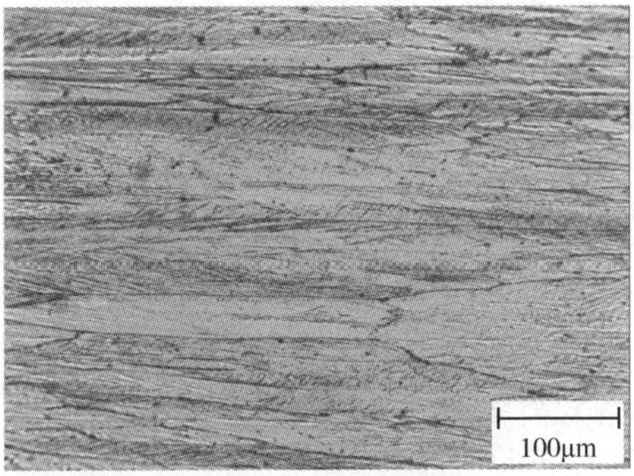

(c)CuCrZrCe1沿拉伸方向

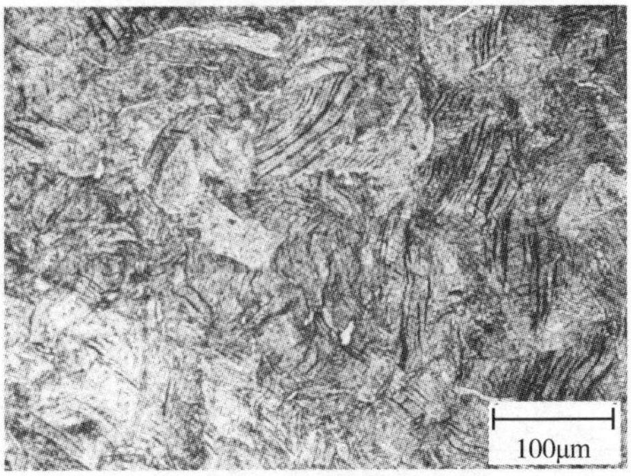

(d)CuCrZrCe1断面方向

(e)CuCrZrCe2沿拉伸方向

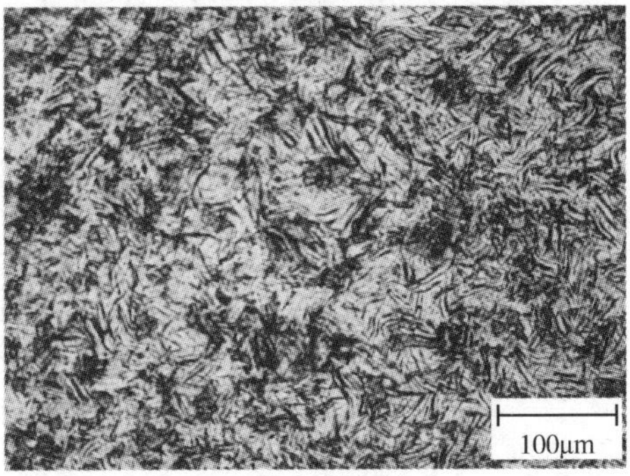

(f)CuCrZrCe2断面方向

图 3-5　含稀土试样的金相组织

表 3-2　Ce 对铜合金的静强度指标及导电率的影响

试样名称	屈服强度/MPa	抗拉强度/MPa	延伸率/%	电导率/(IACS/%)
CuCrZr	638	645	14	78
CuCrZrCe1	640	652	9.8	78.6
CuCrZrCe2	618	629	12.7	80.4

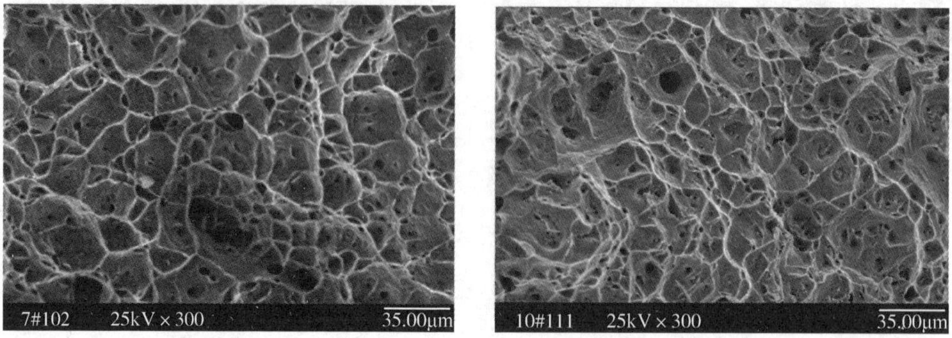

(a)CuCrZr (b)CuCrZrCe2

图 3-6 试样断口纤维区的微观图

表 3-3 所示为研究试样在经历 50 万次疲劳后的静拉伸结果。多次的低应力作用促进了材料中位错的形成，提升了三组研究试样的屈服强度和抗拉强度指标，材料表现为循环硬化。适量 Ce 的加入改善了 CuCrZr 合金的疲劳性能，即使经历 50 万次的应力作用，材料的塑性基本未降。而硬化程度最高的 CuCrZrCe2 试样塑性下降明显，延伸率从疲劳前的 12. 7%下降到 10%。

表 3-3 50 万次疲劳后研究试样的静拉伸力学结果

试样名称	屈服强度/MPa	抗拉强度/MPa	延伸率/%	疲劳前后屈服强度差值/MPa	疲劳前后抗拉强度差值/MPa
CuCrZr	657	661	13	19	16
CuCrZrCe1	653	658	10	13	6
CuCrZrCe2	648	654	11	30	25

3. 2 Ce 对 CuCrZr 合金化学稳定性的影响

目前，关于稀土元素对合金耐蚀性的影响工作，主要集中在铅、镁、铝、钢等方面，具体到稀土元素对铜及铜合金腐蚀性能影响，其远不如物理性能和机械性能研究的广泛和深入。文献报道在 Cu-Ni 合金中加入稀土后，其抗氧化性和耐蚀性大幅度提高。在海水中未添加稀土的 Cu-Ni 合金在流速 4~5m/s 时，合金的氧化膜开始遭到破坏；但加入稀土后的 Cu-Ni 合金则能在 15m/s 的流速中正常工作。但在 4%的碱腐蚀液时，加稀土与未加稀土的导电铜试样无明显差别，而用酸性腐蚀液时，开始变化甚微，二者差别不大，但随着时间的延长，加稀土的试样比未加稀土的试样腐蚀性能改善，腐蚀程度明显降低，而且稀土含量高的合金耐蚀性能较好。但是，许多文献又报道了稀土提高合金耐蚀性存在一个最佳加入量，超过此加入量，合金的耐蚀性反而降低。王玉峰认为在螺旋桨用铝青铜中加入 Nd 可提高其在 1.7%H_2SO_4中的腐蚀抗力，并且含 Nd 量较少时(0.05%Nd)对耐蚀性的影响更显著。Ravindra 等报道了在混合稀土含量为 0.15%时，合金耐人工汗液腐蚀达到最大值。在黄铜 H68 中加入 0.07%～0.10% Ce，可显著提高其耐蚀性和抗局部腐蚀倾向，这是由于 Ce 的加入阻止了 Cu、Zn 的进一步溶解，且对 Zn 的抑制效果提高，腐蚀疲劳极限约可提高 16%。在铝黄铜中加入 0.02%～0.04%的混合稀土，可有效地抑制其脱锌和晶间腐蚀。而大连工学院和大连造船厂在高锰铝青铜 ZQ12-8-3-2 中添加微量混合稀土金属，使晶粒组织明显细化，合金流动性有所提高。当加入 0.05%RE 时，疲劳强度可提高 20%左右，耐蚀性能提高 44%。程骥等研究表明，在铝青铜中添加微量稀土，可显著提高耐蚀性能，腐蚀疲劳强度提高 20%左右。在 Cu 中加入少量混稀土金属后的氧化行为，赵争荣提出在纯铜中加入 0.2%(质量分数)的稀土，在 400℃和 18h 氧化增重比不加者大大减小，表明稀土能抑制铜离子在氧化层中的扩散，使氧化速度下降。

结果表明，铜及铜合金中加入稀土后耐蚀性能均有不同程度的提高，性能改善程度与稀土的加入量和基材密切相关。本节采用电化学方法、加速浸泡实验及室外暴露试验，调查了稀土元素 Ce 的添加对 CuCrZr 合金腐蚀规律和腐蚀机制的影响。

3.2.1 Ce 对 CuCrZr 合金电化学性能的影响

1. Ce 对合金在中性 NaCl 溶液中电化学性能的影响

图 3-7 所示为 NaCl 浓度的改变对测评试样的影响结果。可以看出，随着 Cl^-浓度的增加，合金的极化曲线不同程度地向负电位方向移动。这表明，随着 Cl^-浓度的增加，合金的耐蚀性有降低的趋势。对阴阳极的影响方面，当 Cl^-浓度增至 0.1mol/L 及以上时，Cl^-浓度的增加对阴极的影响不大，但却显著地影响阳极的腐蚀电流。随着 Cl^-浓度的增加，合金的腐蚀电流逐渐增大。在所测试的 4 种浓度的溶液中，当 Cl^-浓度达到 0.5mol/L 时，3 组试样的极化曲线因腐蚀产物的沉积而出现电流密度下降。对于试样 CuCrZrCe2 而言，突降点的阳极电流密度值远高于其他两组试样，与第 2 章试样 CuZr 的极化曲线相似。对试样 CuZr[图 2-18(c)]和试样 CuCrZrCe2[图 3-7(c)]进行比较。所以，把试样 CuZr 和试样 CuCrZrCe2 的极化曲线作了比较[图 3-7(c)和图 3-7(d)]。两个试样的极化曲线形状类似，不同的是试样 CuCrZrCe2 的曲线较试样 CuZr 的曲线向正电位方向移动。这说明在腐蚀过程中，稀土元素抑制了 Cr 元素在腐蚀过程中的作用，而对于同样含有稀土元素的试样 CuCrZrCe1，其曲线形状就与 CuCrZrCe2 有一定的差别，这表明，稀土元素首先对合金基体作用，其次才是影响合金元素。

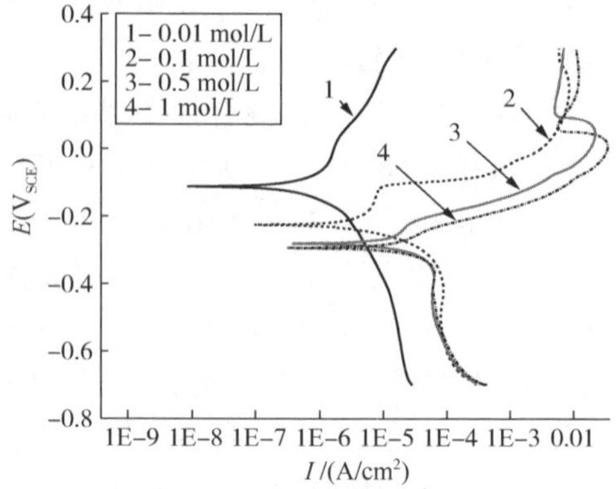

(a)CuCrZr

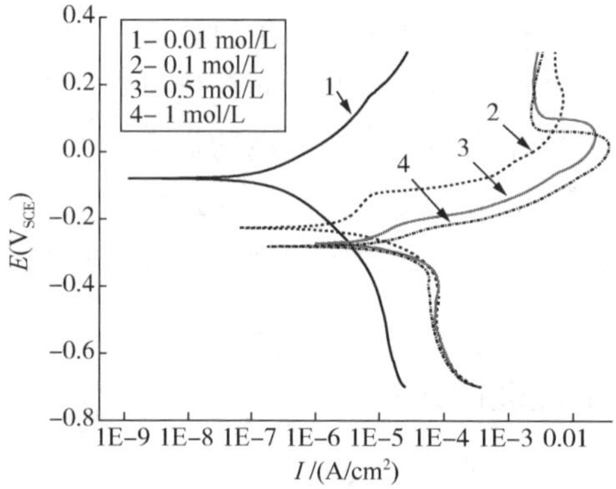

(b)CuCrZrCe1

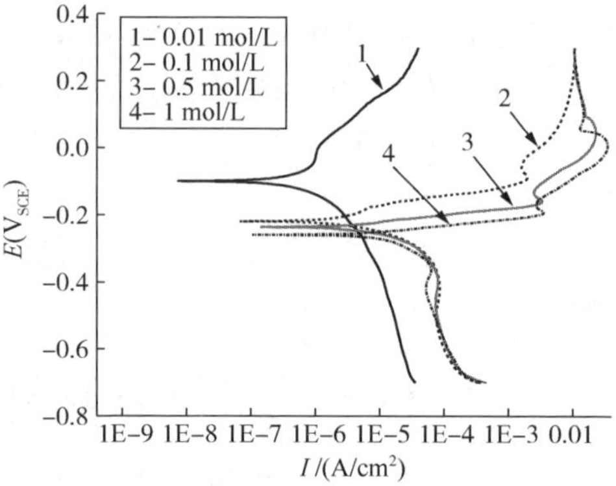

(c) CuCrZrCe2

图 3-7　合金在不同浓度的 NaCl 溶液中的极化曲线

表 3-4 所示为合金在不同浓度 NaCl 溶液中的开路电压值。可以看出，合金的开路电压随着稀土元素的添加不同程度的提高。在低浓度的 NaCl 溶液中，以试样 CuCrZrCe1 的移动量为最大。表 3-5 所示为合金在 0. 01mol/L 和 1mol/L 的 NaCl 溶液中的 I_{corr} 值。由表 3-5 可知，稀土元素的添加降低了合金的腐蚀电流，并且对于合金试样而言，稀土元素的添加存在一最佳加入量，此时合金具有最低的腐蚀电流。

表 3-4　合金在 NaCl 溶液中的开路电压情况　　（V_{SCE}）

试样号	$E_{corr/0.01M}$	$E_{corr/0.1M}$	$E_{corr/0.5M}$	$E_{corr/1M}$
CuCrZr	-0. 113	-0. 226	-0. 281	-0. 294
CuCrZrCe1	-0. 080	-0. 226	-0. 272	-0. 281
CuCrZrCe2	-0. 100	-0. 219	-0. 236	-0. 259

表 3-5 合金在 NaCl 溶液中的腐蚀电流情况

试样号	$I_{corr/0.01M}/(A/cm^2)$	$I_{corr/1M}/(A/cm^2)$
CuCrZr	3.63×10^{-7}	21.20×10^{-7}
CuCrZrCe1	0.68×10^{-7}	1.494×10^{-7}
CuCrZrCe2	3.91×10^{-7}	8.98×10^{-7}

图 3-8 对比了 3 组试样在 0.01mol/L 和 1mol/L 的 NaCl 溶液中的极化曲线。在 0.01mol/L 的 NaCl 溶液中，腐蚀由阴阳极共同控制，试样组成的改变对合金阴阳极的反应速率均有影响。在 1mol/L 溶液中，3 组合金的极化曲线几乎重合在一起。这说明随着 Cl^- 浓度的增加，稀土元素的影响力在逐渐减弱。

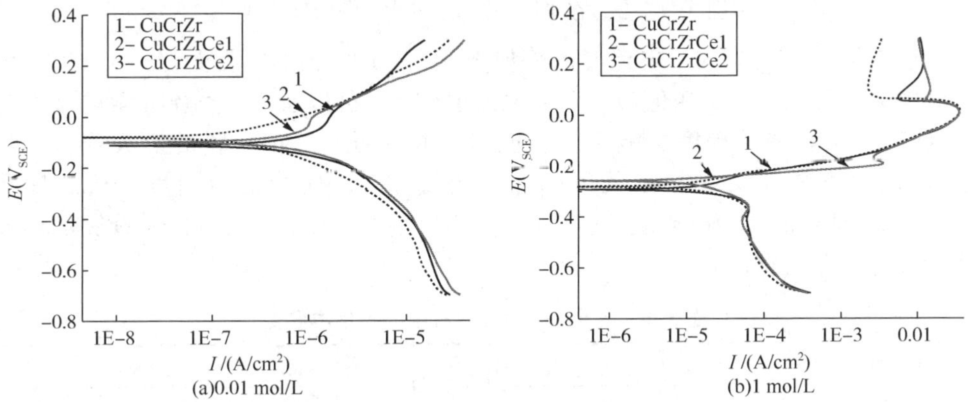

图 3-8 稀土元素的添加对合金电化学性能的影响

图 3-9 所示为待测的 3 组试样在 1mol/L NaCl 溶液中动力学极化曲线的阳极部分。由图 3-9 可见，阳极曲线由塔菲尔区、过渡区和类钝化区三部分组成。在塔菲尔区，发生基体金属的腐蚀，对于参评试样而言，发生如下反应：

$$Cu \longrightarrow Cu^+ + e^- \quad (3-1)$$

$$Cu \longrightarrow Cu^{2+} + 2e^- \quad (3-2)$$

$$Cu^+ \longrightarrow Cu^{2+} + e^- \quad (3-3)$$

$$Zr \longrightarrow Zr^{4+} + 4e^- \quad (3-4)$$

$$Cr \longrightarrow Cr^{3+} + 3e^- \quad (3-5)$$

随着溶解反应的进行，腐蚀产物的浓度逐渐增高，发生如下反应：

$$2CuCl_2^- + H_2O \longrightarrow Cu_2O + 4Cl^- + 2H^+ \quad (3-6)$$

生成的 Cu_2O 逐渐在试样表面沉积，阻碍了腐蚀反应的进行，腐蚀电流降低，形成了第一个电流峰。但由于形成的 Cu_2O 膜多孔且薄，所以不能完全有效地阻止反应进行，所以试样表面的腐蚀电流下降不是很大。

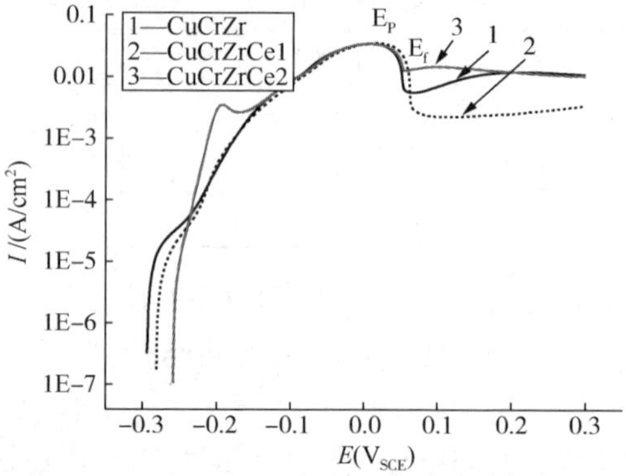

图 3-9　合金在 1mol/LNaCl 溶液中的阳极曲线

表 3-6 所示为第一个电流峰的峰值电压(E_p)及峰值电流(I_p)，同时也列出了两电流峰之间的谷电压值(E_f)和谷电流值(I_f)。可以看出，稀土元素的添加对 Cu_2O 膜形成的难易程度影响不大，但却严重影响了 Cu_2O 膜的形成质量。从表 3-6中的数据可知，稀土元素的加入提高了 Cu_2O 膜的致密度，从而导致 CuCrZrCe1具有最低的电流值。但当稀土元素的添加量过大时，对 Cu_2O 膜的形成质量具有负面效应。

表 3-6　合金在 NaCl 溶液中的电化学参数

编号	E_p(V_{SCE})	I_p(A/cm^2)	E_f(V_{SCE})	I_f(A/cm^2)
CuCrZr	0.008	3.45×10^{-2}	0.066	5.6×10^{-3}
CuCrZrCe1	0.016	3.54×10^{-2}	0.114	2.2×10^{-3}
CuCrZrCe2	0.008	3.48×10^{-2}	0.055	12.7×10^{-3}

图 3-10 所示为 3 组试样在 1mol/L NaCl 溶液中浸泡前后的交流阻抗曲线。其测试条件如下：交流正弦激励信号为 5mV，测试频率为 $10^{-2}\sim10^{5}$ Hz。其中图 3-10(a)所示为未浸泡的光洁表面的阻抗谱曲线，图 3-10(b)所示为在 1mol/L NaCl 溶液中浸泡 30d 后的阻抗曲线。由图 3-10(a)可知，阻抗曲线由单容抗弧组成，容抗弧圆心逐渐偏离实轴，这表明在反应过程中存在一定程度的弥散效应。同时在容抗弧的低频端出现了一个“扩散尾”，表现出 Warburg 阻抗的性质，说明电极表面的腐蚀过程由电化学控制变为扩散控制，这与极化曲线所测的结果相类似。对于待测的 3 组试样，由于容抗弧的半径表示反应的腐蚀电阻。可以看出，添加了稀土的合金的圆弧半径较未添加稀土合金的圆弧半径大，表明稀土元素的添加提高了合金的耐蚀性，这与前面动力学极化曲线所得的结果相一致。由图 3-10(b)可知，含腐蚀产物表面的交流阻抗半径远大于光洁表面的阻抗谱半径，这说明在试样浸泡过程中，其表面生成了一层致密的产物膜。同时，试样

CuCrZrCe1、CuCrZrCe2 的容抗弧半径较试样 CuCrZr 的大，这说明在试样 CuCrZrCe1、CuCrZrCe2 表面生成的产物膜质量较试样 CuCrZr 的质量好。

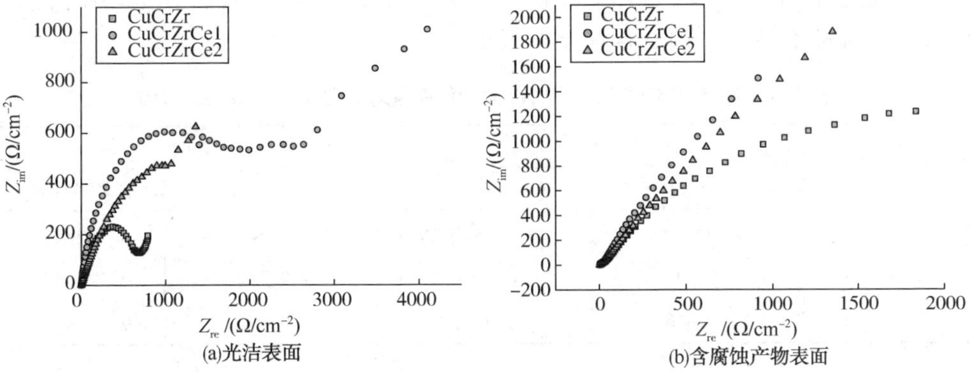

图 3-10　1mol/L NaCl 溶液中浸泡前后的交流阻抗曲线

2. Ce 对 CuCrZr 合金在强酸强碱环境中电化学性能的影响

如图 3-8 所示，腐蚀环境的苛刻程度显著影响了铜合金的化学稳定性。因此本节测试了 CuCrZr、CuCrZrCe1、CuCrZrCe2 合金在 0.5mol/L HCl 溶液和 0.5mol/L NaOH 溶液中的动力学极化曲线。如图 3-11 所示，少量稀土元素的添加对合金在 HCl 溶液中的电化学行为影响不大，但当稀土含量添加至 0.1%时，合金的极化曲线明显向负电位方向移动，移动量多达 130mV。但对于 NaOH 溶液，稀土的添加与否对合金的电化学性能几乎没有什么影响。3 组曲线几乎重合在一起。只是随着扫描电压的增加，腐蚀产物在试样表面的堆积导致腐蚀电流的下降，试样 CuCrZrCe1 的腐蚀电流下降量明显高于其余 2 组试样。

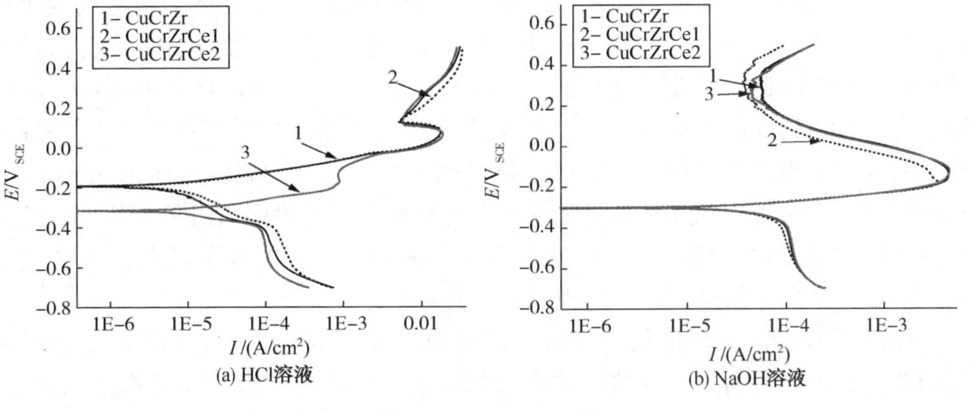

图 3-11　试样在极性溶液中的动力学极化曲线

表 3-7 所示为试样在 HCl 溶液和 NaOH 溶液中的开路电压值及腐蚀电流值。合金在 HCl 溶液中的腐蚀电流略高于在同样浓度的 NaOH 溶液中的腐蚀电流。另外，稀土元素的添加使合金在 HCl 溶液中的腐蚀速率略有增加，在 NaOH 溶液中的腐蚀电流略有减小，但变化幅度均很小。

表 3-7 试样在 HCl 溶液和 NaOH 溶液中的开路电压及腐蚀电流值

试样编号	HCl		NaOH	
	$E_{corr}/(V_{SCE})$	$I_{corr}/(A/cm^2)$	$E_{corr}/(V_{SCE})$	$I_{corr}/(A/cm^2)$
CuCrZr	-0.191	4.480×10^{-6}	-0.302	4.578×10^{-6}
CuCrZrCe1	-0.192	4.694×10^{-6}	-0.301	3.323×10^{-6}
CuCrZrCe2	-0.316	4.989×10^{-6}	-0.301	2.957×10^{-6}

上述结果显示，稀土元素对 CuCrZr 合金耐蚀性的影响与腐蚀环境关系密切。在中性 NaCl 溶液中，稀土元素的添加对合金的耐蚀性有促进作用，并且稀土元素在合金中存在一最佳加入量。在强酸强碱溶液中，稀土元素对合金的腐蚀速率影响很弱。

关于稀土元素对铜合金耐蚀性的影响机理归纳如下：

(1) 稀土的净化作用。金属内部的杂质是促进腐蚀作用的一个主要因素，那些电负性较高可以作为阴极的物质(如 S、O)嵌入金属内部，可以起到产生局部电流，加速腐蚀的作用。当把稀土加入合金中，由于它的脱 S、O 的作用，除去这些脱氧渣物的同时，在材料表面形成一层含稀土的氧化层。该氧化层极薄，但非常细密均匀，能在相当程度上阻止合金中原子向外扩散和减轻氧原子向内扩散，从而延缓了氧化和其他腐蚀过程，使得合金耐蚀性大大提高。

(2) 细化晶粒作用。当加入的稀土元素与铜中的杂质或加入元素之间发生反应，生成一些高熔点的化合物，常以极微细颗粒悬浮于熔体之中，成为弥散的结晶核心，细化晶粒；另外，由于稀土元素的原子半径(0.174~0.204nm)比 Cu 的原子半径(0.127nm)要大 36%~60%，故稀土原子很容易填补正在生长中的 Cu 或合金的晶粒新相的表面缺陷，生成能阻碍晶粒继续生长的膜，从而细化为微晶。从凝固原理及热力学观点看，由于稀土大量积聚在固液界面前沿的液相中，使合金在凝固时成分过冷增大，以树枝状方式凝固成长，同时在分枝节点处产生缩颈、熔断，增多了结晶核心，从而细化了晶粒。

如前所示，Ce 的添加细化了合金的晶粒，细化结果同稀土元素的添加量密切相关。晶粒结构的变化直接影响合金的耐蚀性，在晶界处，原子排列不规则，晶格的畸变能大，晶粒内存在很高的内能和位错等缺陷，并且晶界处于高能非平衡态。因此，腐蚀会优先在晶界处发生。当在铜合金中加入稀土元素后，稀土元素对晶界的净化作用有利于晶界处腐蚀电位的提高。但另一方面，晶粒的细化，晶粒数量的增多，提高了合金表面活性点的数量，从而使合金的耐蚀性降低。所以，稀土元素对合金耐蚀性的影响最终取决于这二者的竞争。

当把合金置入溶液中时，在合金的表面会发生如下反应：

对于阳极：

$$Cu \longrightarrow Cu^{+}+e^{-} \tag{3-7}$$

$$Zr \longrightarrow Zr^{4+}+4e^{-} \tag{3-8}$$

$$Cr \longrightarrow Cr^{3+}+3e^{-} \tag{3-9}$$

$$Ce \longrightarrow Ce^{3+}+3e^{-} \tag{3-10}$$

对于阴极：

$2H^{+}+2e \longrightarrow H_2$ （酸性环境中的 Cr、Zr、Ce 元素） (3-11)

$O_2+4H^{+}+4e^{-} \longrightarrow 2H_2O$ （酸性环境中的 Cu 元素） (3-12)

$2H_2O+2e^{-} \longrightarrow H_2+2OH^{-}$ （碱性环境中的 Cr、Zr、Ce 元素） (3-13)

$O_2+2H_2O+4e^{-} \longrightarrow 4OH^{-}$ （碱性环境中的 Cu 元素） (3-14)

通过上面的反应可以看出，合金在溶液中的溶解速率实际上由阴极反应速率控制。在酸性环境中，溶液中 H^{+}的存在促进了溶液中 O_2 的溶解，有助于阴极反应向正方向移动，所以在含氧酸的溶液中，Cu 的腐蚀速率会很高。而在碱性环境中，尽管 OH^{-}的存在有利于阳极反应向正方向移动，但阴极有限的 OH^{-}（O_2 在水中溶解度较低）使得 Cu 在碱性环境中的腐蚀速率会较 Cu 在酸性环境中低很多。而在中性 NaCl 溶液中，由于溶液中的离子对阴阳极的反应没有任何的促进作用，所以 Cu 在中性溶液中具有最低的腐蚀速率。

在中性 NaCl 溶液中，有效的腐蚀反应主要集中在晶界，稀土元素的净化作用无疑提高了晶界的腐蚀电位，使腐蚀的难度加大，所以合金的极化曲线在添加了稀土元素后向正电位方向移动。但对于添加稀土的两组试样而言，试样 CuCrZrCe1 的晶粒显著较试样 CuCrZrCe2 粗大了许多。微量的稀土并没有有效的细化晶粒，晶粒的细化明显不能占据优势，所以试样 CuCrZrCe1 具有最小的腐蚀电流。对于试样 CuCrZrCe2，一方面晶粒因稀土的加入而细化；另一方面，过量的 Ce 会与合金中的 Cu 发生反应，生成 $CeCu_6$，不利于合金耐蚀性的提高，所以试样 CuCrZrCe2 的腐蚀电流较 CuCrZrCe1 有所增加。

由电位-pH 平衡图可知（图 3-12），Ce 在酸性环境中以 Ce^{3+}的形式存在。在 HCl 溶液中，一方面 Ce 的优先溶解加速了合金的腐蚀，所以会出现随着 Ce 含量的增加合金的腐蚀速率增加的现象。另一方面，合金中 Ce 的含量极其有限，同时，合金在含氧酸中的腐蚀速率本身就很大，所以 Ce 的存在对合金的腐蚀速率不会有明显的提升作用。在 NaOH 溶液中，由于溶解的 Ce 以 $Ce(OH)_3$的形式沉积在试样表面，阻碍了试样表面离子的传递，所以稀土元素的添加降低了合金的腐蚀速率，并且随着稀土含量的增加，合金的腐蚀速率增加。

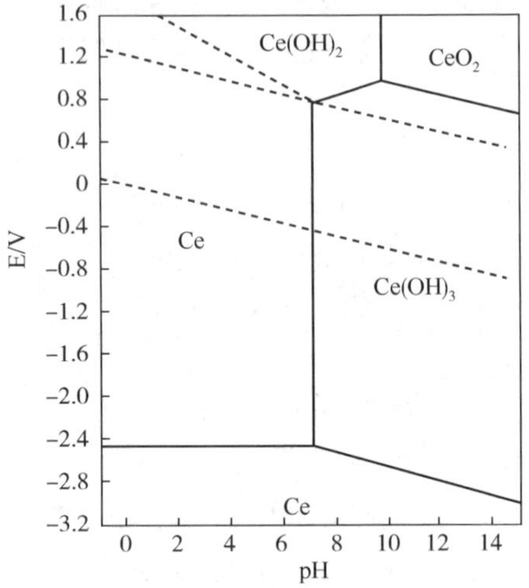

图 3-12 Ce-H_2O 体系电位-pH 平衡图

3.2.2 Ce 对 CuCrZr 合金耐蚀性影响评价

1. 大气暴露试验

试验地点选在北方城市中具有工业大气特征的西安。参照 ISO 8565—2011 对试样进行大气暴露试验，暴露时间为 6 个月。

图 3-13 所示为 3 组试样在西安大气中的暴露失重情况。稀土元素 Ce 的添加对合金的耐蚀性有不良影响。在暴露 6 个月后，含 Ce 的 2 组合金 CuCrZrCe1 和 CuCrZrCe2 的失重量均较未添加稀土的试样 CuCrZr 大。对于添加稀土的 2 组试

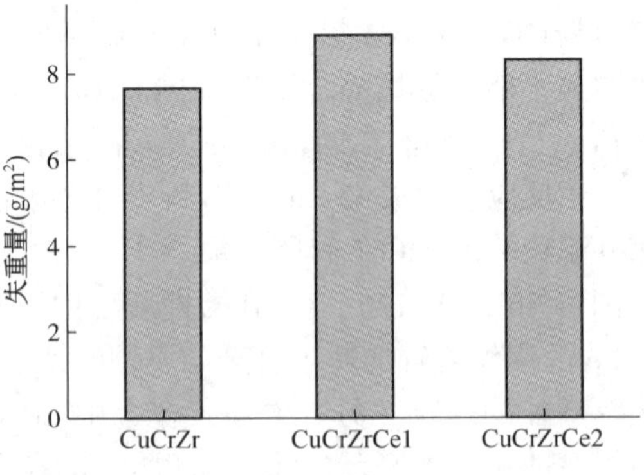

图 3-13 试样在大气中的暴露失重情况

样，含稀土量较高的试样 CuCrZrCe2 的失重量较含稀土量较低的 CuCrZrCe1 的失重量少。这说明稀土的添加对合金耐蚀性的影响同稀土的含量密切相关。

2. 加速腐蚀试验

为更好地了解稀土元素 Ce 对合金在大气暴露中的腐蚀机理，又进行了室内模拟加速试验。将 Φ7 的冷拔样线切割为 20mm 长的小段作为浸泡试样，对试样的圆柱面和断面用砂纸依次打磨至 1000 号，用丙酮清洗并在干燥器中放置 24h 后投入研究。浸泡液为 1mol/L HCl 溶液和 1mol/L NaOH 溶液。腐蚀环境为常温常压。待腐蚀结束后，用电子天平称量其腐蚀前后的重量变化，用 SEM 观察腐蚀膜的形貌及试样腐蚀后形貌，用 XRD 分析试验表面的产物成分。

（1）HCl 溶液浸泡试验

图 3-14 所示为测评试样在 1mol/L HCl 溶液中浸泡 7d 后的失重情况。可以看出，添加了稀土的试样较未添加稀土试样的耐蚀性差。对于 2 组添加有稀土元素的试样而言，稀土含量高的合金其失重量反而降低。同时发现，在浸泡结束后，试样表面仍呈光亮的铜色，这说明在试样表面腐蚀产物堆积很少。

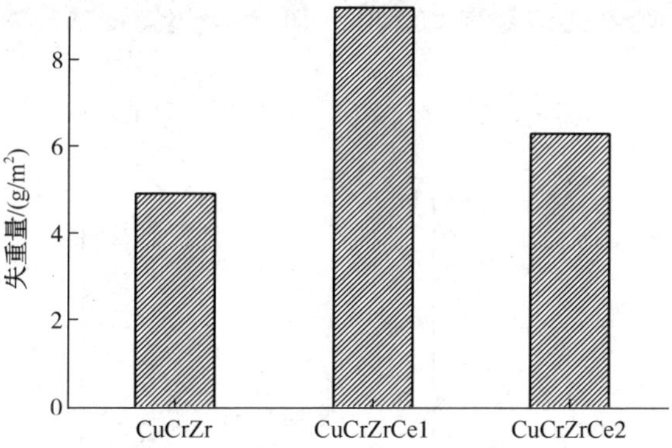

图 3-14　试样在 HCl 溶液中浸泡后的失重情况

图 3-15 所示为在 HCl 溶液中浸泡 7d 后的腐蚀形貌，可以看出，对于未添加稀土元素的 CuCrZr 而言，腐蚀呈均匀腐蚀，局部有较深的腐蚀坑。对于添加有少量稀土元素的试样 CuCrZrCe1 而言，腐蚀同样呈均匀腐蚀，但有较深的腐蚀渠出现。对于添加稀土含量较多的试样 CuCrZrCe2，腐蚀呈均匀腐蚀，但腐蚀深度明显浅了许多。

（2）NaOH 溶液浸泡试验

图 3-16 所示为研究试样在 1 mol/L NaOH 溶液中浸泡 30d 后的失重情况。可以看出，添加了稀土的试样较未添加稀土试样的耐蚀性变好。对于添加稀土元素的两组试样而言，过量稀土元素的添加反而对合金的耐蚀性不利。

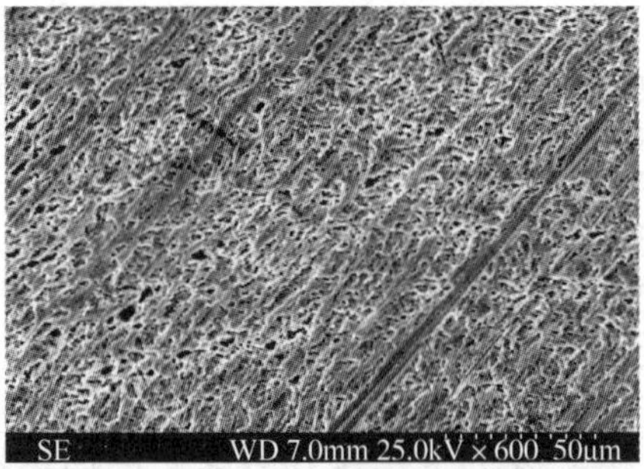

(a) CuCrZr

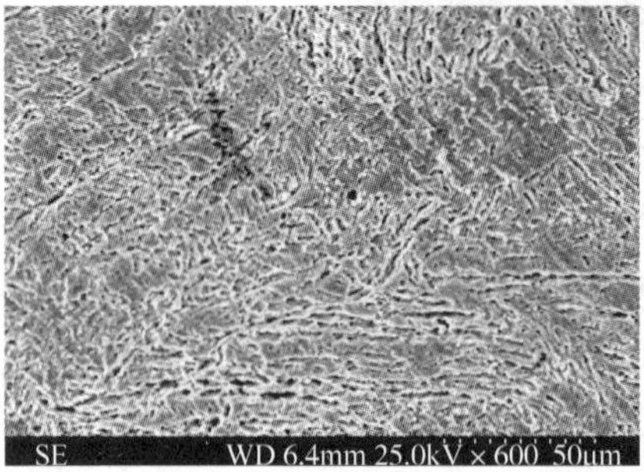

(b) CuCrZrCe1

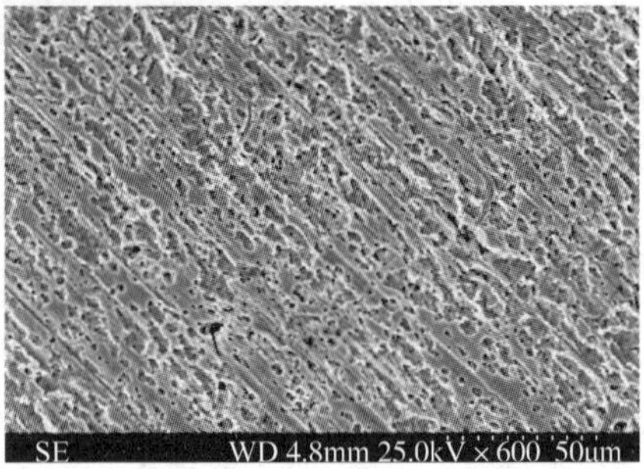

(c) CuCrZrCe2

图 3-15　试样在 HCl 溶液中腐蚀后的形貌

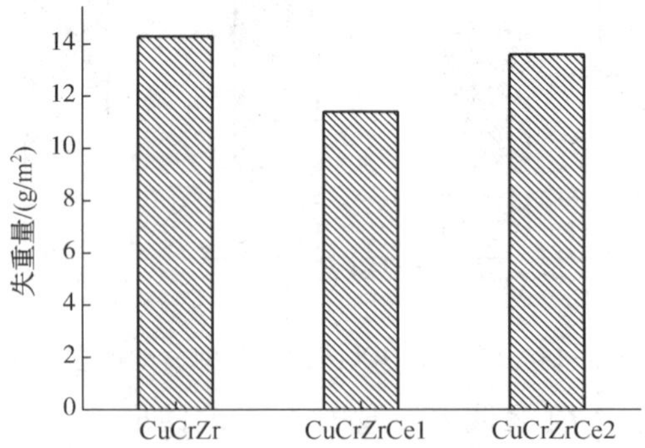

图 3-16　试样在 NaOH 溶液中的失重情况

图 3-17 所示为 3 组试样在 NaOH 溶液中浸泡 30d 的表面产物形貌。可以看出，3 组试样表面的腐蚀产物均堆积平整。对于试样 CuCrZr，其底层产物结构致密，表面产物呈颗粒状松散分布其上。而对于添加了稀土的 CuCrZrCe1 和 CuCrZrCe2，其产物层结构致密，没有底层和上层之分。说明稀土元素的添加促使腐蚀产物致密化。相对于含有较多稀土的试样 CuCrZrCe2，试样 CuCrZrCe1 的产物膜较试样 CuCrZrCe2 的产物膜显得更平整致密一些。这与在 NaCl 溶液中交流阻抗的测试结果类似。

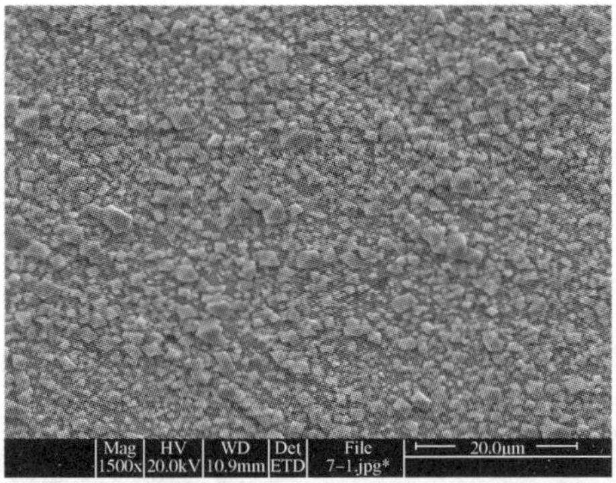

(a) CuCrZr

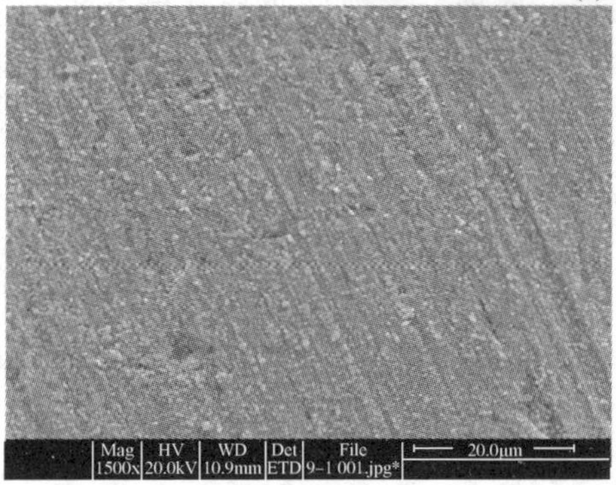

(b) CuCrZrCe1

(c) CuCrZrCe2

图 3-17　试样在 NaOH 溶液中的表面产物形貌

图 3-18 所示为试样在 NaOH 溶液中腐蚀后的形貌图，可以看出，在未添加稀土元素的试样 CuCrZr 中，试样明显地呈沿晶腐蚀。而在添加了稀土的 CuCrZrCe2 中，试样表面呈现均匀腐蚀，但局部区域腐蚀较严重，这与稀土元素的净化晶界有关。稀土元素的添加改变了合金的腐蚀形式。

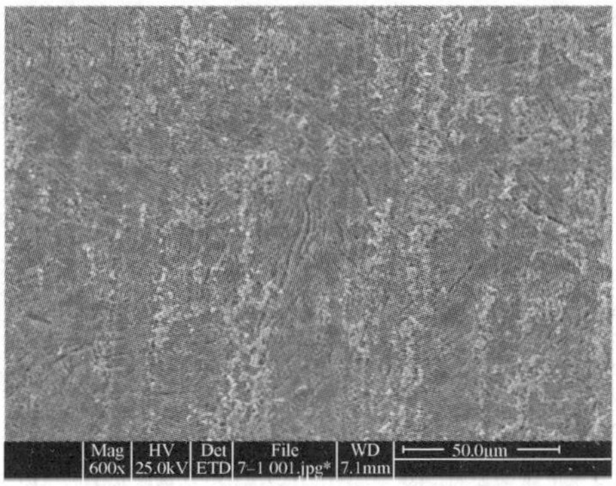

(a)CuCrZr

(b) CuCrZrCe2

图 3-18　试样在 NaOH 溶液中腐蚀后的形貌

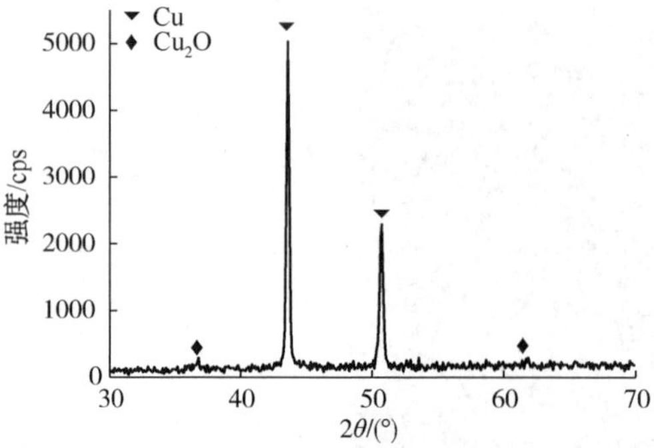

图 3-19　试样 CuCrZrCe2 腐蚀产物的 XRD 分析

图 3-19 所示为对试样 CuCrZrCe2 表面产物膜层进行的 XRD 分析。由谱图中可以发现，浸泡后的产物主要为 Cu_2O，没有发现稀土元素的存在（Ce 未检测到应与 Ce 含量过低，超出了 XRD 的检测范围有关），同时也未监测到 CuO 的存在。腐蚀产物的分析结果证明溶液中氧的含量极其有限，以至于 Cu_2O 无法转化为 CuO。

通过对浸泡试验的结果分析可以看出，在 HCl 溶液中，稀土元素的添加对合金的耐蚀性不利。在 NaOH 溶液中，稀土元素的添加对合金的耐蚀性有提高作用。这说明稀土元素对合金耐蚀性的影响同腐蚀环境关系密切。

如前所述，我们已经知道稀土元素对合金结构的影响主要体现在两个方面：净化晶界和细化晶粒。对于金属基体而言，在 HCl 溶液中，稀土元素的添加增加了合金的腐蚀速率，对合金的耐蚀性不利。当把试样浸入 HCl 溶液，在试样表面发生了如下反应：

$$4Cu+O_2 = 2Cu_2O \tag{3-15}$$

$$Cu_2O+2H^+ = 2Cu^{2+}+H_2O \tag{3-16}$$

由于生成的腐蚀产物不能沉积在试样表面，有效地阻止腐蚀反应的发生，所以在试样的表面，腐蚀反应会源源不断地进行下去，总体表现为稀土元素的添加降低了合金的耐蚀性。对于不同稀土含量之间失重量的差异，这与稀土含量对其组织性能的影响差异有关。少量的稀土只是净化了合金的晶界，而稀土含量较多时，稀土不仅净化了晶界，同时也显著细化了晶粒。细化的结果是降低了合金表面的电化学不均匀性，改变了合金的腐蚀形式。

在碱性环境中，由于稀土元素的添加，合金的腐蚀速率提升，但同时，腐蚀产物在试样表面的堆积，有利于合金耐蚀性的提高。对于浸泡试验而言，OH^-的存在不利于氧的溶解，所以合金浸泡的失重速率较在 HCl 溶液中低了许多。因此，试样表面的腐蚀产物性质成为决定合金在 NaOH 环境中耐蚀性的关键性因素。由图 3-17 可知，稀土元素的添加使产物膜变得致密，所以含有稀土元素的试样较未含稀土元素的试样的失重量降低。对于含有稀土元素的两组试样，一方面稀土元素的添加对膜的致密化作用；另一方面，过量的 Ce 与合金中的 Cu 反应生成化合物，从而降低合金的耐蚀性，所以稀土含量较少的 CuCrZrCe1 的耐蚀性是 3 组试样中最好的。

本章小结

结合稀土元素对铜合金性能影响的研究现状，以 Ce 为研究对象，分析了稀土元素的添加对铜合金力学性能和化学稳定性的影响。得到主要结论如下：

（1）随着稀土元素 Ce 的添加，合金的晶粒细化，适量的 Ce 可以在一定程度上提高合金的屈服强度和抗拉强度，但对合金的导电率却影响不大。

（2）稀土元素的添加改变了合金的腐蚀形式。在 HCl 溶液中，随着稀土元素的添加，合金的均匀腐蚀程度更高；在 NaOH 溶液中，未添加稀土时，合金的腐蚀形式呈沿晶腐蚀，在添加稀土元素后，合金的腐蚀形式转变为均匀腐蚀。

（3）合金的金属/溶液界面电流因稀土元素的添加而改变。在中性 NaCl 溶液中，稀土元素的添加降低了合金的腐蚀电流，但过量的稀土元素对合金的腐蚀电流不利。在强酸环境中，稀土元素的添加对合金的腐蚀电流有提升作用，并且这种提升作用随着稀土含量的增加而增强。在强碱环境中，稀土元素的添加降低了合金的腐蚀电流，且随着含量的增多，合金的腐蚀电流进一步降低。

（4）稀土元素对合金耐蚀性的影响与合金中稀土含量及腐蚀环境关系密切。在 HCl 溶液中，稀土元素的添加对合金的耐蚀性不利。但这种降低作用并不与稀土含量成正比。在 NaOH 溶液中，合金的耐蚀性因稀土元素的添加而提高，且随着稀土含量的增加失重量进一步降低。

（5）西安地区的工业大气暴露试验显示，稀土元素对合金的耐蚀性有降低作用。合金耐蚀性降低的直接原因是大气暴露的腐蚀产物对基体不具有保护作用所致。

参 考 文 献

[1] 陈复民，李春福，李国俊，等．稀土对铍青铜(QBe2)组织性能影响及机理研究[J]．天津大学学报，1987(4)：69-75.

[2] 雷静果，刘平，井晓天，等．高速铁路接触线用时效强化铜合金的发展[J]．金属热处理，2005，30(3)：1-5.

[3] 李本贵，于艳，曹志强，等．铜基合金的强化机理和研制现状[J]．铸造，2005，54(10)：948-952.

[4] 李东东．轧辊用高强高导铜合金的组织和性能研究[D]．沈阳：东北大学，中国期刊网标注年份为 2018 年．

[5] 唐良龙．稀土元素对 ZL203 铝铜合金机械性能和组织的影响[J]．机车车辆工艺，1994(1)：36-37.

[6] 王莉梅．稀土元素对某些铝合金组织和性能的影响[J]．轻合金加工技术，1994，22(9)：37-42.

[7] 唐有根，贺小红，杨习文，等．添加铈对低锑铅合金的微观结构及电化学性能的影响[J]．中国稀土学报，2007，25(3)：323-328.
[8] 李凡，赵华庭．添加微量稀土元素对形状记忆合金性能的影响[J]．中国稀土学报，1995(增刊1)：3-6.
[9] 刘国明，张萌，付绍云．微量稀土 La 和 Y 在铜中的分布及对电导性的影响[J]．南昌大学学报，2005，29(1)：50-54.
[10] 刘技文．稀土对铜铬锆合金性能的影响[J]．金属热处理，1994，1：24-27.
[11] 张连勇．稀土元素 La、Ce 在纯铜中的作用机理及对其性能的影响[D]．阜新：辽宁工程技术大学，2022.
[12] 陈仕奇，曲选辉，雷长明，等．添加稀土元素对铸态 TiAl 基合金微观组织和力学性能的影响[J]．中国有色金属学报，1995，5(1)：18-22.
[13] 马壮，狄丽莉，朱玉军．稀土元素 La 和 Ce 对纯铜性能的影响[J]．铸造技术，2005，26(3)：227-229.
[14] 庄虹，刘勇健．稀土对铜及铜合金性能的影响[J]．有色金属，1995，47(2)：90-94.
[15] 尹建营，张萌，陈晓芳．稀土金属 Y 对 Cu-Cr 合金硬度和导电率的影响[J]．金属热处理，2004，29(4)：32-35.
[16] 付大军，赵越超．稀土元素 Ce 对纯铜导电性及力学性能的影响[J]．铸造技术，2004，25(3)：198-199.
[17] 付大军，赵越超．稀土元素 La 对铜导电性及力学性能的影响[J]．有色金属，2004，56(4)：25-27.
[18] 刘大杨，魏开全，李文军，等．含铬低合金钢在海水中耐蚀性“逆转”原因分析[J]．中国腐蚀与防护学报，2003，23(1)：7-12.
[19] 王玉峰，刘国辉，苏毅，等．稀土在导电铜材料中的应用研究[J]．稀有金属，1988(4)：271-275.
[20] RAVINDRA N，TIWARI S K，VERMA N. The influence of minor additions of Ta and Nd on the corrosion behavior of propeller bronze in mineral acides[J]. Corrosion Prevention and Control，1988，35(2)：43-48.
[21] 何晏，曾晓东．稀土仿金材料的研制[J]．稀土，1988，9(2)：36-38.
[22] 程骥，方大成，沈梧，等．混合稀土金属对高锰铝青铜耐蚀性能的影响[J]．铸造，1984(5)：15-21.
[23] 赵争荣．稀土对铜合金耐蚀性能的影响[J]．山西机械，1999(增刊2)：164-165.

4 退火制度对铬青铜性能的影响

金属冷变形后晶体缺陷密度增大，自由焓增高，组织和性能发生明显变化，整个体系处于热力学不稳定状态，会有向稳定状态转变的趋势。加工硬化后的金属材料在高温下使用一段时间后，会有缺陷密度大为降低的新等轴晶粒在冷变形的基体内形核并长大，直到冷变形晶粒被完全耗尽为止。这个过程就是再结晶。再结晶是金属材料最重要的物理冶金过程之一，也是工业上控制和改变金属材料组织、结构和性能的重要手段。

4.1 退火对 Cu-Cr 合金性能的影响

不同溶质元素对铜的再结晶温度的影响不同。一般规律是添加元素与铜元素之间原子尺寸差别越大，或者是溶质元素在铜中的极限溶解度越小，提高再结晶温度的作用越显著。溶质元素提高铜再结晶温度的原因在于溶质原子与晶体缺陷的交互作用。如溶质原子聚集在位错周围形成柯氏气团，这种交互作用阻碍位错重新组合，因而阻碍再结晶形核和晶核长大，只有在更高温度下通过强烈的热扰动破坏溶质原子与缺陷的结合，从而达到使合金再结晶温度提升的目的。

4.1.1 再结晶退火对 Cu-Cr 合金组织结构的影响

试验材料为真空熔铸的 Cu-0.36Cr 合金，基本工艺为：铸造+均匀化处理+固溶处理+时效处理+70%的冷轧变形。再结晶退火在箱式电阻炉中进行，PID 控温。退火时长为 1h。以纯铜作为对比研究材料，纯度为 99.9%。硬度试验在 HV-5 型小负荷维氏硬度机上进行，每个试样测量不少于 10 次。

图 4-1 所示为 Cu-0.36Cr 合金经不同温度退火后的微观形貌。在 300℃时[图 4-1(a)]，组织基本没有明显变化，仍保持冷加工状态的条带状组织，此时温度较低，以回复过程为主，通过点缺陷的消失和位错重排而实现，随小角晶界的迁移形成亚结构，因此基本还是变形组织，晶粒沿加工方向排列；450℃时[图 4-1(b)]，开始再结晶，部分区域已有细小的多边形晶粒沿着晶界边缘形成，这些颗粒的分布并不同向，表明它们应该是一些新的再结晶晶粒，而且还没有长大，此时冷加工后条带状的变形组织仍然可见；550℃时[图 4-1(c)]，组织

和前面完全不同，更多的再结晶晶粒已形成，再结晶基本完成，晶粒开始长大，比图 4-1(b)中所看到的颗粒状的再结晶晶粒大出许多，冷加工时的条带状变形组织也已消失，此时冷加工导致的各种性能已基本消失殆尽；650℃时[图 4-1(d)]，晶粒已生长的比较大了。这说明，弥散细小的 Cr 析出相能够细化 Cu-Cr 合金的再结晶组织，并能有效地抑制退火过程中 Cu-Cr 合金的再结晶过程。

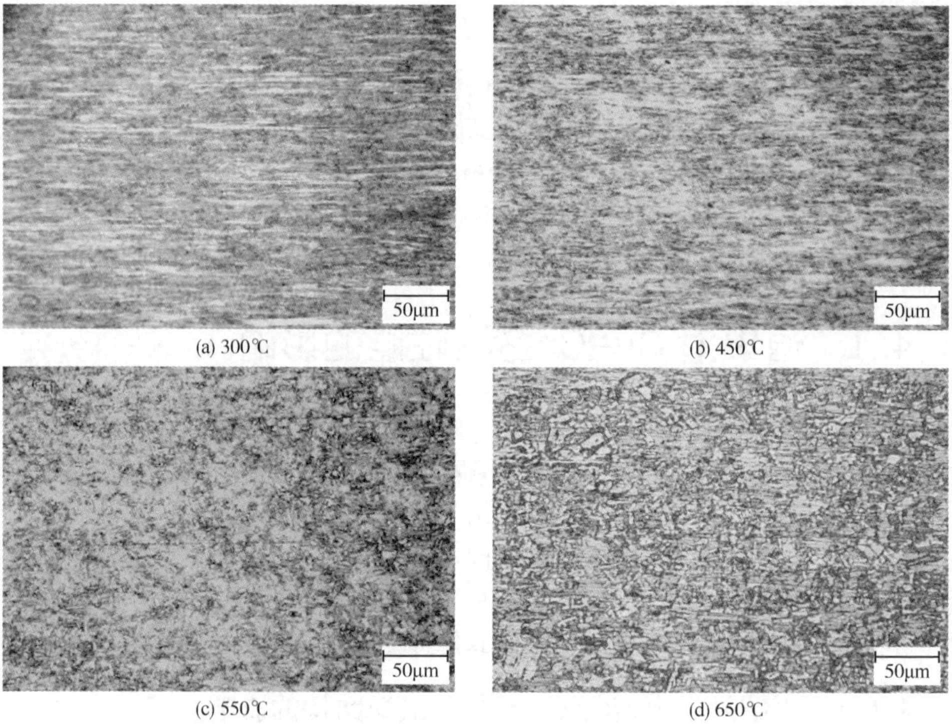

图 4-1 Cu-0.36Cr 合金试样经不同温度再结晶退火后的金相组织

4.1.2 再结晶退火对 Cu-Cr 合金硬度和导电性的影响

再结晶的驱动力是变形时与位错有关的储能，再结晶将这部分储能基本释放。当把冷变形金属加热到再结晶温度点以上，在变形基体中形成再结晶晶核，并进一步长大。再结晶晶核消除了加工硬化，结构上属于较为完整的新晶粒。

时效强化型合金冷变形后再受热就会发生弥散析出相的粗化、溶解及再析出。而且，根据时效析出相尺寸、大小及种类的不同，冷变形合金基体还将发生再结晶软化行为。当析出相较粗大时，冷变形所致点阵扭曲会在析出相颗粒附近产生集中，从而提高析出相颗粒附近再结晶晶核的形核速率。如果析出相细小、密集且分布均匀时，析出相将会对晶界起到钉扎作用，再结晶形核将会受到阻碍，即使能够形核，其长大过程同样会受到影响。再结晶晶粒长大的过程是晶界迁移的过程，根据单位面积上晶界所受齐纳阻力 P_z 为：

$$P_z = \frac{3f\gamma_b}{D} \tag{4-1}$$

式中，f 为单位体积金属中析出相颗粒的体积分数；γ_b 为单位面积界面能；D 为析出相颗粒直径。由式(4-1)可知，析出相细小颗粒对晶界迁移的阻力很大，析出相尺寸越小，体积含量越高，合金热稳定性越高，可有效地阻碍再结晶晶粒长大。

图 4-2 所示为合金在不同退火温度下的硬度变化情况，图 4-3 所示为退火时间对合金硬度的影响。和纯铜相比，微量的合金元素 Cr 对铜合金有明显的强化作用，硬度得到大幅度提高，导电率保持在较高的水平。同时 Cr 对合金的再结晶过程具有显著的抑制作用，使合金的再结晶温度范围从纯铜的 200～300℃提高到峰值时效合金的 450～550℃，软化温度提高了 250℃。纯铜在 200℃退火后，硬度就已经开始明显下降；峰值时效后 70%冷变形的 Cu-0.36Cr 合金直到 450℃硬度才急剧降低。可见，微量 Cr 能够明显提高 Cu-Cr 合金的软化温度和耐热性能，而且随着退火温度的提高，各组试样再结晶完成所需时间变短，即再结晶速率越大。

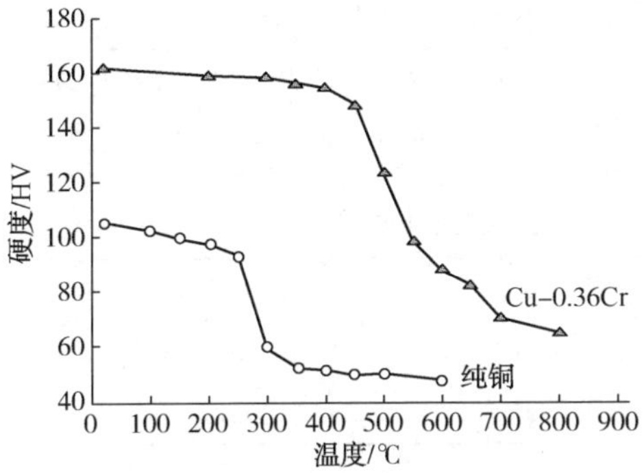

图 4-2　退火温度对冷变形合金硬度的影响

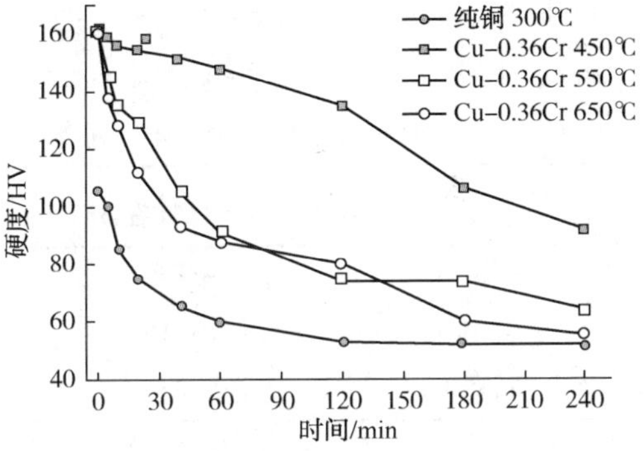

图 4-3　退火时间对冷变形合金硬度的影响

4.1.3　再结晶退火对 Cu-Cr 合金化学稳定性的影响

关于再结晶工艺对材料耐蚀性的影响，更多的工作是集中在铝合金及储氢材料方面。O. Filip 等研究了退火行为对 Nd-Fe-B 合金耐蚀性的影响。结果表明，退火行为提高了合金在酸中的耐蚀性，却降低了合金在人造大气中的耐蚀性。Kim 等研究了退火温度对 Ti-Al-Zr 合金的耐蚀性影响。结果表明，随着退火温度的升高，合金的耐蚀性降低。究其原因是富 Fe 沉积相的长大。相对于铝合金和储氢材料，铜合金的研究就少得多。

前述研究表明，铜铬合金在 450℃时已开始再结晶，在 650℃时再结晶过程完成并且晶粒已初步长大。再结晶发生的程度及晶粒长大的程度因具体的加工工艺和合金成分的改变而有所变化。所以，在本试验中选用经固溶+时效+70%冷变形合金作为研究对象。退火温度选取 450℃和 650℃两个点。退火时间为 2h。耐蚀性的测定选用电化学测试和浸泡加速试验。

1. 退火对 Cu-Cr 合金电化学性能的影响

(1) 中性 NaCl 溶液

表 4-1 和表 4-2 所示分别为 CuCr 合金在 3 种浓度的 NaCl 溶液中的开路电压及在 1mol/L NaCl 溶液中的拟合电流密度值。可以发现：①随着退火行为的进行和 NaCl 溶液浓度的增加，合金的开路电压负移。②退火处理降低了合金对氯离子浓度改变的敏感性，随着退火温度的升高，合金腐蚀电流密度增加的趋势减缓。③相对于纯铜试样而言，退火对合金耐蚀性的影响较低，这与 Cr 元素提高再结晶温度密切相关。

表 4-1　退火试样在不同浓度的 NaCl 溶液中的开路电压　V_{SCE}

试样编号	$E_{corr/0.01M}$			$E_{corr/0.1M}$			$E_{corr/1M}$		
	未退火	退火$_{450℃}$	退火$_{650℃}$	未退火	退火$_{450℃}$	退火$_{650℃}$	未退火	退火$_{450℃}$	退火$_{650℃}$
纯铜	−0.085	−0.220	−0.213	−0.233	−0.241	−0.253	−0.246	−0.281	−0.279
CuCr	−0.132	−0.207	−0.204	−0.217	−0.233	−0.241	−0.280	−0.277	−0.273

表 4-2　退火试样在 1mol/L NaCl 溶液中的腐蚀电流密度　A/cm^2

试样编号	未退火	退火$_{450℃}$	退火$_{650℃}$
纯铜	0.204×10^{-6}	2.776×10^{-6}	3.067×10^{-6}
CuCr	0.614×10^{-6}	0.759×10^{-6}	3.216×10^{-6}

(2) 强酸强碱性溶液

图 4-4 所示为退火试样在 0.5mol/L HCl 溶液中的动力学极化曲线，表 4-3 所示为极化曲线的拟合结果。可以看出，纯铜试样的 3 组曲线几乎重合在一起，退火对合金的影响要大于纯铜。再结晶行为降低了合金的耐蚀性，并且随着再结晶温度的升高，合金的耐蚀性降低，到 650℃时，退火合金的腐蚀电流值是未退火合金腐蚀电流值的 2 倍还多。对于纯铜试样而言，再结晶初期试样的耐蚀性降低，但随着再结晶温度的升高，纯铜的耐蚀性逐渐朝好的方面转变。

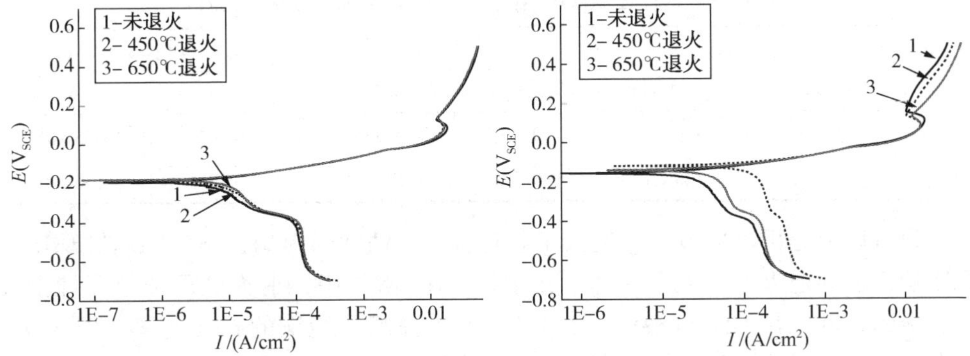

(a)纯铜　(b)CuCr

图 4-4　试样在 0.5mol/L HCl 溶液中的动力学极化曲线

表 4-3　试样在 0.5mol/L HCl 溶液中的动力学极化参数

试样编号	未退火		退火$_{450℃}$		退火$_{650℃}$	
	E_{corr}(V_{SCE})	I_{corr}(A/cm^2)	E_{corr}(V_{SCE})	I_{corr}(A/cm^2)	E_{corr}(V_{SCE})	I_{corr}(A/cm^2)
纯铜	−0.191	4.395×10^{-6}	−0.187	5.204×10^{-6}	−0.179	4.199×10^{-6}
CuCr	−0.157	8.181×10^{-6}	−0.121	18.151×10^{-6}	−0.143	18.530×10^{-6}

表 4-4 所示为两组试样在 0.5mol/L NaOH 溶液中的开路电压及腐蚀电流值。可以看出，退火处理对合金在 NaOH 溶液中的耐蚀性影响不大，其开路电压总的变化范围小于 10mV，腐蚀电流的变化范围小于 3μA。尽管如此，退火处理还是略微降低了合金的耐蚀性。图 4-5 所示为合金在退火前后的动力学极化曲线。可以看出，不管是阴极极化曲线还是阳极极化曲线，退火处理对两组试样的动力学极化曲线基本上没有什么影响。

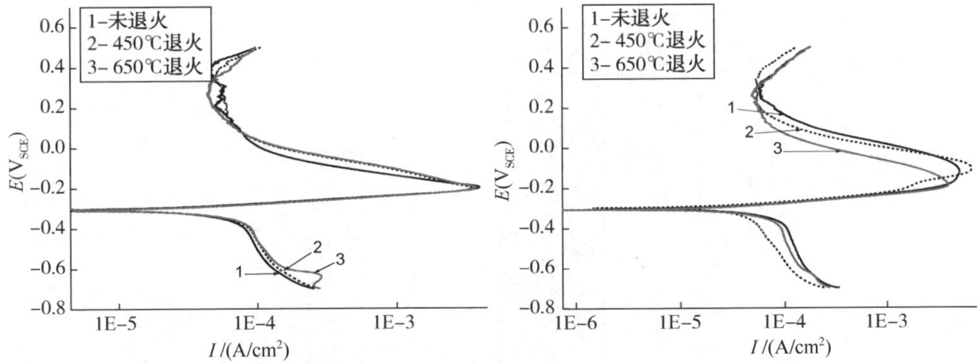

(a)纯铜　(b)CuCr

图 4-5　试样在 NaOH 溶液中的动力学极化曲线

表 4-4 试样在 NaOH 溶液中的开路电压及腐蚀电流值

试样编号	未退火		退火$_{450℃}$		退火$_{650℃}$	
	$E_{corr}(V_{SCE})$	$I_{corr}/(A/cm^2)$	$E_{corr}(V_{SCE})$	$I_{corr}/(A/cm^2)$	$E_{corr}(V_{SCE})$	$I_{corr}/(A/cm^2)$
纯铜	-0. 306	3.369×10^{-6}	-0. 307	4.079×10^{-6}	-0. 308	4.635×10^{-6}
CuCr	-0. 305	3.286×10^{-6}	-0. 298	2.778×10^{-6}	-0. 307	3.196×10^{-6}

通过以上分析可以看出，退火工艺对合金耐蚀性的影响，不仅同腐蚀环境关系密切，还同退火条件关系密切。在中性 NaCl 溶液中，退火处理加速了纯铜及其合金的腐蚀；在 HCl 溶液中，450℃的退火提高了纯铜的腐蚀速率，但 650℃的退火却降低了纯铜的腐蚀速率。对于合金试样而言，退火处理提高了合金的腐蚀电流；在碱性环境中，退火处理对合金的腐蚀电流影响不大。

2. 退火对 Cu-Cr 合金耐蚀性的影响

为进一步明确退火处理对合金在酸性环境和碱性环境中耐蚀性的影响，开展了合金材料在常温常压 1mol/L HCl 溶液和 1mol/L NaOH 溶液中的浸泡加速试验。

将退火样和参比样用砂纸依次打磨至 1000 号，用丙酮清洗并在干燥器中放置 24h 后待用。浸泡液为 1mol/L 的 HCl 溶液和 1mol/L 的 NaOH 溶液。待腐蚀结束后，用电子天平称量其腐蚀前后的重量变化，用 SEM 观察腐蚀膜的形貌及试样腐蚀后形貌。

图 4-6 所示为两组研究试样在 1mol/L HCl 溶液中浸泡 6d 后的重量变化。可以看出，合金元素的存在降低了退火合金的耐腐蚀性能，并随着退火温度的升高，合金的耐腐蚀性能进一步降低。对于纯铜试样而言，在较低的退火温度时，纯铜的耐蚀性降低，但随着退火温度升至 650℃时，纯铜的耐蚀性反而得到提高。这与图 4-4 中电化学腐蚀电流密度的研究结论相一致。

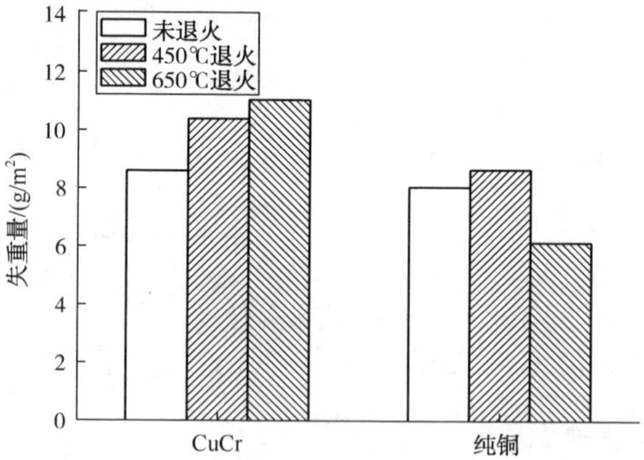

图 4-6 试样在 HCl 溶液中的失重情况

图 4-7 所示为合金试样在 HCl 溶液中浸泡 6d 后的腐蚀形貌。可以看出，对于未退火的试样，在均匀腐蚀的同时仍存在严重的局部腐蚀现象。但经过 650℃ 退火处理后，试样的均匀腐蚀程度较未退火试样的均匀程度高了许多。

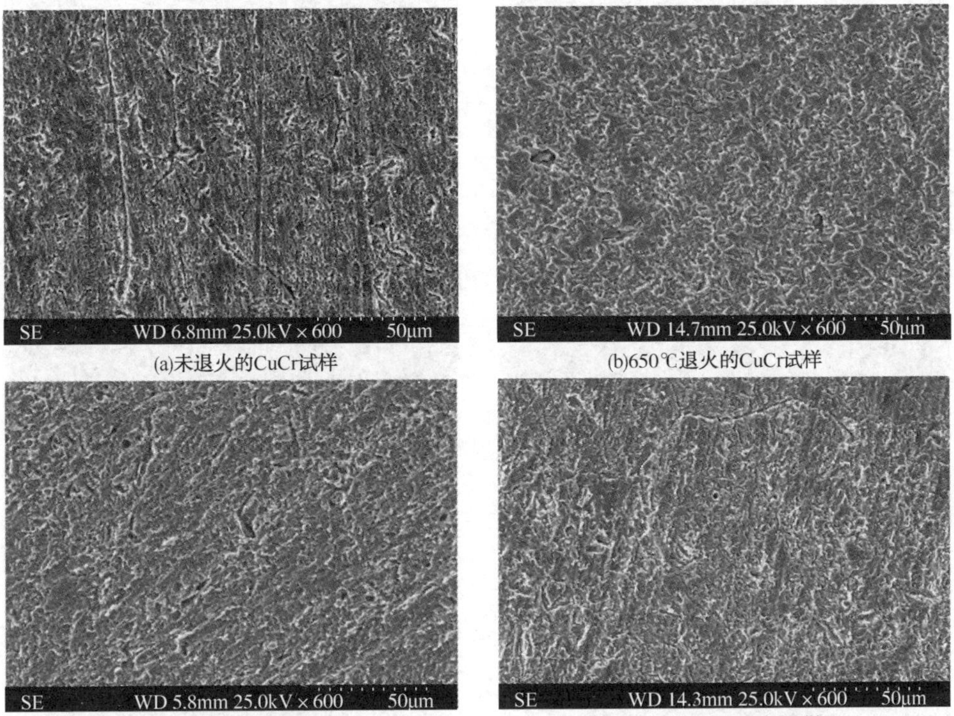

(a)未退火的CuCr试样　(b)650℃退火的CuCr试样

(c)未退火的纯铜试样　(d)650℃退火的纯铜试样

图 4-7　合金在 HCl 溶液中浸泡后的腐蚀形貌

图 4-8 所示为退火前后的两组试样在 1mol/L NaOH 溶液中浸泡 30d 时的失重情况。退火处理提高了合金的耐蚀性。相对于纯铜试样而言，合金耐蚀性提高的幅度略高。图 4-9 所示为试样在 NaOH 溶液中浸泡后的腐蚀形貌。可以看出，对于未退火试样[图 4-9(a)、(c)]，纯铜的腐蚀形式以均匀腐蚀为主，合金腐蚀以沿晶腐蚀为主，且腐蚀程度远高于纯铜。对于在同样条件下浸泡的退火后试样，其腐蚀形式为均匀分布的微小点蚀，纯铜的点蚀密度较合金试样高。

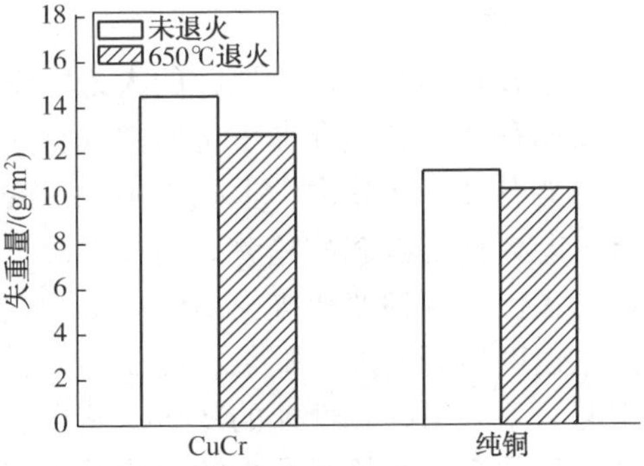

图 4-8　试样在 NaOH 溶液中浸泡后的失重情况

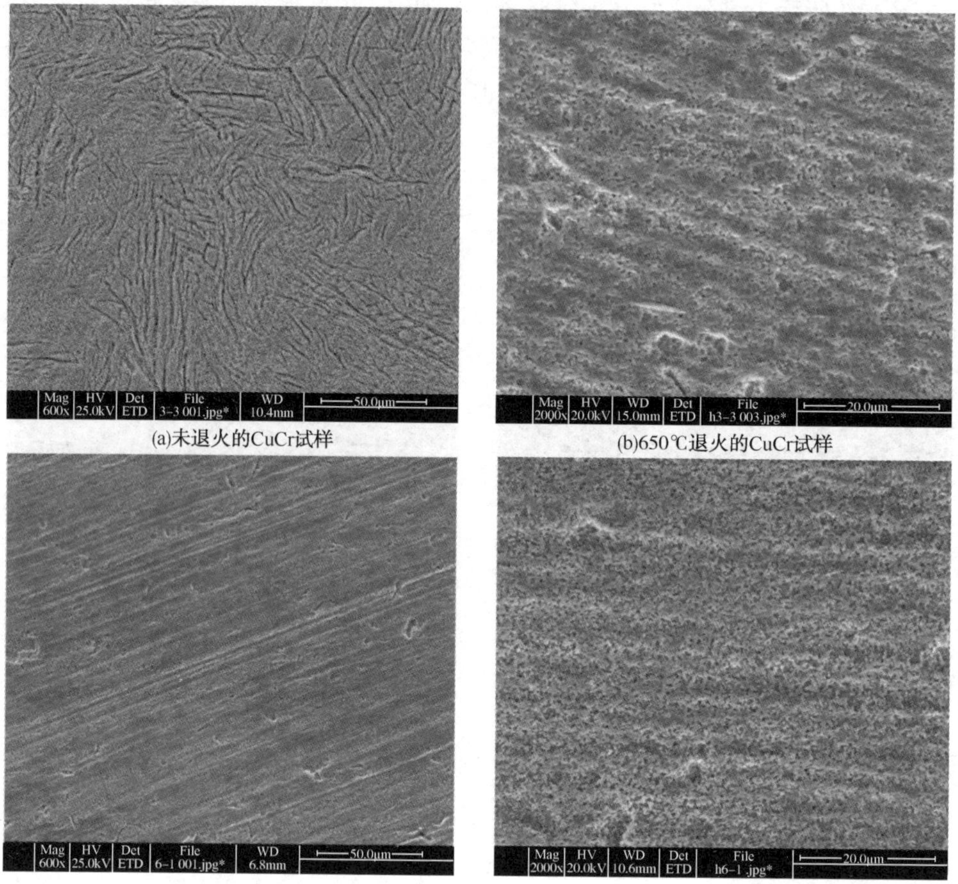

(a)未退火的CuCr试样　(b)650℃退火的CuCr试样

(c)未退火的纯铜试样　(d)650℃退火的纯铜试样

图 4-9　试样在 1mol/L NaOH 溶液中浸泡后的腐蚀形貌

3. 影响机制分析

金属在塑性变形时消耗的大量能量，其中绝大部分转变成热散失，只有小部分以储存能的形式存在于金属内部。由于储存能的存在，塑性变形后金属材料的自由能升高，在热力学上处于不稳定的亚稳状态，它们有自发地恢复到变形前低自由能、稳定状态的趋势。但在常温下，由于原子的活动能力很小，原子的扩散速度太慢，这种变化极为缓慢。如果温度升高，金属原子具有足够的活动能力，扩散速度显著增加，那么，冷变形金属就会由亚稳定状态向稳定状态转变，从而引起一系列组织和性能的变化，储存能就是这一系列变化过程的驱动力。经冷塑性变形的金属加热时发生的变化过程随着温度的升高可分为回复、再结晶和晶粒长大三个阶段。

回复是指经冷塑性变形的金属在加热时，在光学显微组织发生改变前(再结晶晶粒形成前)所产生的某些亚结构和性能的变化过程。当冷变形金属的加热温度高于回复温度时，在变形组织的基体上产生新的无畸变的晶核，并迅速长大形成等轴晶粒，逐渐取代全部变形组织，这个过程称为再结晶。再结晶的驱动力与回复一样，也是金属预先冷变形产生的储存能。冷变形在金属再结晶刚完成时，一般得到细小的等轴晶粒组织。如果继续提高加热温度或延长保温时间，将引起晶粒进一步长大，称为晶粒长大现象。晶粒长大是个自发过程，它能减少晶界的总面积，从而降低总的界面能，使组织变得更稳定。晶粒长大的驱动力是晶粒长大前后总的界面能差。

在固溶体范围内，加入少量元素能急剧提高再结晶温度。其原因在于这些元素聚集在位错周围形成柯氏气团，阻碍位错重新组合，因而阻碍再结晶形核及晶核长大，只有在更高温度下通过强烈的热扰动破坏柯氏气团后，再结晶过程才得以进行，实际上就意味着提高了再结晶温度。金属越纯，少量元素的作用越明显。综上所述，合金元素 Cr 的引入显著提高合金的再结晶温度，细化了合金的再结晶组织。

对于多晶体而言，晶粒内原子的排列是十分规则的。而在晶界上，这种规则性受到了较为明显的破坏，并造成了晶界上能量的升高。晶界的这种结构状态使得与熔剂原子直径有各种差异的溶质原子倾向于保留在晶界附近。这样，一方面溶质原子的加入不会使溶剂原子的排列受到较大的扰动，即不会造成体系能量的明显升高；另一方面又可以缓解晶界上原子不规则排列引起的弹性能的升高。由此可见，晶界应是溶质原子分布的有利位置。

由于固溶体中溶质原子易吸附在晶界附近，在晶界迁移过程中，吸附的原子起着拖曳作用，必然增加晶界移动的阻力。此外，晶界在推移过程中，还会不断遇到它扫过区域的溶质原子，使界面上溶质原子浓度不断增加，因而迁移的阻力加大。当晶界在迁移过程中遇到第二相质点，在驱动力很大的情况下，晶界可能带动这些质点一同运动，随着晶界运动驱动力不断减小，第二相质点的阻滞作用不断增加：即首先质点不再随着晶界运动，继而使界面钉扎，迫使晶界从质点绕过；最后，在晶界运动驱力更小时，第二相质点将完全使晶界运动中止。对于合金试样来说，再结晶过程促进了固溶元素的偏聚。

材料的耐蚀性能与表面性能直接相关，材料的腐蚀通常首先在晶界与表面的相交处开始。在合金经过退火处理后，内部组织细化，增加了材料的受腐蚀面积，使材料的耐蚀性下降。同时，退火处理也导致了固溶元素的偏聚，同样不利于合金耐蚀性的提高。另外，再退火处理降低了材料内部的应力，削减了材料内部的位错密度，使材料表面的活性点数量减少，有利于材料耐蚀性的提高。所以，退火对合金试样耐蚀性能的影响取决于这二者的竞争。

在实际应用中，材料的服役寿命不仅同材料本身的性质有关，还同腐蚀环境，腐蚀产物的性质关系密切。当将纯铜试样浸泡在 HCl 溶液中时，腐蚀主要以电化学的方式进行。主要反应如下：

阳极反应：

$$Cu+Cl^- \longrightarrow CuCl(ads)+e^- \quad (4-2)$$

$$CuCl(ads)+Cl^- \longrightarrow CuCl_2^- \quad (4-3)$$

阴极反应：

$$O_2+2H_2O+4e^- \longrightarrow 4OH^- \quad (4-4)$$

由于溶液中大量 H^+ 的存在，有利于阴极反应进行，所以 Cu 在 HCl 溶液中具有较高的腐蚀速率。同样，H^+ 的快速迁移，大大增加了粒子的传递速率。不利于腐蚀产物在试样表面的沉积。另外，即使在试样表面有少量腐蚀产物沉积，由于其腐蚀产物主要为 CuCl，薄薄的 CuCl 膜属于一种多孔结构，Cl^- 可以容易地穿过产物膜，继续同合金基体发生反应。这反倒加速了腐蚀的进行。徐长征在研究纯铜在 HCl 溶液中浸泡时也发现，随着浸泡时间的延长，产物的失重量呈加速进行。这说明当 Cu 试样浸泡在 HCl 溶液中时，产物膜对腐蚀没有任何有益作用。在实验过程中也同样发现，浸泡后的试样表面呈光亮的橙红色，这表明腐蚀产物在试样表面沉积很少。

电化学研究表明，一方面退火处理增加了合金在 HCl 溶液中的腐蚀电流，不利于合金耐蚀性的提高。另一方面，在浸泡过程中，极少量的腐蚀产物对合金耐蚀性的影响微乎其微。同时，退火过程中位错的消失，析出相粒子的沿晶分布，也增加了材料的受腐蚀性。所以会出现在 HCl 溶液中合金的耐蚀性随着退火温度的升高而增加的结果。另外，退火处理细化了材料的组织，削弱了合金发生局部腐蚀的能力，使腐蚀变得均匀化，这与材料的腐蚀后形貌扫描结果相一致。

对于纯铜试样，金相照片显示其在 450℃时就已完成再结晶行为，在 650℃时，纯铜的晶粒已显著长大，但由于再结晶行为有利于位错的消除，晶粒的重排长大，故在 650℃退火后，退火样的失重量低于未退火试样和 450℃的退火样。

当将试样浸泡在 NaOH 溶液中时，在试样表面发生如下反应：

$$2Cu+2OH^- \longrightarrow Cu_2O+H_2O+2e^- \quad (4-5)$$

由于反应溶液处于静止状态，所以腐蚀产物很快在试样周围达到饱和，从而逐渐在试样表面沉积。降低了试样表面的反应速率，所以合金试样在 NaOH 溶液中的失重量较在 HCl 溶液中低了许多。

图 4-10 所示为合金在退火前后的产物形貌变化。可以明显看出，随着退火行为的进行，退火试样表面的产物膜较未退火表面的产物膜细密了很多，不存在明显的沟槽现象。这就解释了合金退火前后失重速率的变化情况。

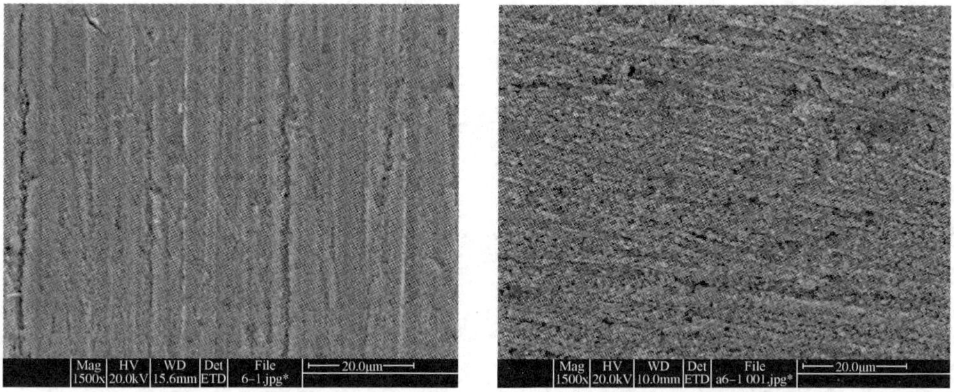

(a)退火前　　(b)退火后

图 4-10　合金在退火前后的产物形貌

4.2　稀土元素 Ce 对 CuCrZr 合金退火性能的影响

如前所述，稀土元素 Ce 的加入可以细化晶粒，提高合金的屈服强度和抗拉强度，使合金的腐蚀形式从局部腐蚀向均匀腐蚀转变。在再结晶退火过程中，材料中内应力消除，显微组织由冷变形的纤维组织转变成细的晶粒状组织，金属的强度降低，塑性提高。同时材料的化学稳定性也因组织结构的改变发生变化。

本节以 CuCrZr 合金为调研对象，探索 Ce 的添加对合金退火性能和化学稳定性的影响。研究材料选用 Cu-0. 37Cr-0. 11Zr(CuCrZr)、Cu-0. 37Cr-0. 11Zr-0. 067Ce(CuCrZrCe1)、Cu-0. 37Cr-0. 11Zr-0. 10Ce(CuCrZrCe2)3 种合金。3 种材料的热处理工艺：铸造+锻造+固溶+时效+70%冷拔。

4.2.1　Ce 对 CuCrZr 合金退火组织的影响

图 4-11、图 4-12 所示分别为 CuCrZr 合金在 400℃、500℃、600℃、700℃退火 1h 后的组织结构。在 400℃时，3 组研究试样仍呈条带状组织结构，同未退火的原始试样相比，材料组织没有发生明显的变化。稀土元素对合金晶粒的细化效果依旧存在。在 500℃时，试样 CuCrZr 和 CuCrZrCe1 的晶内存在一定程度的再结晶颗粒，试样 CuCrZr 的再结晶程度较 CuCrZrCe1 严重。试样 CuCrZrCe2 中未发现有再结晶现象。在 600℃时，试样 CuCrZr 和 CuCrZrCe1，再结晶程度严重，仅局部区域可见条带状组织。试样 CuCrZrCe2 也出现了大面积的再结晶相，但由冷变形所形成的条带状组织仍清晰存在。在 700℃时，试样 CuCrZr 和 CuCrZrCe1 的晶内组织已经开始长大，试样 CuCrZrCe2 也已完成再结晶行为。稀土 Ce 的存在可以提高 CuCrZr 合金的再结晶温度。

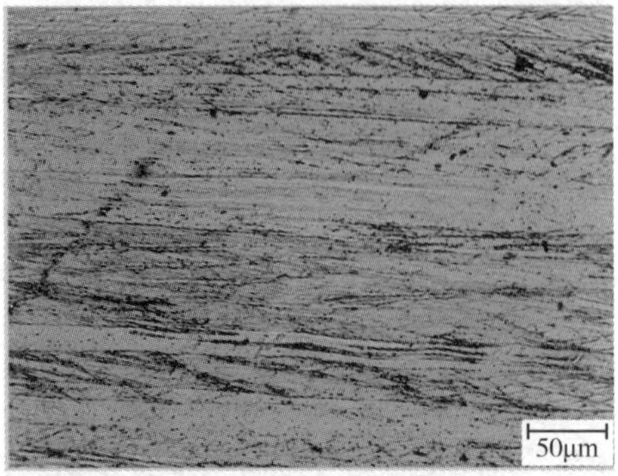

(a)试样CuCrZr在400℃的退火组织

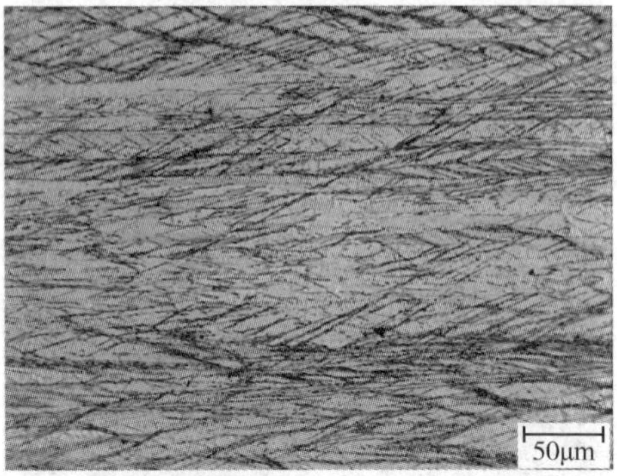

(b)试样CuCrZr在500℃的退火组织

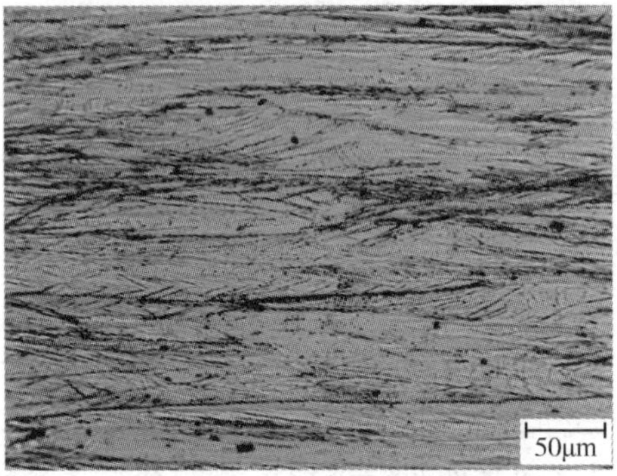

(c)试样CuCrZrCe1在400℃的退火组织

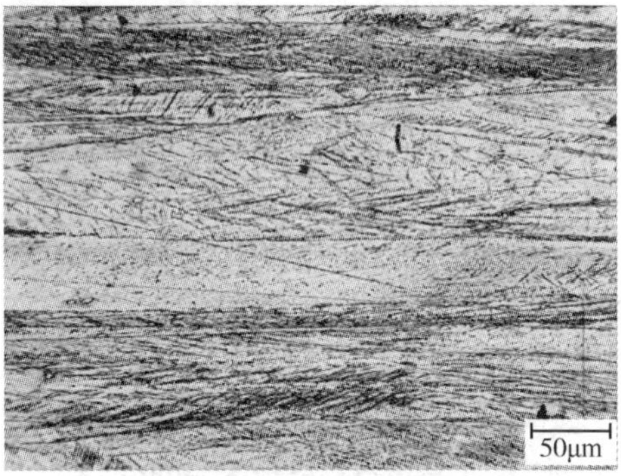

(d)试样CuCrZrCe1在500℃的退火组织

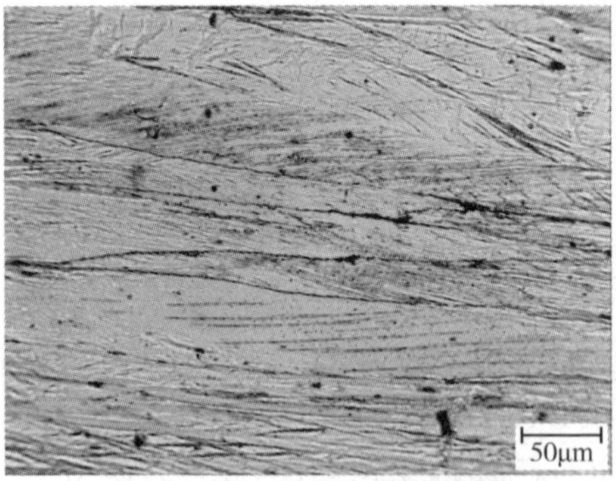

(e)试样CuCrZrCe2在400℃的退火组织

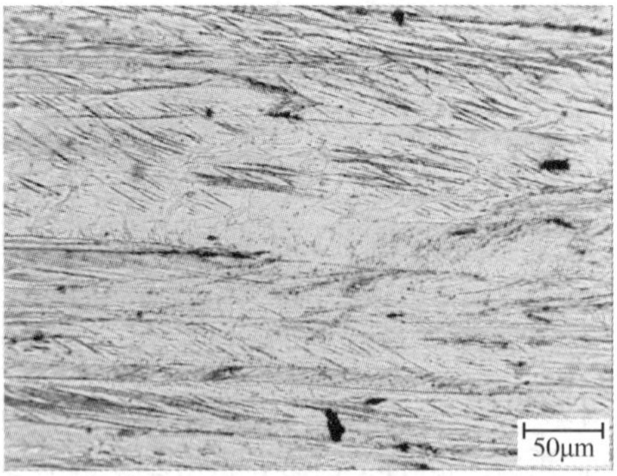

(f)试样CuCrZrCe2在500℃的退火组织

图 4-11　400℃和 500℃退火试样的金相组织

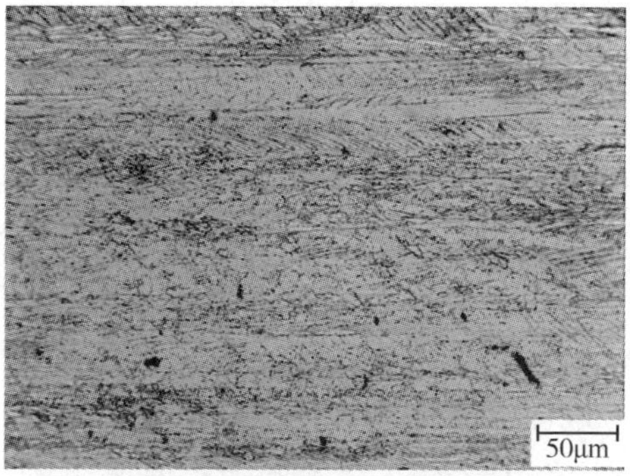

(a)试样CuCrZr在600℃的退火组织

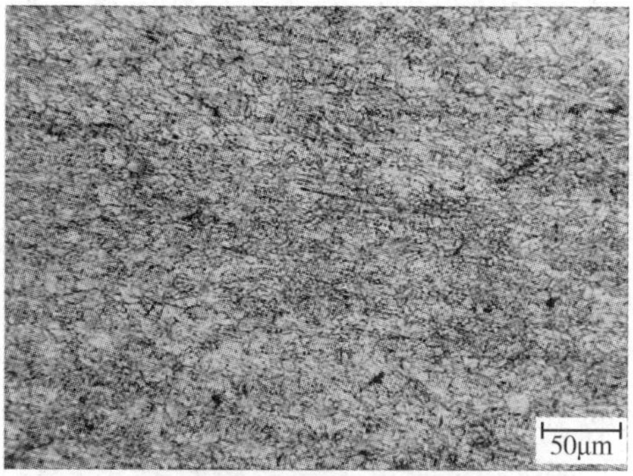

(b)试样CuCrZr在700℃的退火组织

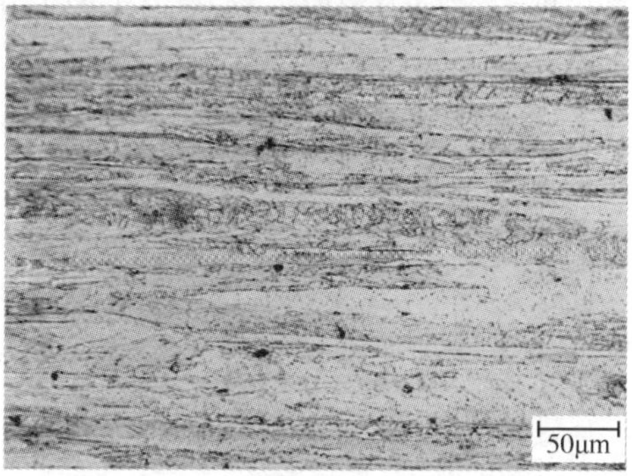

(c)试样CuCrZrCe1在600℃的退火组织

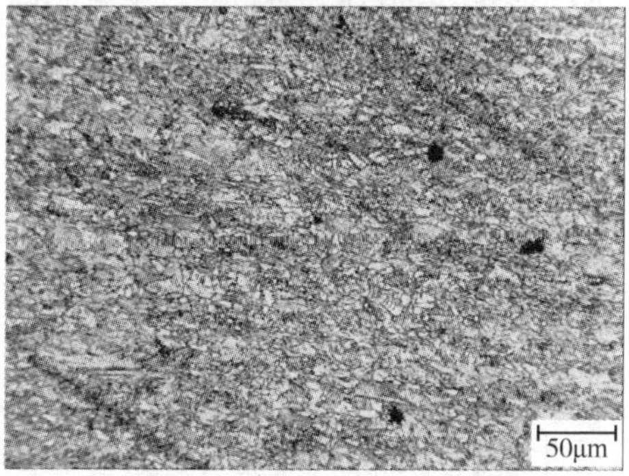

(d)试样CuCrZrCe1在700℃的退火组织

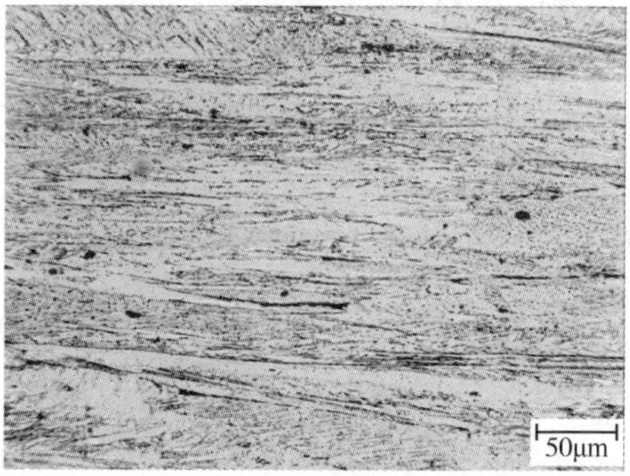

(e)试样CuCrZrCe2在600℃的退火组织

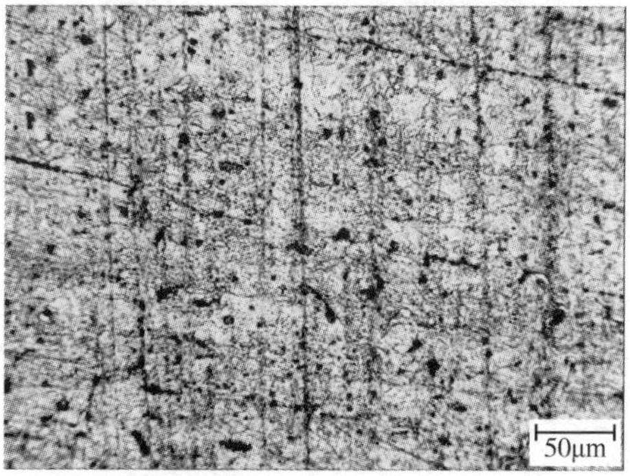

(f)试样CuCrZrCe2在700℃的退火组织

图 4-12　600℃和 700℃退火试样的金相组织

4.2.2　Ce 对 CuCrZr 合金抗软化性能的影响

图 4-13 所示为研究合金的软化曲线。对于未退火试样，含稀土元素的试样 CuCrZrCe1 和 CuCrZrCe2 的硬度值高于不含稀土元素的试样 CuCrZr 的硬度值，这表明稀土元素的添加有利于合金强度的提高。这与金相分析中的稀土元素的添加

有利于合金组织结构的细化相一致。对于退火试样，随着退火温度的升高，合金的硬度值逐渐下降；在 400℃时，合金硬度的下降值不超过 10%，但在 500℃后，合金硬度直线下降。对 500~700℃的三个点进行拟合，其拟合公式符合 $y=395-0.45x$(其中 x 为退火温度，y 为此温度下对应的硬度值)。相较于纯铜试样，稀土元素对合金的再结晶过程有明显的抑制作用，同时 Ce 对合金硬度的影响随着退火温度的升高逐渐减弱。

当退火温度为 600℃时，3 组研究试样的硬度值相差不多，基本上下降至原来的 70%。故此试验考察了当退火温度为 600℃，退火时间对材料硬度的影响情况。图 4-14 所示为含有较高稀土含量的试样 CuCrZrCe2 在不同退火时间下的硬度值。退火初期(0~20min)，合金的硬度降低较多，约为 20%；随着退火时间的增加(20~120min)，合金硬度的降低逐渐变缓。

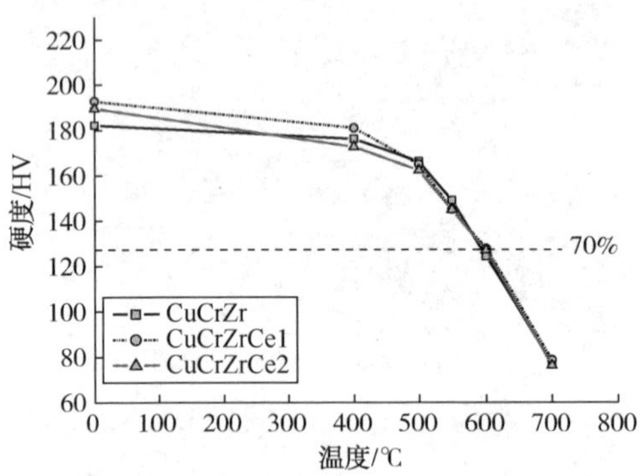

图 4-13　退火温度对硬度的影响情况

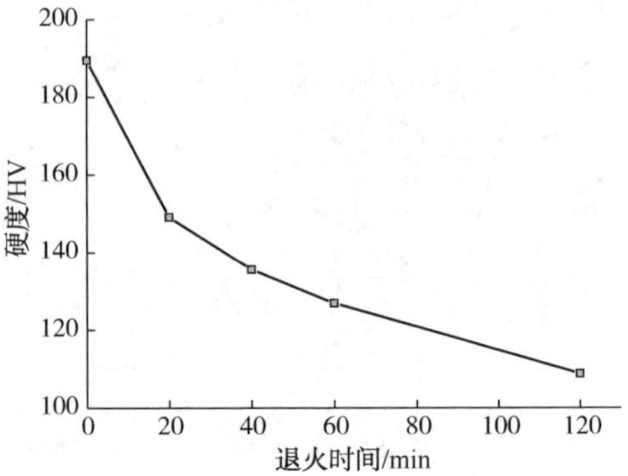

图 4-14　退火时间对硬度的影响情况

4.2.3　Ce 对退火 CuCrZr 合金化学稳定性的影响

Ce 的加入可以净化晶界，细化铜合金晶粒，同时适量 Ce 的加入可以提高铜合金的再结晶温度，改善合金退火后的晶粒尺寸，这必然影响退火合金的化学稳定性。因此，本小节以上节所述的退火 CuCrZr、CuCrZrCe1、CuCrZrCe2 合金为研究对象，调查了 Ce 的添加对退火 CuCrZr 合金界面电化学性能及合金耐蚀性的影响。

1. Ce 对退火 CuCrZr 合金电化学性能的影响

(1) 中性 NaCl 溶液

表 4-5 所示为退火前后 3 组试样在不同浓度的 NaCl 溶液中的开路电压。可以看出，因稀土元素净化了晶界，合金的开路电压不同程度的正移。退火处理增大了合金在 NaCl 溶液中腐蚀倾向，随着 NaCl 浓度的增加，这种倾向在逐渐减

弱。如表4-6所示，退火处理增加了合金在NaCl溶液中的电流密度值。对于未退火试样而言，稀土元素的添加提高了合金耐蚀性，而对退火试样而言，稀土元素对合金耐蚀性的提升作用，随着退火处理温度的升高而降低。从极化曲线(图4-15)上可以看到，研究试样经过650℃退火后，线性溶解区内CuCrZrCe1具有最低的腐蚀电流密度，但在试样表面形成沉积物后，CuCrZr试样和CuCrZrCe2试样电流密度相差不大。

表4-5 退火前后的3组试样在不同浓度的NaCl溶液中的开路电压 V_{SCE}

试样编号	0.01mol/L NaCl			0.1mol/L NaCl			1mol/L NaCl		
	原始	450℃	650℃	原始	450℃	650℃	原始	450℃	650℃
CuCrZr	-0.113	-0.213	-0.211	-0.226	-0.244	-0.254	-0.294	-0.277	-0.278
CuCrZrCe1	-0.080	-0.207	-0.199	-0.226	-0.231	-0.232	-0.281	-0.279	-0.268
CuCrZrCe2	-0.100	-0.221	-0.198	-0.219	-0.228	-0.239	-0.259	-0.278	-0.270

表4-6 试样在1mol/L NaCl溶液中的腐蚀电流值 A/cm^2

试样编号	未退火	退火$_{450℃}$	退火$_{650℃}$
CuCrZr	21.2×10^{-7}	3.259×10^{-6}	7.70×10^{-6}
CuCrZrCe1	1.494×10^{-7}	2.655×10^{-6}	3.376×10^{-6}
CuCrZrCe2	8.98×10^{-7}	3.227×10^{-6}	3.269×10^{-6}

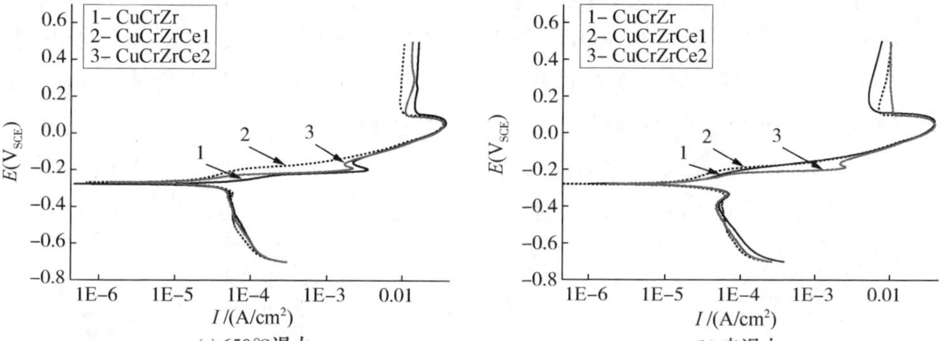

(a) 650℃退火

(b) 未退火

图4-15 试样在1mol/L NaCl溶液中的动力学极化曲线

为进一步调查退火试样表面的膜层质量及对腐蚀行为的影响，测试了退火试样在常温常压NaCl开放溶液中浸泡30d后的交流阻抗，结果如图4-16所示。测试条件如下：交流正弦激励信号为5mV，测试频率为$10^{-2}\sim10^{5}$Hz。可以看出，3组试样的阻抗曲线均由单容抗弧组成，在低频区未发现有扩散尾，说明在反应过程中只存在2个时间参数。由阻抗曲线的圆弧半径可以发现，650℃退火后，

CuCrZrCe1的成膜质量要优于试样 CuCrZr 与 CuCrZrCe2(试样 CuCrZr 的阻抗曲线与 CuCrZrCe2 试样的阻抗曲线基本重合)，这与前述的极化曲线结果相一致。

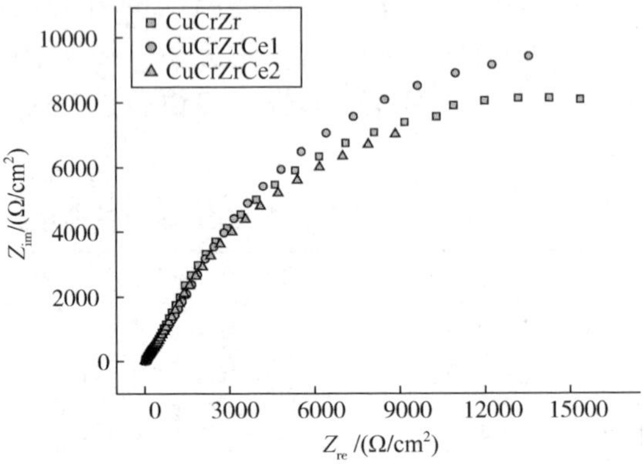

图 4-16　650℃退火试样在 1mol/L NaCl 溶液中浸泡 30d 后的交流阻抗曲线

（2）强酸强碱性溶液

图 4-17 所示为两组添加稀土元素的试样在 0.5mol/L HCl 溶液中的动力学极化曲线，表 4-7 所示为对应的腐蚀电位和腐蚀电流密度。可以看出，对于未退火试样，稀土元素的添加，降低了合金的耐蚀性，并随着稀土含量的增加，合金的耐蚀性进一步降低。但退火处理对添加了少量稀土的 CuCrZrCe1 的阳极溶解影响不大。初期腐蚀电流密度甚至有轻微降低。但随着腐蚀产物在试样表面附近的聚集，腐蚀电流密度降低。但 650℃退火试样的阳极电流密度却显著高于其他二者。说明 650℃的退火处理对试样表面的膜层有不利影响。对于稀土含量较多的 CuCrZrCe2，低温的退火对试样几乎没有多大影响，两组试样的极化曲线几乎重合在一起。随着退火温度升至 650℃，阳极电流密度增加迅速。从上述分析可以看出，高温退火会对 CuCrZr 系列材料的耐蚀性产生不利。

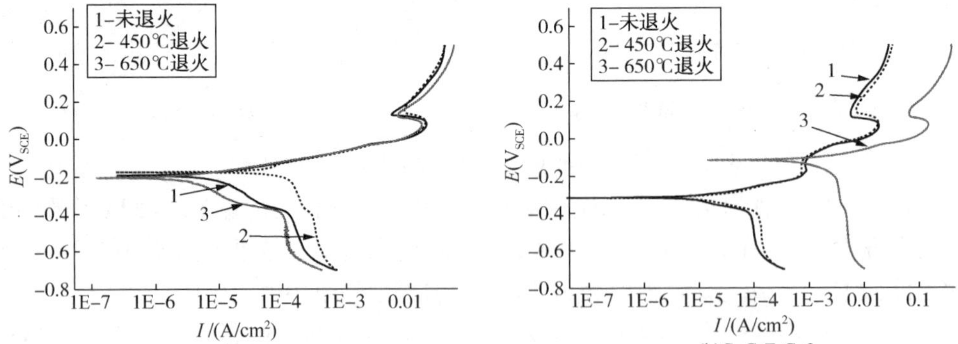

(a)CuCrZrCe1　　(b)CuCrZrCe2

图 4-17　试样在 HCl 溶液中的极化曲线

表 4-7　试样在 HCl 溶液中的开路电压和腐蚀电流值

试样编号	未退火		450℃退火		650℃退火	
	E_{corr}(V_{SCE})	I_{corr}/(A/cm^2)	E_{corr}(V_{SCE})	I_{corr}/(A/cm^2)	E_{corr}(V_{SCE})	I_{corr}/(A/cm^2)
CuCrZr	−0. 191	4. 48×10^{-6}	−0. 194	4. 596×10^{-6}	−0. 298	10. 056×10^{-6}
CuCrZrCe1	−0. 192	4. 699×10^{-6}	−0. 175	3. 789×10^{-6}	−0. 205	1. 609×10^{-6}
CuCrZrCe2	−0. 316	4. 989×10^{-6}	−0. 317	7. 047×10^{-6}	−0. 116	65. 072×10^{-6}

图 4-18 所示为两组试样在 NaOH 溶液中的极化曲线。表 4-8 所示为极化曲线中提取的参数。可以看出，稀土元素的添加与否及是否进行退火处理对合金在 NaOH 溶液中的耐蚀性影响不大。

通过以上的实验结果可以看出，退火处理对合金耐蚀性的影响不仅同腐蚀环境有关，还同稀土元素的添加情况有关。在 NaCl 溶液中，退火处理降低了合金的耐蚀性，而稀土元素的添加却降低了这一趋势。在 HCl 溶液中，适量的稀土元素可以降低退火处理对材料的破坏作用，而过量的稀土元素则加剧了这一破坏作用。在 NaOH 溶液中，稀土元素的存在降低了退火对材料的破坏作用。

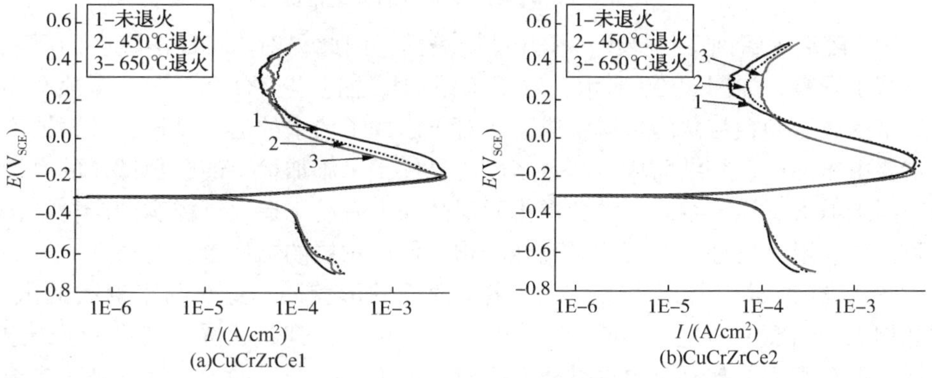

图 4-18　试样在 NaOH 溶液中的极化曲线

表 4-8　试样在 NaOH 溶液中的开路电压值和腐蚀电流值

试样编号	未退火		450℃退火		650℃退火	
	E_{corr}(V_{SCE})	I_{corr}/(A/cm^2)	E_{corr}(V_{SCE})	I_{corr}/(A/cm^2)	E_{corr}(V_{SCE})	I_{corr}/(A/cm^2)
CuCrZr	−0. 302	4. 578×10^{-6}	−0. 306	5. 101×10^{-6}	−0. 307	4. 838×10^{-6}
CuCrZrCe1	−0. 301	3. 323×10^{-6}	−0. 306	2. 997×10^{-6}	−0. 307	2. 844×10^{-6}
CuCrZrCe2	−0. 301	2. 957×10^{-6}	−0. 305	2. 769×10^{-6}	−0. 306	2. 682×10^{-6}

2. Ce 对退火 CuCrZr 合金耐蚀性的影响

图 4-19 所示为合金在溶液中浸泡 30d 后的失重情况。图 4-19(a)是两个退

火温度下的试样在 1mol/L HCl 溶液中的失重情况，图 4-19(b)是退火样在 1mol/L NaOH 溶液中的失重情况。由图 4-19(a)可知，退火处理降低了合金在 HCl 溶液中的耐蚀性。对于测试的 3 组试样，稀土元素的添加对合金在 HCl 溶液中耐蚀性的改善作用随着退火工艺的进行而削弱。对于 NaOH 溶液，退火处理对合金的耐蚀性影响不大，稀土元素的添加降低了退火处理对合金耐蚀性的破坏作用。

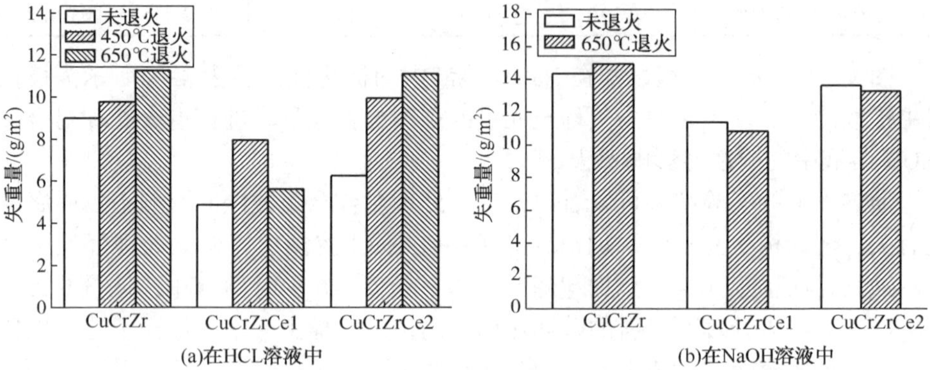

图 4-19　试样在浸泡后的失重情况

HCl 溶液中腐蚀产物极少沉积在试样表面，因此只对 NaOH 溶液中的腐蚀产物进行了观察。如图 4-20 所示，对于未添加稀土的退火合金而言，腐蚀产物层由致密的底层和颗粒状的顶层组成，但对于添加了稀土的退火试样，其腐蚀产物层主要由腐蚀产物胶结而成，其致密度明显优于未添加稀土的合金试样的腐蚀产物。同未退火试样的结果一样，稀土元素的加入有助于退火试样腐蚀产物结构层的致密化。退火处理显著细化了腐蚀产物，使产物层的结构更为致密。

图 4-21 所示为 CuCrZrCe1 试样在腐蚀后的形貌图。退火与未退火的试样，腐蚀均以均匀腐蚀为主，不同的是，对于退火试样，其腐蚀坑的尺寸小于未退火试样，但在密度上却高于退火试样。同时，退火试样的腐蚀均匀度远高于未退火试样。这与退火的消除应力有关。

对于未退火试样，稀土元素的添加净化了晶界，降低了材料表面的电化学不均匀性，有利于合金耐蚀性的提高。对于 CuCrZr，退火使得合金的耐蚀性降低，且随着退火温度的升高耐蚀性降得更低。当合金发生再结晶行为时，由于稀土元素的存在提高了合金的再结晶温度，不利于晶粒的细化和偏聚，所以就导致了再结晶过程中，稀土元素的添加缓解了耐蚀性降低的趋势。对于过量的稀土元素，不利于合金在 HCl 溶液中耐蚀性提高这一现象。主要是因为过量的稀土元素不管是否进行再结晶行为，其都将偏聚于晶界，且随着再结晶行为的进行，偏聚现象更为严重，增加了晶界与晶内的电压差，提高了合金的腐蚀速率。所以，稀土含量多的合金较稀土含量少的合金因退火工艺的进行腐蚀速率增长得更快。

(a)未退火的CuCrZr　(b)650℃退火的CuCrZr

(c)未退火的CuCrZrCe2　(d)650℃退火的CuCrZrCe2

图 4-20　试样在 NaOH 溶液中的腐蚀产物形貌

(a)未退火　(b)650℃退火

图 4-21　试样在 NaOH 溶液中腐蚀后的形貌

将退火试样浸泡在 HCl 溶液中时，由于在试样表面的腐蚀产物堆积很少，不能有效地阻止反应进行，所以金属表面会以电化学方式源源不断地进行下去。由于退火处理增加了材料表面的腐蚀电流，所以对退火试样而言，其失重量都将高于未退火试样。但当将试样浸泡在 NaOH 溶液中时，由于 NaOH 溶液中不利于氧的溶解，所以其实际反应速率会低于在 HCl 溶液中的反应速率。对于浸泡试样而言，由于其腐蚀环境相对静止，腐蚀产物易于在试样表面沉积。所以，决定合金腐蚀性能好坏的关键就在于试样表面膜的质量。电化学研究表面，退火处理不利于合金耐蚀性的提高。同时，退火试样表面膜的质量显著高于未退火试样，所以退火试样具有较低的失重量。

本章小结

冷变形后的合金处于热力学不稳定状态，在较高的服役温度下合金的力学性能会出现不同程度的退化。本章主要讨论了退火制度对 CuCr 合金及含稀土 CuCrZr 合金组织结构、力学性能和化学稳定性的影响。得到主要结论如下：

（1）微量 Cr 能够明显提高 CuCr 合金的软化温度和耐热性能，而且随着退火温度的升高，各组试样再结晶完成所需时间变短。

（2）对于 CuCr 合金而言，在中性 NaCl 溶液中，退火处理降低了合金对 Cl^- 浓度改变的敏感性，随着退火温度的升高，合金腐蚀电流密度增加的趋势减缓。在 HCl 溶液中，退火提高了纯铜的腐蚀电流，减低了合金的耐蚀性。在 NaOH 溶液中，退火工艺对合金的腐蚀电流影响不大，但因退火处理细化了合金表面的腐蚀产物，使产物层的结构更为致密。因此，在 NaOH 溶液中，合金的耐蚀性却因退火工艺的进行而提高。

（3）稀土元素 Ce 的加入可以提高 CuCrZr 合金的再结晶温度，而 Ce 对合金硬度的影响随着退火温度的升高而弱化。

（4）在 NaCl 溶液中，稀土元素的存在降低了退火对合金耐蚀性的破坏作用。在 HCl 溶液中，适量的稀土元素可以降低退火行为对材料的破坏作用，而过量的稀土元素则加剧了这一破坏作用。在 NaOH 溶液中，稀土元素的存在降低了退火对材料的破坏作用。

参 考 文 献

[1] 马壮，张连勇，赵越超．稀土元素在纯铜中的分布及对铸态组织的影响[J]．有色金属，2002，6：41-44.

[2] FILIP O，E1-AZIZ A M，HERMANN R，et al. Effect of Al additives and annealing time on microstructure and corrosion resistance of Nd-Fe-B alloy[J]. Materials Letters，2001，51(1)：213-218.

[3] KIM T K, CHOI B N, JEONG Y H, et al. Effect of annealing on tensile property and corrosion behavior of Ti-Al-Zr alloy[J]. Journal of Nuclear Materials, 2002, 301(2/3): 81-89.

[4] WANG X F, WU X Q, LIN J G, et al. The influence of heat treatment on the corrosion behavior of as-spun amorphous $Al_{88}Ni_6La_6$ alloy in 0.01M NaCl solution[J]. Materials Letters, 2007, 61(8-9): 1715-1717.

[5] 罗兵辉，单毅敏，柏振海. 退火温度对淬火后冷轧 5083 铝合金组织及腐蚀性能的影响[J]. 中南大学学报，2007，38(5)：803-809.

[6] 邱海昌，桑丽萍. 退火处理对 Re0.92Mg0.08Ni2.81Mn0.10Co0.51Al0.11 储氢合金电化学性能的影响[J]. 燕山大学学报，2005，29(5)：451-454.

[7] 张雅妮，朱杰武，郑茂盛，等. 退火对铬青铜在氯化钠溶液中电化学性能的影响[J]. 腐蚀与防护，2010，31(1)：51-54.

[8] 张雅妮，朱杰武，郑茂盛，等. 含 Ce 的 CuCrZr 合金退火前后在氯化钠溶液中的电化学性能[J]. 材料保护，2010，43(1)：16-18.

[9] 徐长征. 高性能铬青铜的热处理与超细晶强韧化[D]. 西安：西安交通大学，2007.

[10] 刘淑云. 铜及铜合金热处理[M]. 北京：机械工业出版社，1990.

5 变形工艺对铬青铜性能的影响

实践证明冷变形工艺的合理利用可以大大提高合金的强度。这是由于冷变形会使合金内部位错密度增大，大密度的位错易于在运动过程中彼此交截，形成割阶，减小位错的可动性。同时位错交互作用后所形成的位错缠结，使位错运动困难，从而提高铜的抗拉强度。实验结果表明纯铜材料在经过合理的冷变形后，其抗拉强度可以从软态时的 230～240MPa 增加到变形后的 350～400MPa。不利的方面在于材料的塑性会随着变形量的增加而减小，同时也会使铜的电导率有所下降。尽管如此，冷加工工艺仍是目前提高材料强度的一种极其有用的方法。

5.1 预变形对 Cu-Cr 合金性能的影响

一般在固态相变条件下，析出相易于不均匀形核，使均匀弥散分布遇到一定困难。析出相易于在晶界、位错等除非均匀形核。因此，增大晶界、位错的含量，可以有效改善析出过程。Cu-Cr 合金固溶处理过程中 Cr 元素在 Cu 基体中形成过饱和固溶体，此时整个体系处于高度热力学亚稳状态，为 Cr 的时效析出提供了很高的化学势能。时效析出后，弥散分布的 Cr 相极大提高了合金的力学性能。但 Cr 相的析出过程及析出强化效果受合金微观组织因素的影响，如位错、缺陷和晶粒尺寸等。因此，可以通过调整前期加工处理工艺来提高时效强化效果。冷形变引入的高密度位错不仅可使合金得到加工硬化，而且可加速扩散、促进析出过程，使析出硬化程度大幅度提高。

5.1.1 预变形对合金组织结构的影响

研究材料为半连续铸造 Cu-0.6Cr(质量分数)合金，半连续铸造所得铸锭经均匀化处理后，通过热挤压将其挤成铜棒；热挤压铜棒固溶后，冷轧变形量为 10%～90%(真应变 0.11～2.30)，研究预冷变形量对合金时效析出行为的影响。在 HV-5 型小负荷维氏硬度仪上测量硬度，每个试样测量不少于 10 次。

图 5-1 所示为试样时效后微观组织的光学显微形貌。470℃时效 60min 后，40%冷变形合金仍然保持冷变形后的形貌，晶粒沿轧制方向伸长，没有看到明

显的再结晶迹象[图 5-1(a)]。80%冷变形合金 470℃时效 10min 后，大变形后纤维状的组织仍然可见，伸长的晶粒仍然沿相同方向，表明其变形组织没有发生大的变化，但是很多细小的多边形亚结构沿着晶界边缘形成，这些颗粒的分布并不同向，表明它们应该是一些新的晶粒，此时已经完成形核，但还没有长大[图 5-1(b)]；时效 60min 后，组织发生了明显的变化，大变形纤维组织已经消失，大量新的再结晶晶粒已经沿着初始晶界形成，相比于图 5-1(b)中时效 10min，再结晶晶粒尺寸也已经明显变大[图 5-1(c)]，从数量和体积分数上看，再结晶已经完成了大部分。80%冷变形合金 500℃时效 20min 后，除比较粗大变形不彻底的晶粒附近外，再结晶过程就已经进行的比较完全[图 5-1(d)]，且粒度尺寸已经明显大于图 5-1(c)中 470℃时效 60min 后的再结晶晶粒。

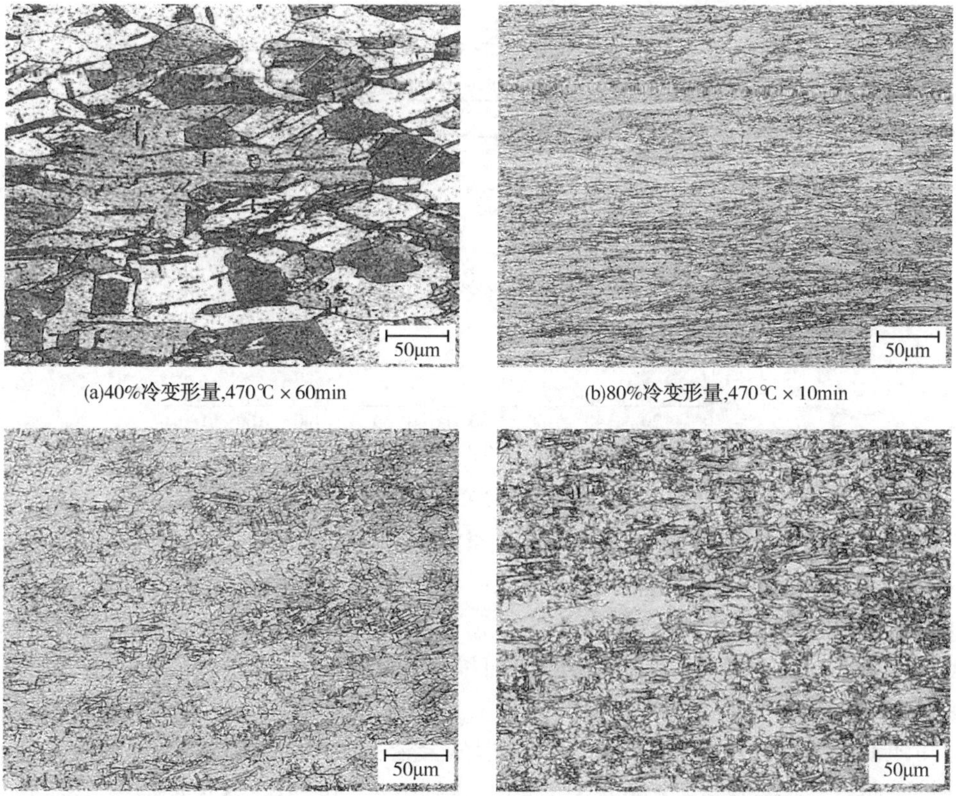

(a)40%冷变形量,470℃ × 60min　(b)80%冷变形量,470℃ × 10min

(c)80%冷变形量,470℃ × 60min　(d)80%冷变形量,500℃ × 20min

图 5-1　Cu-0.6Cr 合金时效后光学显微镜形貌

5.1.2 预变形对合金力学行为和导电性的影响

图 5-2 所示为不同变形量的 Cu-0.6Cr 合金在 470℃时效后硬度随时间的变化情况。可以看出，随着时效时间的延长，预冷变形合金的硬度变化情况和未变形合金有所不同。未冷变形直接时效合金的硬度持续增长，直到 180min 时才稍有下降。预冷变形合金硬度变化基本可分为三个阶段：时效初期略有下降(10~20min 前)；随后有明显上升(40~60min 前)，直到时效峰值为止；之后又缓慢下降，下降速度随着变形量增加而增加。另外，变形量小于 50%时，预冷变形量大的试样基本上在整个时效过程中硬度都要高于预冷变形量小的试样；变形量大于 50%时，情况有所不同，时效峰值以后，预冷变形量大的试样其硬度随着时间明显降低。

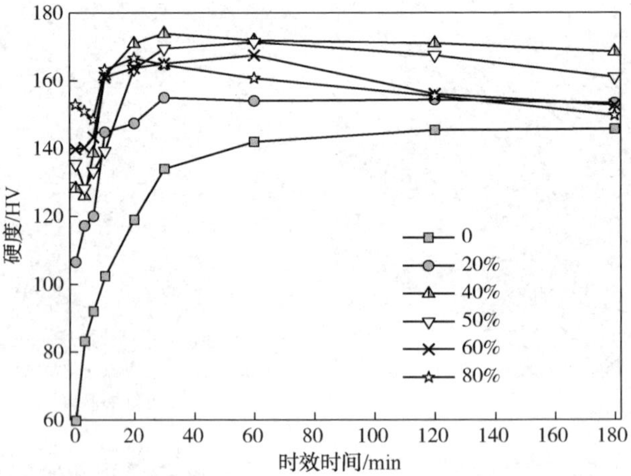

图 5-2　不同变形量 Cu-0.6Cr 合金 470℃时效硬度随着时间的变化

图 5-3 所示为不同变形量的 Cu-0.6Cr 合金在 470℃时效后电导率随着时间的变化情况。时效初期，随着时间的延长各变形量合金电导率快速上升，上升速度随着变形量增加而增加，但当变形量大于 60%时，初期电导率增长速度有所减缓。电导率峰值也随着变形量的增加而增加，60%变形量时达到最大值 84.2% IACS，之后随着变形量增加电导率峰值有所下降。同时，达到电导率峰值的时效时间随着变形量的增加而缩短，0 冷变形量合金在 180min 以后还呈现缓慢上升的趋势，而冷变形合金在 120min 之前就已达到电导率峰值。这说明冷变形加快了合金的析出速度，并使析出更加彻底，提高了电导率峰值；但这种随着变形量增加而变化的趋势有先升后降的特征，60%变形量左右达到极值，冷变形大于 60%时，电导率的上升速度和峰值有所下降，这也是析出和再结晶过程相互影响的结果。

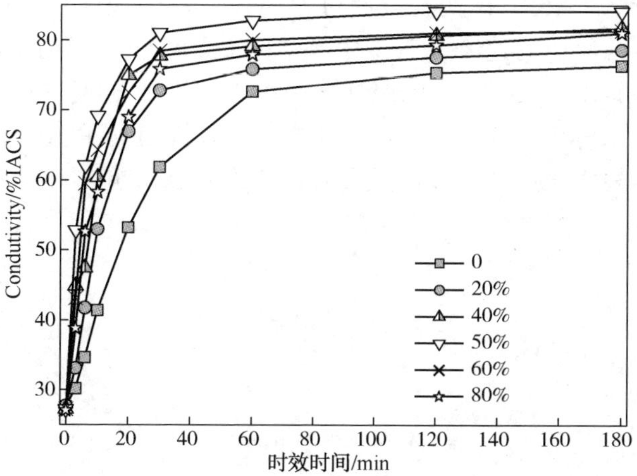

图 5-3 不同变形量 Cu-0.6Cr 合金 470℃时效电导率随着时间的变化

5.1.3 预变形对合金电化学性能的影响

实验材料的成分及工艺见表 5-1。采用电化学测试技术研究了预变形对铜合金电化学性能的影响。

表 5-1 研究材料的成分及工艺

编号	成分	工艺
A#	Cu-0.70Cr	固溶+冷轧+时效+冷轧
CA#	Cu-0.70Cr	热轧+固溶+冷轧+时效+冷轧

图 5-4 所示为预热轧对合金电化学性能的影响。可以看出，两组试样的极化曲线活化溶解部分几乎重合在一起，说明预热轧对合金的电化学性能影响不大。但当外加电压增至 0.1V 时，CA#的腐蚀电流密度低于 A#试样的腐蚀电流密度，预热轧试样表面聚集层的致密度较未预轧试样的略好。

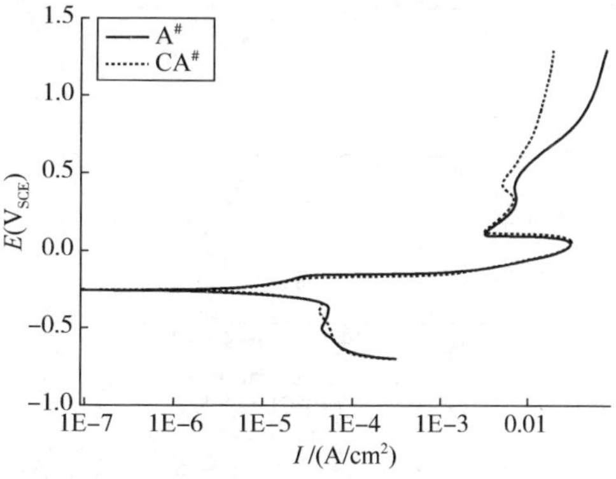

图 5-4 预热轧对合金电化学性能的影响

图 5-5 所示为热轧试样在 NaCl 溶液中的交流阻抗曲线，其中图 5-5(a)所示是研究试样光洁表面的阻抗曲线，图 5-5(b)是试样在 1mol/L 的 NaCl 溶液中浸泡 30d 后试样表面所测的阻抗曲线。图 5-5 中两组曲线均由单一的容抗弧组成，且图 5-5(b)容抗弧半径远小

于图 5-5(a)容抗弧半径，说明在浸泡过程中在试样的表面形成了一层致密的保护膜，降低了腐蚀反应的速率。对于图 5-5(a)而言，容抗弧的半径代表合金的腐蚀电阻。可以看出，试样 CA#的腐蚀速率小于试样 A#的腐蚀速率，这与极化曲线的结果相一致。对于图 5-5(b)，两组试样的容抗弧几乎重合在一起，这就表明预热轧对试样表面长期产物膜的质量几乎没有什么影响。

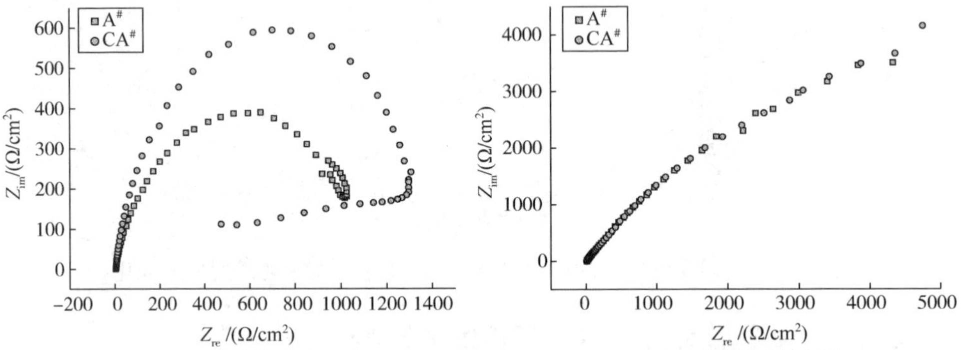

(a)光洁表面　(b)含腐蚀产物表面

图 5-5　试样在 1mol/L NaCl 溶液中的交流阻抗曲线

图 5-6 展示了预热轧合金在 1mol/L HCl 溶液和 1mol/L NaOH 溶液中的动力学极化曲线，表 5-2 所示为极化曲线对应的电化学参数。在 HCl 溶液中，两组研究试样的阳极曲线基本重合，腐蚀电流密度仅相差 1.24×10^{-6} A/cm²。在 NaOH 溶液中，初期两组研究试样的腐蚀速率相差不大，随着腐蚀产物在试样表面的聚集，阳极腐蚀电流降低，CA#试样的下降幅度略高于 A#试样的下降幅度。说明预热轧处理合金试样表面膜层质量有轻微的提升作用。

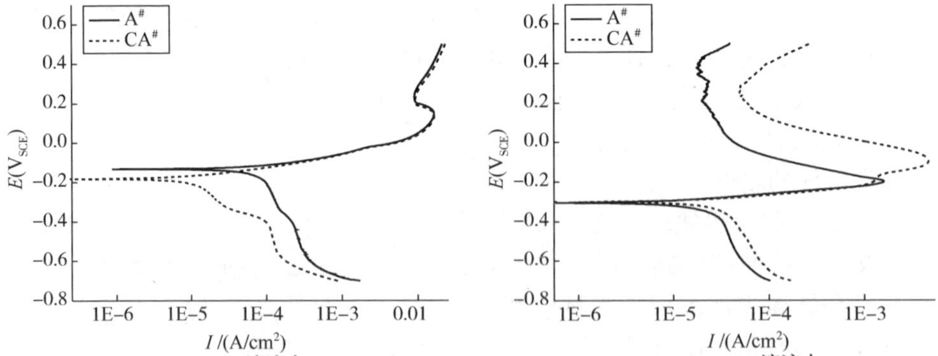

(a)HCl溶液中　(b)NaOH溶液中

图 5-6　合金在溶液中的动力学极化曲线

表 5-2 合金在溶液中的开路电压与腐蚀电流值

试样编号	HCl		NaOH	
	$E_{corr}(V_{SCE})$	$I_{corr}/(A/cm^2)$	$E_{corr}(V_{SCE})$	$I_{corr}/(A/cm^2)$
A#	-0.133	7.23×10^{-6}	-0.306	2.48×10^{-6}
CA#	-0.182	5.99×10^{-7}	-0.302	3.817×10^{-6}

总体而言，预热轧对合金耐蚀性影响不大。从电化学测试结果看，预热轧对合金的耐蚀性有利。这可能与预热轧时合金元素更易析出，呈更均匀分布有关。均匀分布的合金元素降低了试样表面微电池阴阳极间的电位差，使腐蚀电流密度降低所致。

5.2 加工硬化对 Cu-Cr 合金性能的影响

金属在塑性变形时，晶粒发生滑移，出现位错的缠结，形成割阶、位错锁和胞状结构等，使位错滑移阻力增大，宏观上表现为材料的强度提升。金属材料在再结晶温度以下塑性变形时强度和硬度升高，而塑性和韧性降低的现象，称为加工硬化。为使铜合金同时具有高强度和高导电性，加工硬化和时效析出强化是最为有效的强化手段。比如，Cu-Fe-P 系引线框架材料，时效强化硬度提高仅有 10~20HV，而加工硬化硬度提高可达 35~45HV，并且由加工硬化所引起的导电率下降仅有 3%IACS。

5.2.1 冷变形程度对合金的组织结构的影响

图 5-7 所示为 Cu-0.36Cr 合金经 470℃×4h 时效后，再经不同变形量的冷轧塑性变形后的金相及 TEM 组织形貌。经塑性变形后，Cu-0.36Cr 合金的微观组织发生了明显的变化，各晶粒中出现了大量的滑移带，晶粒形状也逐渐发生了变化。随着变形量的增加，固溶+时效处理后的等轴晶粒沿变形方向逐渐伸长；变形量越大，晶粒伸长的程度也越明显；当变形量继续增加时(如冷变形 80%)，各晶粒已不能十分清晰地辨别开，呈现出纤维状的组织特征，纤维分布方向和金属流变伸展的方向一致。

金属晶体的塑性变形是借助位错在应力作用下不断地增殖和运动而进行的。因此，塑性变形的低应变阶段，晶粒中就已经产生了大量的位错，随着变形量增大，位错密度迅速提高，大变形量后可从退火态的 $10^6\sim10^7/cm^2$ 增至 $10^{11}\sim10^{12}/cm^2$。对变形合金利用 TEM 进行分析，如图 5-7(d)、(f)、(h)所示。在应变比较低的变形阶段，位错比较零乱地分布在基体上，并逐步形成位错缠结，如图 5-7(d)所示；随着变形量增加，就形成胞状亚结构，变形晶粒由大量胞状组织组成，胞之间有比较微小的取向差，高密度的位错缠结集中在胞的四周边缘形成胞壁，胞内位错密度比较低，如图 5-7(f) 所示。变形量越大，胞状组织数量越多，尺寸越细小，胞间取向差也就越大。经过大的塑性变形后，其晶粒变为排列细密的长条状的变形晶粒结构，如图 5-7(h) 所示。另外，由于所列 TEM 组织图像放大倍数较低，观察不到析出相和位错间的相互作用。

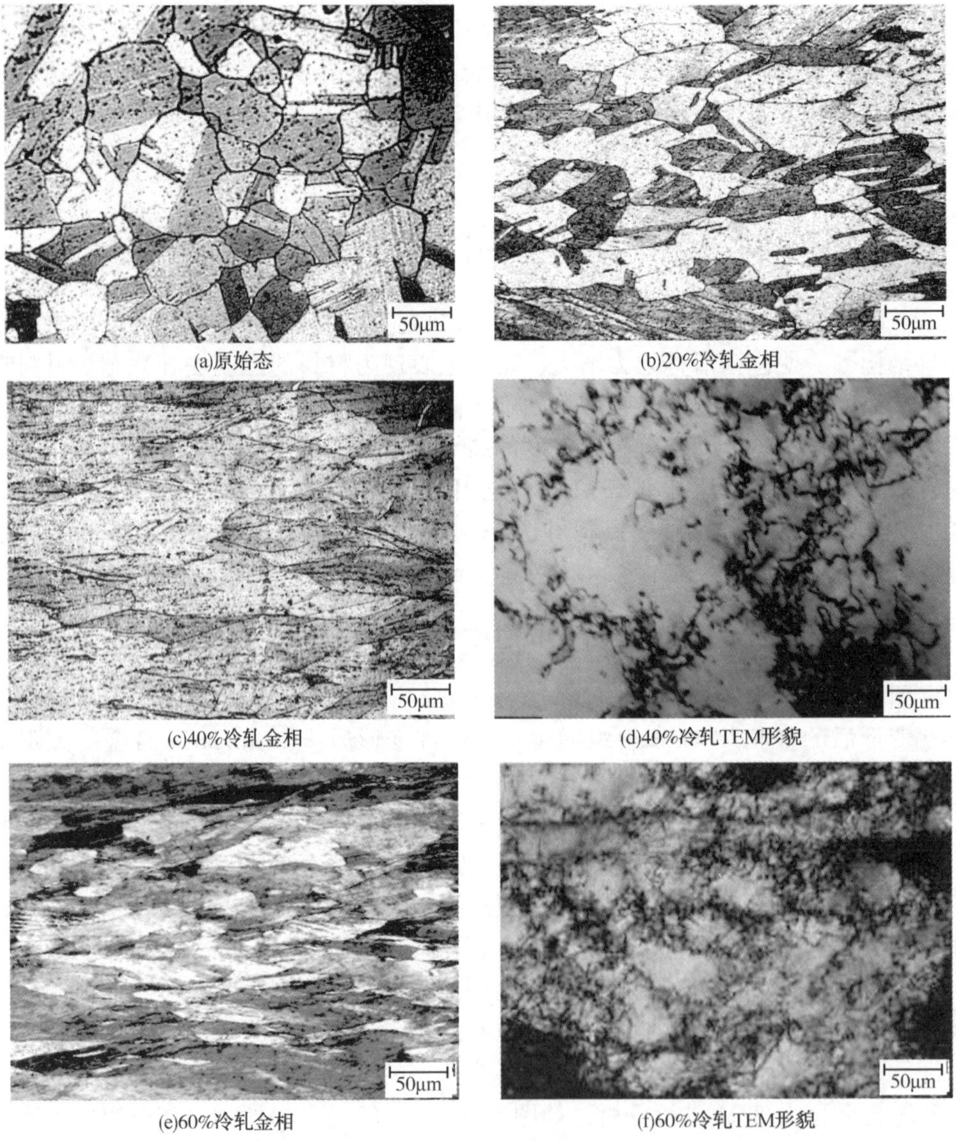

图 5-7　Cu-0.36Cr 合金经不同变形量冷轧后金相组织及 TEM 形貌

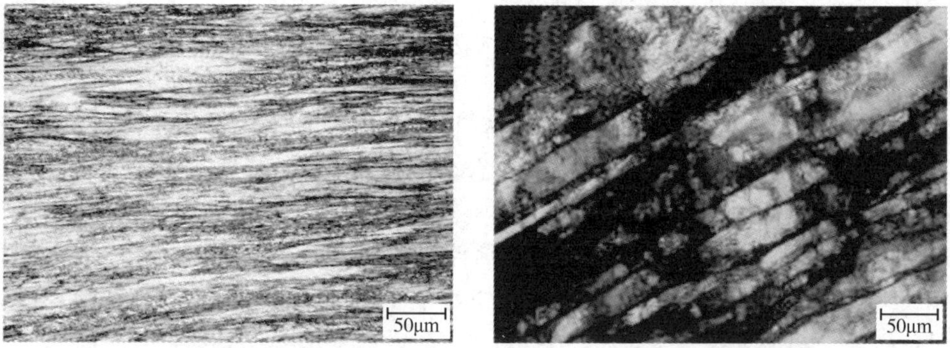

(g)80%冷轧金相　　(h)80%冷轧TEM形貌

图 5-7　Cu-0. 36Cr 合金经不同变形量冷轧后金相组织及 TEM 形貌(续)

5. 2. 2　加工硬化对合金导电性和硬度的影响

对合金进行冷加工，形成大量的高密度位错和亚晶，通过亚结构强化进一步提高合金强度。冷加工产生的各种晶体缺陷虽然会使合金电导率有所降低，但在随后的时效过程中会发生回复、再结晶，使电导率部分或全部恢复。冷拉工艺提高合金强度更重要的原因在于它和随后的时效工艺相结合(形变热处理)，能够促进 Cr 及其化合物沿位错析出，通过沉淀强化提高合金强度。

图 5-8 所示为经不同时效工艺处理的 Cu-0. 36Cr 合金的硬度和电导率随着冷轧变形量的变化情况。可以看出，当变形量增加时，440℃×4h、550℃×4h 时效后的试样，其硬度上升趋势缓慢，加工硬化效应不如另外两组试样明显。而 470℃×4h 和 500℃×4h 加工硬化效果稍好，随着变形量的增加，其硬度增量较大，加工硬化效应非常显著，二者强化效果基本相当。各合金的电导率均随着变形量的增加略有降低，尤其是冷变形量大于 40%后，电导率降低的比较明显，但

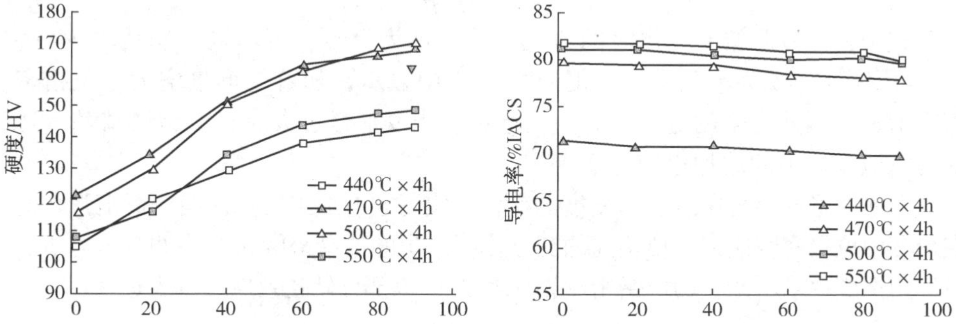

图 5-8　时效 Cu-0. 36Cr 合金硬度及电导率随冷变形量的变化

在80%冷变形量和90%冷变形量情况下相比，导电率变化不大，此时位错等缺陷的增殖可能已趋于饱和，对电导率的影响程度趋缓。但总体而言，电导率受冷轧变形的影响在3%IACS左右。

图5-9所示为470℃×4h时效处理后的Cu-0.36Cr合金经不同程度冷轧变形后的强度与塑性变化情况。可以看出，合金经冷加工变形后强度显著提高，屈服强度提高得更为迅速，产生了明显的加工硬化。但延伸率及断面收缩率随着变形量增加急剧降低，90%冷变形量合金延伸率仅有4.2%。综合考虑，加工硬化Cu-0.36Cr合金的冷变形量不宜超过80%，否则将会以其韧性的急剧衰减为代价。

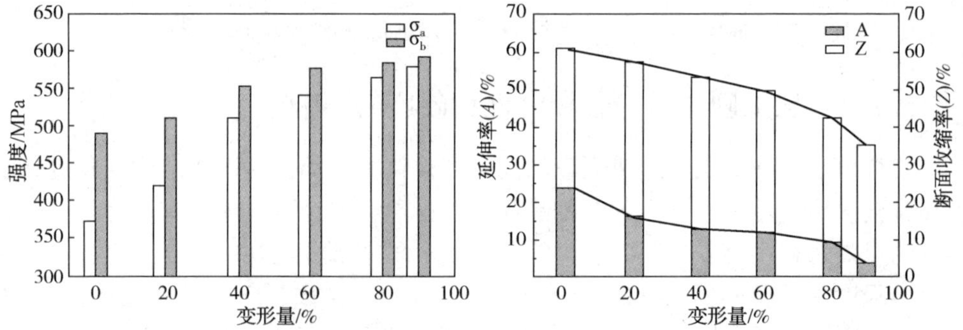

图5-9　时效Cu-0.36Cr合金强度及塑性随冷变形量的变化

加工硬化是材料抵抗塑性变形的一种力学性能，主要是在塑性变形过程中由于位错交互作用，形成割阶、位错锁和胞状结构等阻碍，使位错滑移阻力增大而产生硬化，其流变应力大大提高的过程。铜合金的加工硬化可采用位错机制进行分析。

Baily-Hirsch式给出了位错阻力与位错密度间的关系：

$$\tau=\tau_0+\alpha\mu b\rho^{1/2} \tag{5-1}$$

式中，τ_0为无加工硬化时的流变应力；α为常数，视不同材料为0.3~0.5；μ为切变模量；b为泊氏模量。正如图5-7中显示，随着变形量增大，位错密度急剧增加，因此合金的流变应力随之增加；当变形量过大时，位错增殖基本达到平衡，流变应力的增加也随之变缓。

金属在形变过程中，位错密度的变化决定了它的加工硬化性能。析出强化合金在形变中位错密度应来自位错间的交互作用产生的位错密度ρ_S和协调基体与析出相不均匀性变要求所产生的位错密度ρ_G。因此，该部分硬化效应可以表达为：

$$\tau_G=\tau_0+c\mu b\left(\frac{fb\gamma^{1/2}}{r}\right) \tag{5-2}$$

析出相通过产生高密度的协调位错进一步强化合金也可以利用Hall-Petch关

系式进一步解释，此时 Hall-Petch 关系式中的晶粒直径 d 可以理解为胞状位错组织的间距，通过析出相可以获得更为细密的胞状组织，并使高位错密度的胞壁更为稳定，从而使合金具有更高的强度。

对于导电率，由金属电子理论可知，当电子波通过理想晶体点阵（绝对零度下）时将不受散射，此时电阻为零。在晶体点阵完整性遭到破坏的地方，电子会受到散射，如晶体中的异类原子、位错、界面、空位等均可造成其导电率的下降。在塑性变形过程中，增加变形量，位错密度增加，造成点阵电场不均匀，加剧对电子的散射，造成导电率的平缓减小。冷加工产生的各种晶体缺陷虽然会使合金电导率有所降低，但在随后的时效过程中会发生回复、再结晶，使电导率部分或全部恢复。

5.2.3 加工硬化对合金化学稳定性的影响

关于变形对材料耐蚀性的影响，中外学者已经进行了一定程度的研究。赵佩文等研究了冷轧变形量对 Ti425 钛合金耐蚀性能的影响。研究表明，不同变形量试样的腐蚀严重程度及抗应力腐蚀性能遵循 50%变形量试样<40%变形量试样<未变形试样<20%变形量试样<30%变形量试样。赵满等针对 2024 铝合金拼焊接头腐蚀性能的研究结果也证明了类似规律。耐蚀性为：未变形试样>变形量为 7%的试样>变形量为 10%的试样>变形量为 4%的试样。而“拐点”的出现与塑性变形对杂质相的影响有关。杂质相化学活性低，在未变形时颗粒较大，发生腐蚀的动力低，耐蚀性高。随着塑性变形量的增大，位错及位错环增多，包围缠绕的析出相增多，耐腐蚀性随之提高；但大的变形会使塑性变形量为 10%的试样上出现微裂纹，容易被腐蚀，导致耐腐蚀性有所下降。Huang 等研究了变形对不锈钢在不同环境中的腐蚀机制。针对 AISI321 不锈钢在 55℃的 0.5mol/L HCl+0.5mol/L NaCl 溶液环境中形变量与阳极溶解作用显示，不锈钢的腐蚀电流密度随着形变量的增加而增加，最后趋于平缓。随着应变量的增加，阳极和阴极反应加速，从而使奥氏体不锈钢的阳极溶解速度增加。郑椿等对高氮奥氏体不锈钢 QN1803 和常规奥氏体不锈钢 304 的形变量影响研究结果表明，形变马氏体导致不锈钢表面钝化膜破坏和稳定性下降，使钝化膜在腐蚀中处于不稳定的溶解-生成状态，从而降低了形变后的耐腐蚀性能。在腐蚀形态方面，胡钢等的研究结果显示冷加工变形不仅诱发 304 不锈钢孔蚀，并能加速孔蚀发展。李峰等也同样证实冷加工变形诱发马氏体相变，冷加工使 1Cr18Ni9Ti 不锈钢的年腐蚀速率增加，点蚀电位下降，点蚀敏感性增强；但在 18%~27%塑性变形量下，1Cr18Ni9Ti 不锈钢耐腐蚀性能增强。而陈今良等针对铸态 CrCoNi 合金的研究表明，50%的冷轧变形没有诱发物相变化，经过轧制变形后，晶粒被破碎与拉长。相比于铸态，经过轧制变形后的

CrCoNi 合金耐腐蚀性得到改善，且均优于 304 不锈钢。

研究加工工艺对铜合金耐蚀性的影响对于合理使用合金材料，预防失效和节约材料等具有重要的意义。关于变形工艺对铜及铜合金耐蚀性影响的研究，目前报道不多。赵争荣对铝青铜在 $MFCl_3$ 水溶液中的电位和极化曲线测量结果显示经50%冷变形后，与热轧、退火态比较，试验合金表面电位分布趋于均匀，耐蚀性得到改善。史博等考察了拉伸预形变对纯铜应力腐蚀敏感性的影响，结果显示拉伸预形变量升高，纯铜样品多品的应力腐蚀敏感性也降低。曹丽云和陈华等分别研究了形变对装饰性铜合金和 CuZnAl 合金的影响情况，认为形变降低了合金的耐蚀性。

1. 加工硬化程度对合金电化学性能的影响

实验材料选用含有微量 Cr 的铜合金。具体的成分及工艺见表 5-3。图 5-10 所示为合金在 0. 01mol/L 和 1mol/L NaCl 溶液中的极化曲线。可以看出，两组曲线几乎融合在一起，并没有因 Cl^- 浓度的增加而显著改变，这说明后期的冷变形对合金的电化学性能影响不大。表 5-4 所示为合金在 1mol/L NaCl 溶液中的动力学极化参数。由表 5-3 可知，2#试样的腐蚀速率高于 1#试样，并且冷拔工艺的使用使试样表面产物膜的形成难度增加，且形成质量也差于 1#试样。

表 5-3 研究材料的成分及工艺

编 号	成 分	工 艺
1#	Cu-0. 55Cr	固溶+冷轧+时效+冷轧
2#	Cu-0. 55Cr	固溶+冷轧+时效+冷轧+拉拔

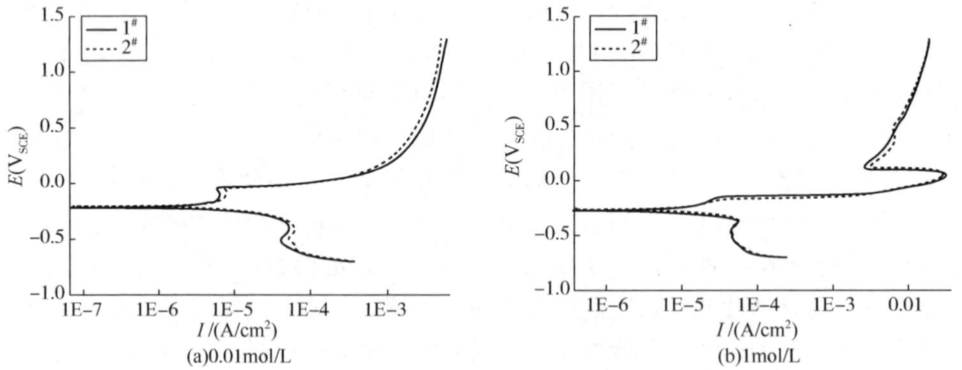

图 5-10 合金在 NaCl 溶液中的极化曲线

表 5-4　合金在 1mol/L NaCl 溶液中的极化参数

试样编号	E_{corr}(V)	I_{corr}/(A/cm^2)	E_{crit}(V)	I_{crit}/(A/cm^2)	E_{pass}(V)	I_{pass}/(A/cm^2)
1#	-0. 273	1.242×10^{-6}	0. 049	3.219×10^{-2}	0. 124	2.633×10^{-3}
2#	-0. 263	1.56×10^{-6}	0. 059	2.925×10^{-2}	0. 132	3.186×10^{-3}

图 5-11 所示为变形前后的冷轧试样在 1mol/L NaCl 溶液中的交流阻抗曲线。测试条件如下：交流正弦激励信号为 5mV，测试频率为 10^{-2} ~ 10^5 Hz。其中图 5-11(a)为未浸泡试样的阻抗曲线，图 5-11(b)所示为在 NaCl 溶液中浸泡 30d 后所测的阻抗曲线。可以看出，两组试样的交流阻抗均由单一的容抗弧组成，并且容抗弧的圆心逐渐远离坐标轴。这表明在测试过程中存在离子的弥散效应。由图 5-11(a)可以看到，1#试样的阻抗半径略大于 2#试样的阻抗半径，这说明 1#试样的腐蚀速率略低于 2#试样，这与极化曲线的分析结果相一致。由图 5-11(b)可以看到，浸泡试样的容抗弧半径远远大于未浸泡的试样。这说明在浸泡试样的表面形成了一层产物膜，并且 1#试样的产物膜较 2#试样的致密。这与材料内应力的增加有关。

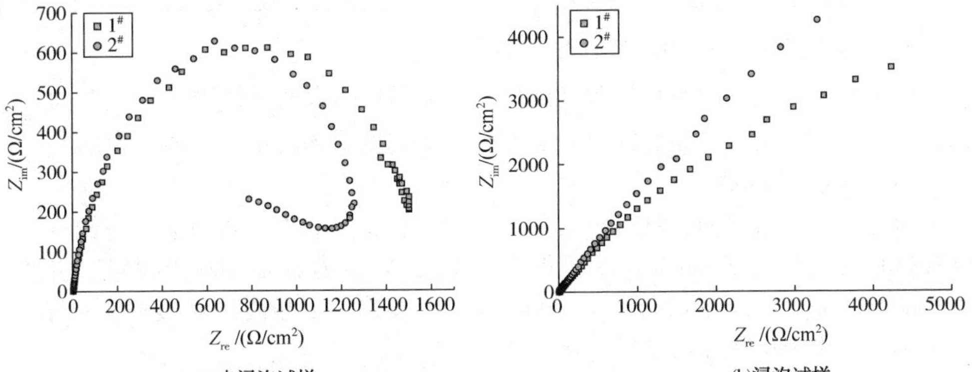

(a)未浸泡试样　　(b)浸泡试样

图 5-11　冷轧试样在 1mol/L NaCl 溶液中的交流阻抗曲线

图 5-12 展示了试样在 0. 5mol/L HCl 溶液和 0. 5mol/L NaOH 溶液中的极化曲线。表 5-5 所示为研究试样在两种溶液中的开路电位和腐蚀电流值。从极化曲线上可以看出，不管是在 HCl 溶液还是 NaOH 溶液中，腐蚀均由阴极反应速度控制。随着腐蚀反应的进行，类钝化现象的出现，试样表面腐蚀电流降低。而经过冷变形的 2#试样，阳极电流密度相对较高，说明冷变形会劣化膜层质量。同时，冷变形增加了合金的电流密度，HCl 溶液中电流密度的增幅高于 NaOH 溶液中的电流密度增幅。

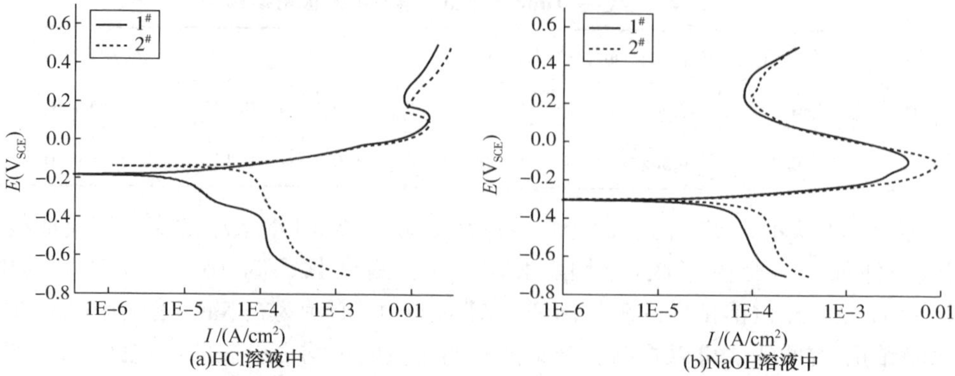

图 5-12　试样在不同溶液中的极化曲线

表 5-5　试样在 HCl 溶液和 NaOH 溶液中的开路电压和腐蚀电流值

试样编号	HCl		NaOH	
	E_{corr}(V_{SCE})	I_{corr}/(A/cm^2)	E_{corr}(V_{SCE})	I_{corr}/(A/cm^2)
1#	−0. 182	5. 538×10^{-6}	−0. 301	5. 265×10^{-6}
2#	−0. 137	21. 39×10^{-6}	−0. 304	8. 723×10^{-6}

2. 加工硬化对铬青铜腐蚀性能的影响

由于室内环境中的 SO_2 试验和间歇式盐雾试验可以较好地模拟大气腐蚀。为此，本章以 SO_2 腐蚀试验和间歇式盐雾试验研究变形铜合金的腐蚀行为。

(1) SO_2 腐蚀试验

研究材料为铬青铜，具体的成分及工艺与表 5. 3 中的 1#和 2#为同一材料。将试验材料线切割为 20mm 长的小段作为挂片试样，试样断面用环氧树脂密封。试验用的圆柱面用砂纸依次打磨至 1000 号，用去离子水和丙酮对试样进行清洗，放入干燥器中干燥 24h 后待用。

SO_2 腐蚀试验参照 GB 9789—2008《金属和其他无机覆盖层　通常凝露条件下的二氧化硫腐蚀试验》进行，腐蚀试验箱为自行研制的体积为 10L 的小型腐蚀试验箱，箱中温度为(40±3)℃，每 24h 取样称重并更新腐蚀气氛。由于腐蚀试验误差较大，重复性较差，因此在本试验中，每个数据点选取 3 个平行试样进行测定。

表 5-6 所示为合金在 SO_2 腐蚀环境中的失重情况。可以看出，在腐蚀 1d 后，2 个试样单位面积上的失重量接近。1#试样略高于 2#试样，腐蚀 4d 后，1#试样的失重量为 10. 96g/m^2，2#试样的失重量为 7. 135g/m^2，2 个试样间的失重量差距拉大。通过 4d 和 1d 的比值可以看出，对于 1#和 2#试样，随着时间的延长，腐蚀速率有降低的趋势，且 2#试样降低的趋势比 1#试样快。

表 5-6 合金在 SO_2 中的失重情况 (g/m^2)

试样编号	1d	2d	3d	4d	比值$_{(4d/1d)}$
1#	4.853	7.637	9.627	10.961	2.259
2#	4.596	5.876	6.671	7.135	1.55
差值	0.257	1.761	2.956	3.826	—

图 5-13 所示为两组试样在 SO_2 环境中腐蚀 4d 后的形貌扫描照片。可以看出，在 1#试样和 2#试样的表面，密布着由腐蚀所形成的点蚀坑；但 1#试样的表面基本看不到试样原来的表面，2#试样在部分区域还可以观察到对试样表面进行打磨时所形成的划痕，说明 2#试样腐蚀程度相对较浅；这同失重法的测量结果相一致。

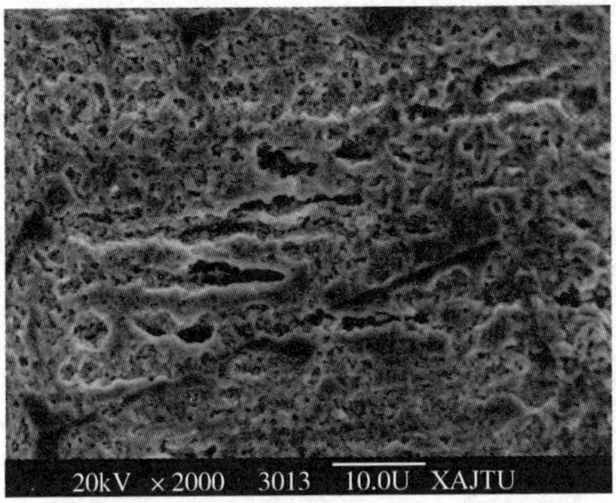

(a)1#试样

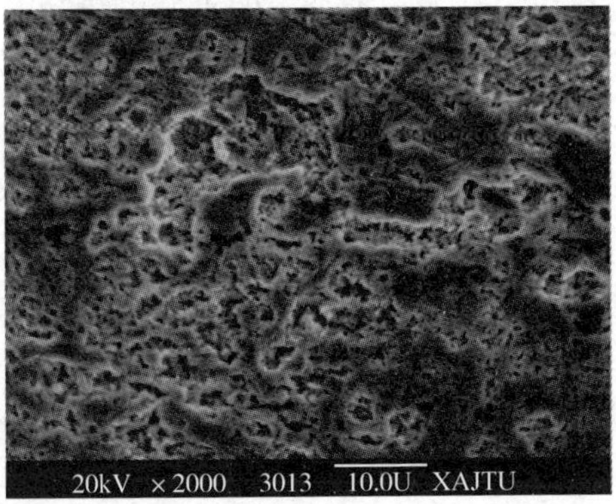

(b)2#试样

图 5-13 合金在 SO_2 中腐蚀 4d 的 SEM 图

(2) 盐雾试验

试验材料选用含有微量 Cr 的铜合金。具体的成分工艺和制备过程与表 5-3 中的 1#和 2#为同一材料。

对于间歇式盐雾试验，按照 GB/T 10125—2021 所规定的条件进行。试验采用 ITABASHI 公司生产的 SQ-1000-CA 型盐雾试验箱，温度控制在(35±2)℃，沉降量为 1~2mL/80cm^2 · h，NaCl 溶液浓度为(50±10)g/L，pH 值为 6.5~7.2；以 24h 为一个试验周期，在每个周期内，连续喷雾 8h 后保温 16h。

表 5-7 所示为合金在盐雾环境中的失重情况。可以看出，在腐蚀的前 9d，两个试样单位面积上的失重量接近，但 2#试样略高于 1#试样；两个试样的失重量增长在初期较为缓慢，随着腐蚀时间的延长，增长逐渐加快；腐蚀 12d 后，1#试样的失重量增至 9.27g/m^2，2#试样的失重量增至 10.95g/m^2，1#试样和 2#试样之间的差距增大。

表 5-7　合金在盐雾中的失重情况　　(g/m²)

试样编号	3d	6d	9d	12d
1#	2.51	2.70	5.00	9.27
2#	2.73	2.93	5.28	10.95
差值	0.22	0.23	0.28	1.68

3. 变形对铬青铜耐蚀性影响机制分析

通过试验结果可以看出，后期冷变形工艺的使用不仅增加了金属/溶液界面的腐蚀速率，同时也使产物膜的质量下降，对合金的耐蚀性产生不利的影响。

研究表明，随着变形量的增加，材料内能升高，降低了腐蚀反应发生的条件，使金属表面上的各种反应易于进行；同时变形使金属材料的热力学势或化学势增大，从而导致金属的平衡电势和电极电势向负的方向偏移，金属被氧化的趋势增大；另一方面冷变形促使合金内部位错等缺陷增加，随着变形量增加，位错密度加大，而合金表面形成的位错，往往成为腐蚀孔的成核处。当变形量增加时，位错密度增大，腐蚀孔成核概率增加。同时变形使材料表面缺陷增加，为离子在表面的快速扩散提供了通道。因此，变形会增加材料表面的反应趋势及反应速度。

在盐雾试验中，由于在金属表面发生如下电化学反应：

阳极：

$$Cu+Cl^- \longrightarrow CuCl(ads)+e^- \quad (5\text{-}3)$$

$$CuCl(ads)+Cl^- \longrightarrow CuCl_2+e^- \quad (5\text{-}4)$$

阴极：

$$O_2+2H_2O+4e^- \longrightarrow 4OH^- \quad (5\text{-}5)$$

对于盐雾试验而言，由于反应的产物主要为可溶性的 $CuCl_2$，同时 Cl^- 较强的穿透性及液滴的冲刷作用，使试样表面的腐蚀产物层出现缺损，由于在试样表面进行的反应以电化学腐蚀为主，新鲜的表面成为电化学反应中新的阳极，腐蚀生成的岛状产物则成为电化学腐蚀过程中新的阴极，且比原来金属杂质的阴极作用大得多，所以腐蚀速率明显增加。对于不同变形量的金属而言，变形量的变化对腐蚀产物的组成没有影响，仅仅影响产物的生成速度。随着变形量的增加，材料表面的反应速度增加。由于在盐雾环境中试样表面产物膜的不完整性及疏松多孔的原因（图 2-25），对金属基体不具有保护作用，导致变形量越大的金属腐蚀速率越快。

在 SO_2 腐蚀试验中，由于在金属的表面主要发生了如下反应：

$$SO_2(g) \longrightarrow SO_2(ads) \quad (5\text{-}6)$$

$$SO_2(ads) \longrightarrow HSO_3^-+H^+ \quad (5\text{-}7)$$

$$Cu_2O(\text{air-formed oxide})+2H^+ \longrightarrow 2Cu^+ + H_2O \tag{5-8}$$

$$CuO(\text{air-formed oxide})+SO_2 \longrightarrow Cu\text{-}SO_3 \tag{5-9}$$

$$CuO(\text{air-formed oxide})+2H^+ \longrightarrow Cu^{2+} + H_2O \tag{5-10}$$

随着反应的进行，表面氧化膜破坏处成为腐蚀微电池的阳极(区)，铜发生腐蚀溶解，进一步形成溶解度更小的铜的硫酸盐。

$$Cu\text{-}OH(ads)+HSO_3^- \longrightarrow Cu\text{-}SO_3^-(ads)+H_2O \tag{5-11}$$

$$Cu\text{-}OH(ads)+SO_2(g) \longrightarrow Cu\text{-}SO_3^-(ads)+H^+ \tag{5-12}$$

$$Cu\text{-}SO_3^-(ads) \longrightarrow Cu^+ + SO_3^{2-} \tag{5-13}$$

$$Cu\text{-}SO_3^-(ads)+H_2O \longrightarrow Cu\text{-}OH(ads)+SO_3^{2-}+H^+ \tag{5-14}$$

$$SO_3^{2-}+2H^+ \longrightarrow H_2O+SO_2(g) \tag{5-15}$$

$$Cu^+ + 1/4O_2 + H^+ \longrightarrow Cu^{2+} + 1/2H_2O \tag{5-16}$$

$$HSO_3^-(ads)+1/2O_2 \longrightarrow SO_4^{2-}(ads)+H^+ \tag{5-17}$$

在本试验中，由于腐蚀产物的致密性(图 2-33)及反应是在气体中进行，均使得产物膜对腐蚀的进行有一定的抑制作用。所以，在本试验进行的 4d 内，试样表面的腐蚀速率有所降低。对于不同变形量的金属而言，变形量大的金属表面反应速率快，能够迅速在试样表面形成具有保护作用的产物膜，降低试样的腐蚀速率；而变形量小的金属形成产物膜的速率相对较低，保护作用延缓发生。

本章小结

合理的变形工艺可以显著提高材料的强度。本章主要讨论了前期的预热轧工艺和后期的冷变形工艺对合金力学性能和化学稳定性的影响。获取的主要结论如下：

(1) 前期的预热轧有效提高了 CuCr 合金的时效硬度，同时析出先于再结晶发生，通过析出相对位错的钉扎效应，提高了合金的再结晶温度。后期的冷变形在不显著降低铜合金导电率的情况下，可以显著提高铜合金的强度。

(2) 电化学研究结果显示前期预热轧对合金最终耐蚀性影响不大；后期冷变形工艺增加了合金表面的腐蚀电流，降低了试样表面的膜层质量。

(3) 在盐雾环境中，铜合金的失重速度随着时间的推移呈上升趋势，经过拉拔的冷轧样较未经过拉拔的冷轧样耐蚀性差；在 SO_2 腐蚀环境中，合金的失重速度逐渐降低，经过拉拔的冷轧样较未经过拉拔的冷轧样有更好的耐蚀性。

参 考 文 献

[1] 小林一德，尾崎良一，江藤武比古．弥散强化 Cu2Fe 系合金弥散相对加工硬化效应的影响[J]．伸铜技术研究会志，1997，(36)：175-181.

[2] 陈树川．材料物理性能[M]．上海：上海交通大学出版社，1999.

[3] 赵佩文，程晓英，汪犁，等．冷轧变形对 Ti425 钛合金耐蚀性能的影响[J]．上海金属，2022，42(3)：21-27.

[4] 赵满，孙倩，庞秋，等．塑性变形对 2024 铝合金拼焊接头腐蚀性能的影响[J]．锻压技术，2022，47(3)：198-205.

[5] 李松瑞，周善初，田荣璋．金属热处理[M]．长沙：中南工业大学出版社，2003.

[6] KIM J M，JEONG Y H. Influence of thermomechanical treatment on the corrosion behavior of Zr-1Nb-0. 2Cu alloys[J]. Journal of Nuclear Material，1999，275(1)：74-80.

[7] HUANG H，SHAW W J D. Microstructural corrosion behavior of a cold-worked steel in a sour environment[J]. Materials Characterization，1995，34(1)：35-41 .

[8] FRANCE W D. Effect of stress and plastic deformation on the corrosion of steel [J]. Corrosion，1970，26：189-199.

[9] FOROUSLIS I A，UHLIG H H. Effect of cold work on corrosion of iron and steel in hydrochloric acid [J]. J. Electrochem. Soc.，1964，111：522-528.

[10] 黄彦良，曹楚南，林海翰，等．奥氏体不锈钢的形变与阳极溶解的关系[J]．中国腐蚀与防护学报，1997，17(3)：188-194.

[11] 许淳淳，张新生，胡钢，等．不锈钢冷加工形变诱发马氏体相变及其腐蚀行为[J]．材料保护，2002，35 (3)：15-17.

[12] 郑椿，刘嘉斌，江来珠，等．拉伸变形对高氮奥氏体不锈钢显微组织和耐腐蚀性能的影响[J]．金属学报，2022，58(2)：193-205.

[13] 李峰，巩建鸣，梁斌，等．冷加工变形对 ICr18NigTi 不锈钢在含溴醋酸溶液中耐腐蚀性能的影响[J]．机械工程材料，2006，30(9)：13-16.

[14] 陈今良，冯中学，张利民，等．冷轧变形对 CrCoNi 合金组织与性能的影响[J]．金属热处理，2022，47(5)：204-207.

[15] 赵争荣．形变时效对铝青铜腐蚀性能的影响[J]．山西机械，1999(增刊 2)：171-174.

[16] 史博，湛利华，许晓龙，等．7085 铝合金超厚板热连轧过程的宏观场分析[J]．塑性工程学报，2014，21(1)：78-85.

[17] MUDALI U K，SHANKAR P，NINGSHEN S，et al. On the pitting corrosion resistance of nitrogen alloyed cold worked austenitic stainless steels [J]. Corrosion Science，2001，44 (10)：2183-2198.

[18] 胡钢，许淳淳，张新生，等．冷加工对 304 不锈钢孔蚀敏感性的影响[J]．中国腐蚀与防护学报，2002，22 (4)：198-201.

[19] 曹丽云，由向群，王丽梅．塑性变形及晶粒度对装饰性铜合金腐蚀性能的影响[J]．辽宁工学院学报，1994，14(2)：10-13.

[20] 陈华，周利敏．形变对 CuZnAl 合金在 3.5%NaCl 溶液中腐蚀性能的影响[J]．物理测试，2006，24(1)：22-23.

[21] 张琦，程基伟．高强铝合金加速实验方法的研究[J]．航空学报，2000，21(4)：39-42.

[22] 王绍明．模拟大气环境加速腐蚀试验的研究[J]．装备环境工程，2004，2(4)：65-68.

[23] 绍荣宽．弹性变形金属的力学效应与腐蚀过程相关性的研究[J]．中国民航学院学报，1997，15(1)：67-73.

[24] 何崇斌．残余应力与电极电位之间的关系[J]．西北大学学报，2002，32(3)：245-246.

6 ECAP 加工模式对铬青铜性能的影响

通常金属材料的强度是通过阻碍位错运动来提升的，而塑性变形又要求可动位错，因此高强度与良好的塑性存在矛盾，一般是通过折中进行处理。因此一些高强度材料常会在大大低于其强度极限的应力作用下发生意外的失效，使其强度潜力不能得到充分利用。因此，在提高材料强度的同时应当尽可能地保持材料的韧性、疲劳等综合性能。Hall-patch 公式显示晶粒平均尺寸越小，金属的变形抗力、抗拉强度越大。同时塑性越好，韧性指数也越高。因此，细晶化是一种可以同时提高材料强度和塑性的有效手段。

6.1 铜及铜合金的超细化加工

细晶是一个相对的概念。有作者提出纳米晶材料是指晶粒尺寸在 1nm 至 2~50nm 的单相或者多相多晶体材料，而超细晶材料通常是指三维尺寸中至少有一维晶粒尺寸在 2~50nm 至 1μm 的多晶体材料。100nm 以下为纳米组织，100nm~1μm 为超细晶；但也有研究者把 100~500nm 的范围称为超细晶范围。其实对各种晶粒尺寸的定义是基于常规加工方法获得的晶粒尺寸对比后的结果(图 6-1)。但目前学术界普遍接受的是超细晶材料的晶粒尺寸在亚微米范围。

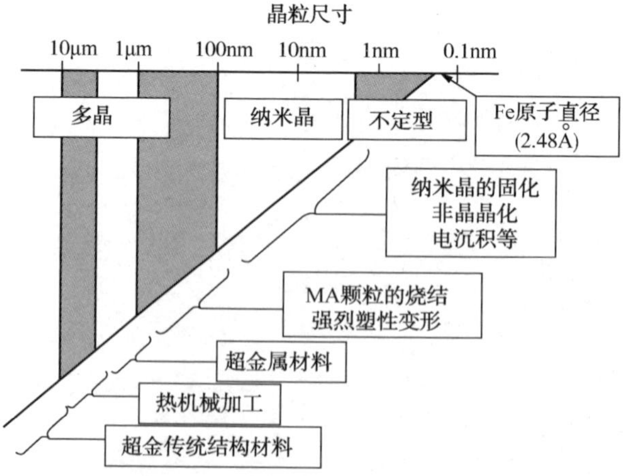

图 6-1 细晶材料制备方法及其晶粒尺寸范围

6.1.1 超细化加工技术分类

按对合金熔体的作用分类，细化处理方法又可分为两类，即化学作用方法和物理作用方法。

化学作用方法主要是通过加入细化剂增加外来结晶核心，达到晶粒细化的目的。如向铝熔体中加入少量钛时，它将与铝发生反应，形成与 α-Al 具有良好匹配关系的 $TiAl_3$。$TiAl_3$与液相发生包晶反应形成 Al 相，即 $L+TiAl_3 \rightarrow a-Al$，$TiAl_3$作为 a-Al 的结晶核心，从而细化铝合金组织。物理作用方法是指在整个工艺过程中不改变材料成分的情况下实现晶粒细化的方法。物理作用方法又可进一步细分为快速凝固法、形变处理细化法和物理场细化法等。快速凝固是指在较高的冷却速度(103~109K/s)下，合金熔体分散成细小的液滴，实现液相到固相的转变。不同于常规的结晶过程，这种凝固技术直接形成非晶结构的固体，即金属玻璃。具有无偏析缺陷和高分散度的超细析出相，高强度、高韧性等特征。形变处理细化是在热加工过程中，通过温度、应变、应变速率等参数的配合，利用静态或动态再结晶来控制变形态晶粒的尺寸。常见方式主要有等通道转角挤压细晶技术、挤压变形细晶技术、轧制变形细晶技术、锻造成形细晶技术和拉拔变形细晶技术。物理场法主要通过超声波、磁场或脉冲电流在流体中形成波动，加速传质传热，提高形核率。如超声波在熔体中形成的声流可以破坏边界层，加速传质传热，促进微细颗粒弥散。当向熔体中引入超声波时，在交变声压的作用下产生空化气泡，空化气泡闭合与破裂过程中，熔体中产生强烈的冲击波，对凝固相产生冲击，导致枝晶破碎，形成等轴晶，增加晶核数量，也使晶粒分布均匀化。

按照材料物料状态分，有气相法(惰性气体冷凝法、活性氢—熔融金属反应法、溅射法、混合等离子体法和爆炸丝法)、液相法(化学热解、电沉积法、落管技术和快速凝固)和固相法(高能机械球磨、非晶晶化法、高压下高温固相淬火法及强塑性变形法等)。气相法和高能机械球磨在制备超微粉时粉末很容易受到污染，在随后的固化烧结过程中，固化密度偏低，导致存在大量残余孔隙，从而影响材料的性能。快速凝固法由于对冷却速度和散热条件的要求极高，导致工艺过程复杂、成本较高。非晶晶化法受到合金非晶形成能力大小的影响，只局限于部分合金。相比较而言，强烈塑性变形法能够制备无残余孔隙、界面清洁的各种大块超细晶材料，被认为是目前最有希望实现大批量工业化生产的有效途径之一。强塑性变形的主要方法有高压扭曲变形法、多次锻压法、循环挤压—镦粗法、等径弯曲通道变形法、累积轧制—复合法、反复折皱—压直法等。除了以上6种方法外，薄壁管扭转、三向压扭法、表面喷丸、表面摩擦等也可以获得超细晶，其主要通过大的塑性应变实现组织的细化。

- 按合金对熔体的作用
  - 物理作用方法
    - 快速凝固法
    - 形变处理细化法
      - 等通道转角挤压细晶技术
      - 挤压变形细晶技术
      - 轧制变形细晶技术
      - 锻造成形细晶技术
      - 拉拔变形细晶技术
    - 物理场细化法
  - 化学作用方法：添加细化剂

- 物料状态
  - 气相法
    - 惰性气体冷凝法
    - 活性氢—熔融金属反应法
    - 溅射法
    - 混合等离子体法
    - 爆炸丝法
    - ⋮
  - 液相法
    - 化学热解
    - 电沉积法
    - 落管技术
    - 快速凝固
    - ⋮
  - 固相法
    - 高能机械球磨
    - 非晶晶化法
    - 高压下高温固相淬火法
    - 强塑性变形法
    - ⋮

6.1.2 超细晶加工方式

1. 高压扭转(High Pressure Torsion，HPT)技术

HPT 技术常用来制备超细晶金属、合金、复合材料和半导体器件，通常是直径 12~20mm，厚度 0.2~1mm 的圆片。目前，采用高压扭转已经成功制备了超细晶 Cu、Ni、Ti、Al 和 Al 合金，Ni_3Al、Fe_3Al 和 NiTi 金属间化合物。如图 6-2所示，试样在压头与模具之间承受几个 GPa 的压力作用，同时由于上模的旋转，试样还将受到剪切变形力，从而获得很大的塑性变形，但由于模具要承受高压，而且不能制备尺寸更大的超细晶材料，因此高压扭转的应用受到很大限制。

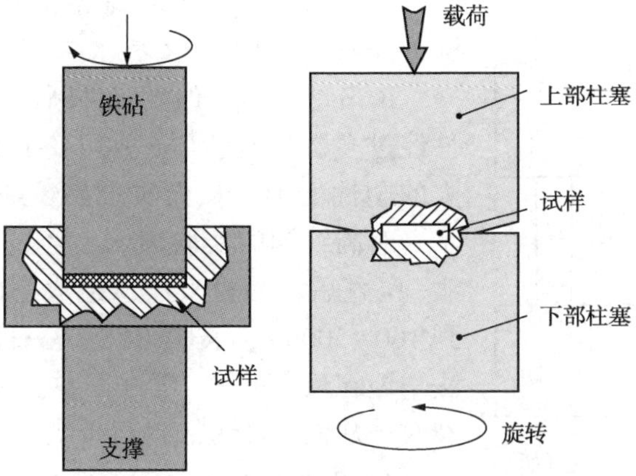

图 6-2　HPT 示意

2. 累积叠轧焊(Accumulative Roll-Bonding，ARB)技术

为实现块体超细晶材料的工业化生产，Saito 等提出了 ARB 方法。经 ARB 变形的 Al-Mg 合金，晶粒尺寸~280nm，延伸率高达 220%。IF 钢(晶粒尺寸~420nm)的拉伸强度达 870MPa，是原始粗晶材料强度的 3 倍多。此外，采用 ARB 还可以制备块体纳米复合材料。如图 6-3 所示，在 ARB 过程中，试样经过多次裁剪、堆叠、轧制，获得大的塑性变形，不仅存在轧制变形，还存在界面复合，因此试样表面处理非常重要，同时单道次大变形量也决定了它只适合于薄板材料。

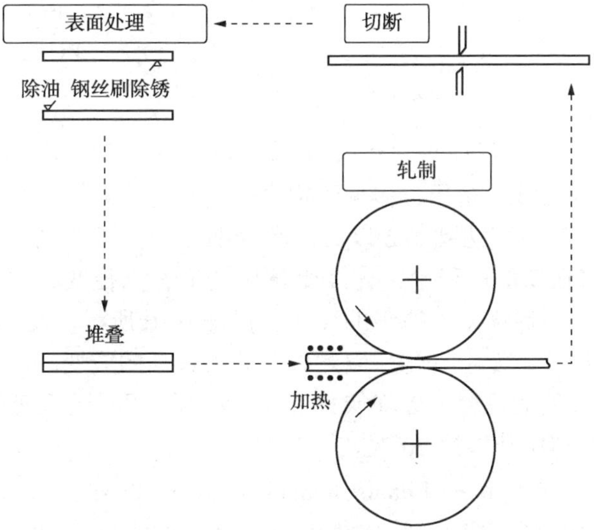

图 6-3　累积叠轧焊过程示意

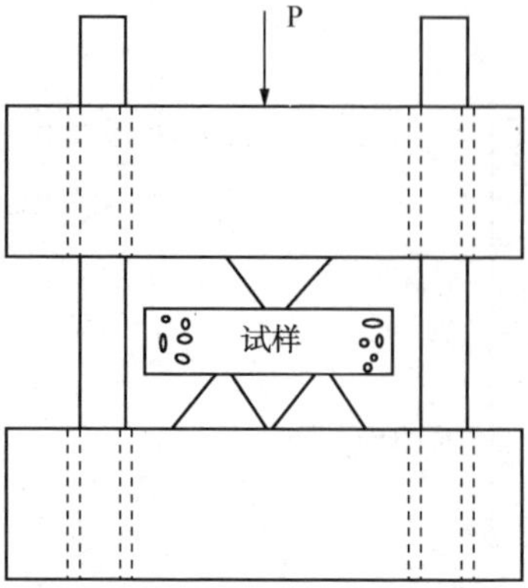

图 6-4　反复折皱-压直法过程示意

3. 反复折皱-压直法(Repetitive Corrugation and Straightening, RCS)技术

RCS 法是在不改变工件断面形状的情况下，工件经过多次反复折皱(剪切变形)、压直后获得很大的塑性变形，从而实现晶粒细化，如图 6-4 所示。对高纯铜的实验表明：经过 14 次连续反复折皱-压直后，晶粒大小从退火态的~765μm，细化到 100~500nm，表明 RCS 是一种有效的超细化方法。但在反复的弯-压过程中，试样表面容易产生裂纹，从而无法继续进行折皱-压直变形。

4. 多次锻压法(Multiple Forging, MF)技术

采用 MF 法已成功实现了 Ti 及其合金，不锈钢的超细化。Imayev 等对 Ti-48Al-2Nb-2Cr 合金进行多次锻造，获得了平均晶粒尺寸为 0.3μm 的等轴晶。变形过程中，试样可在三个方向上旋转，以保证试样截面尺寸，利于多次变形，如图 6-5 所示。然而，无约束的多次锻造，即使是在一定的温度下(0.4~0.5T_m)，也很难保证试样不开裂。

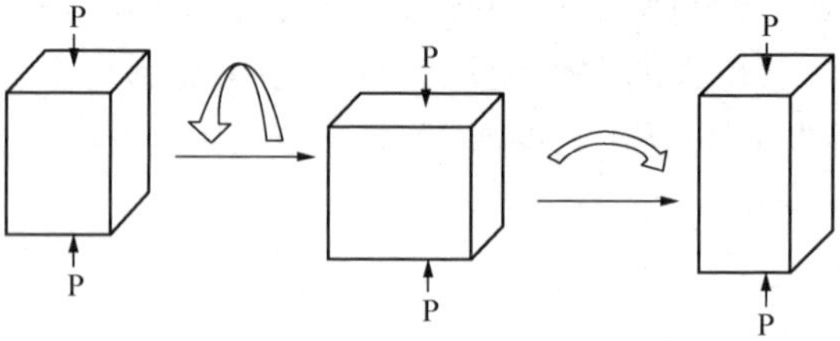

图 6-5　多次锻压法过程示意

5. 循环挤压-镦粗法(Cylic Extrusion-Compression, CEC)

国内也有人称为沙漏挤压，多见于铝合金的细化。对原始晶粒尺寸为 0.8mm 的 Al-5Mg 合金，当应变达到 4.6 以后，产生细小的拉长亚晶，宽度方向尺寸在 0.05~1μm。材料在变形过程中，先经受挤压变形，直径变小，然后又经受镦粗变形，直径变大，最后恢复到原来的尺寸，如图 6-6 所示。反复的挤压-镦粗变形，试样的外形尺寸不发生变化，因此可以获得很高的应变。由于材料受到约束变形，因此出现开裂的机会大大降低。目前，循环挤压-镦粗变形的材料直径 d_0 不超过 10mm，循环次数多达 70 次。

6. 等径弯曲通道变形法(Equal Channel Angular Pressing, ECAP)

Segal 在 1977 年的苏联专利(USSR Patent No. 575892)中提出了 ECAP 变形。20 世纪 80 年代初，Segal 在研究钢的变形织构和微观组织时，为获得纯剪切应

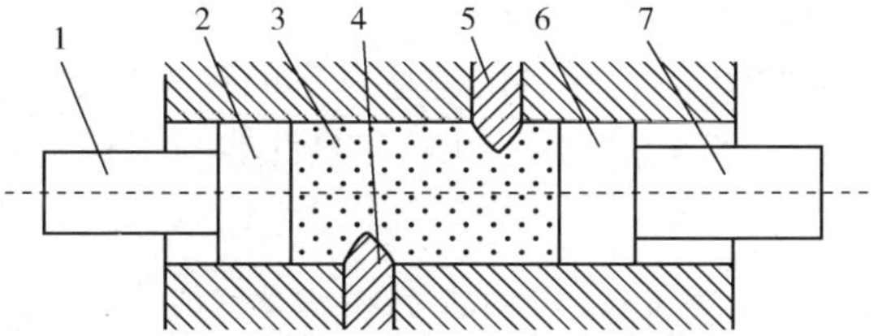

图 6-6　沙漏挤压工艺示意

1—顶杆 A；2—型腔模 A；3—试样；4—模芯 A；5—模芯 B；6—型腔模 B；7—顶杆 B

变，进一步研究了 ECAP 变形。20 世纪 90 年代初，Valiev 等发现利用该方法可以对粗晶金属或合金实现超细化，并逐渐成为一种重要的晶粒细化方法。ECAP 利用由两个相交的等径通道组成的模具使金属获得大的塑性剪性变形，试样变形前后的形状和尺寸不发生改变，因而可以进行多次变形。ECAP 变形的原理如图 6-7 所示，每次变形所获得的变形量与模具通道内的两个交角（内角 ϕ，外角 ψ）有关，可用式(6 1)计算等效应变。

$$\varepsilon_{\mathrm{c}}=\frac{N}{\sqrt{3}}\left[2\cot\left(\frac{\phi}{2}+\frac{\psi}{2}\right)+\psi\operatorname{cosec}\left(\frac{\phi}{2}+\frac{\psi}{2}\right)\right] \tag{6-1}$$

式中：N 为变形次数；ϕ 为模具通道交角；ψ 为模具通道在外边界间连接弧所对应的夹角。超细晶材料的性能取决于 ECAP 变形过程中的塑性变形行为，这主要由变形途径、变形道次，模具内角，变形过程中的润滑、变形速率和变形温度等决定。目前，采用 ECAP 变形已经成功地制备了 Al 和 Al 合金，Mg 合金，Cu 和 Cu 合金，Ti 和 Ti 合金及超细晶钢。随着过去近 20 年的发展，ECAP 制备试样尺寸已超过 20mm×20mm×100mm 的块体材料，其操作过程逐渐实现了连续性。

虽然所有的塑性变形超细化方法在工艺上各有优缺点，但它们有一个共同的特点：存在不同程度的剪切变形。从剪切变形的剧烈程度，工艺的复杂程度及对材料的适用范围来看，ECAP 变形是最有利于晶粒超细化的工艺途径。利用 ECAP 能制备大的块状超细晶材料，超细化组织均匀一致，无界面污染，无孔隙生成，具有大的实用工业价值及产业化前景等特点。

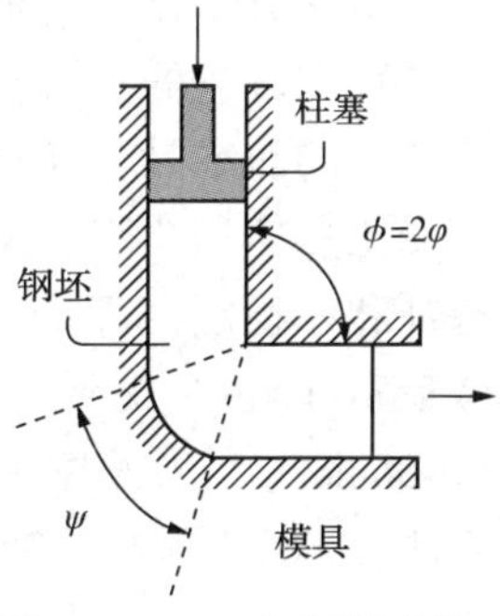

图 6-7　ECAP 变形原理

6.1.3　超细化对材料性能的影响

超细晶材料（UFG）因其晶粒细小，内部晶界、相界或畴界等内界面数量极多，显著影响纳米材料的物理机械性能，从而表现出传统粗晶材料（CG）不具备的优异特性。

1. 超细化对材料物理性能的影响

当晶粒细化到亚微米级时，材料的一些基本的物理参数，如居里温度、德拜温度、磁性、弹性模量、扩散系数、导电/导热性能等，将发生不同程度的改变，如表 6-1 所示。

表 6-1　超细晶材料的基本性能

性　　能	材料	UFG	CG
居里温度/K	Ni	595	631
磁饱和强度/(Am^2/kg)	Ni	38.1	56.2
德拜温度/K	Fe	240	567
扩散系数/(m^2/s)	Cu in Ni	1×10^{-14}	1×10^{-20}
293K 时的最终溶解度	C in Fe	1.2	0.06
杨氏模量	Cu	115	128

在这些参数中，德拜温度反映固体中原子结构的变化，属对结构变化不敏感的参数。如表 6-1 所示，超细晶 Fe 的德拜温度为 240K，低于粗晶的 567K。Zhang 通过测量 Debye-Waller 参数与温度的关系来确定了超细晶 Ni 的德拜温度为 293K，明显低于正常的 Ni 的德拜温度 375K，而超细晶铜的德拜温度为 233K，比正常值低 23K。德拜温度的改变归因于晶界附近原子热振动的加强和靠近晶界附近区域点缺陷的增加。但对于 ECAP 制超细晶材料，有人认为是超细晶材料中非平衡晶界和长程弹性应力区的出现，超细晶材料在部分区域出现了较高的静态和动态的原子错排，如晶界附近，从而使得晶界处的晶格振动的频率降低。

超细晶材料，包括热力学平衡态纳米材料和热力学非平衡态材料。通常来说，由超分子化学合成的纳米材料处在热力学平衡状态，而由不同晶粒取向或者不同化学成分的晶粒构成的纳米材料处于热力学非平衡态。目前绝大多数制备方法获得的超细晶金属材料均为后者。相比于粗晶的块体材料，超细晶材料有着更高的比热值和热膨胀系数，即使与相同成分的粗晶材料相比，超细晶材料的相变特征和相稳定性等特性也具有明显差异。以纳米 Cu 微粒为例，研究表明当 Cu 的微粒从 100nm 变到 10nm、1nm 时，比表面能从 590mol/J 上升为 5900mol/J 和 59000mol/J，表面原子活性显著提升。吴希俊采用惰性气体冷凝和真空原位温压方法(IGWC)制备的纳米铜块材，平均晶粒度为 36nm，相对密度为 94.3%，显微硬度是粗晶铜的 6 倍。而利用电解沉积技术制备出高密度、高纯度的三维块状纳米晶 Cu 样品，平均晶粒尺寸为(28±3)nm，平均微观应变为 0.3%，室温条件下冷轧其延展率超过 5100%，呈现出超塑性。

2. 超细化对材料力学性能的影响

一般来说，晶粒平均尺寸减小，金属的变形抗力增大，塑性改善，韧性指数提升。因此，组织细化是一种可以同时提高材料强度和塑性的有效手段。Wang

等采用表面机械磨损(SMAT)法制备的纳米晶铜，其屈服工程应力是微米晶铜的2倍(800MPa)，名义工程应变只有微米晶铜的1/2(5%)。P. G Sanders 等用 IGC 法制备纳米晶 Cu，其延伸率随着晶粒尺寸减小而降低，屈服强度则升高。室温屈服工程应力可达到 400MPa(粗晶为 270MPa)，名义工程应变只有 0.5%。Weertman 用 IGWC 方法制备的纳米 Cu，其晶粒尺寸为 19~20nm，压缩屈服强度为 0.65~0.85GPa，大致相当于其显微硬度的1/3，远高于其拉伸屈服强度。卢柯团队利用累积叠轧焊技术制备的超细晶铜材，在冷轧变形量增加的开始阶段，即试样厚度从 0.8mm 减小至 0.45mm 时，试样的强度增长较快，而当冷轧变形量增加到一定程度后，即试样被轧到 0.45mm 以后，试样的强度增长变缓，并趋向稳定。轧制态超细晶铜的加工硬化性降低是由于较大的内应力存在导致非平衡晶界的移动和滑动，最终使得大量的位错被晶界吸收的结果。

多晶材料强度和晶粒尺寸的关系基本符合经典的 Hall-Petch 关系式。但当材料的晶粒细化到一定程度时，将会逐渐偏离该关系，甚至形成反 Hall-Petch 关系。Valiev 等详细地研究了通过等径角挤压方法制备的超细晶纯铜的力学行为，发现等径角挤压材料的应力应变曲线有两个特点：在变形的开始阶段(真应变小于 5%)应变硬化十分明显，而真应变大于 10%时应变强化效应几乎不存在；屈服强度非常高，达到 400MPa，是普通多晶材料的几倍。短时退火并没有导致晶粒的明显长大，但是引起了位错等缺陷的回复和内应力的明显降低。尽管两者的晶粒尺寸基本相同，但两者的变形行为却有明显的差异。短时退火后应力应变曲线类似于普通多晶体材料的应力应变曲线。这表明：不仅平均晶粒尺寸，而且晶界的高密度缺陷结构也影响材料的强度行为。

目前，超细晶材料强化模型有 Valiev 等提出的位错弓出模型，Kim 等提出的相混合模型，Meyers 和 Ashworth 提出的复合模型(MA 模型)等。在 Valiev 等的位错弓出模型中，当位错形状达到半圆时就发生屈服现象，这种条件下的临界应力可用式(6-2)近似表示：

$$\tau_{\text{critical}} = \frac{Gb}{2\pi(1-v)}\left[\left(1-\frac{2v}{3}\right)\ln\left(\frac{L}{b}\right)-1+\frac{v}{2}\right] \tag{6-2}$$

式中：G 为剪切模量；b 为柏氏矢量；v 为泊松比；L 为位错的平均长度。但该模型只考虑了边界特征而没有考虑晶粒尺寸。

多晶体中晶界附近的多系滑移强化作用强烈，因而晶界附近的硬度比晶粒中心区域要高。对于超细晶材料来说，晶界附近强化的区域就会更大，因此 Meyers 和 Ashworth 将多晶体视为由晶粒和晶界硬化区构成的复合材料。如图 6-8 所示，在考虑了晶粒尺寸和晶界硬化区强化作用的基础上，将细化材料的屈服强度表示为：

$$\sigma_{\text{y}} = A_{\text{G}}\sigma_{\text{fG}} + A_{\text{GB}} + \sigma_{\text{fGB}} \tag{6-3}$$

式中：A_G、A_{GB}分别为晶粒和晶界硬化区所占的面积百分数；σ_{fG}、σ_{fGB}分别为晶粒内部和晶界硬化区的屈服应力。

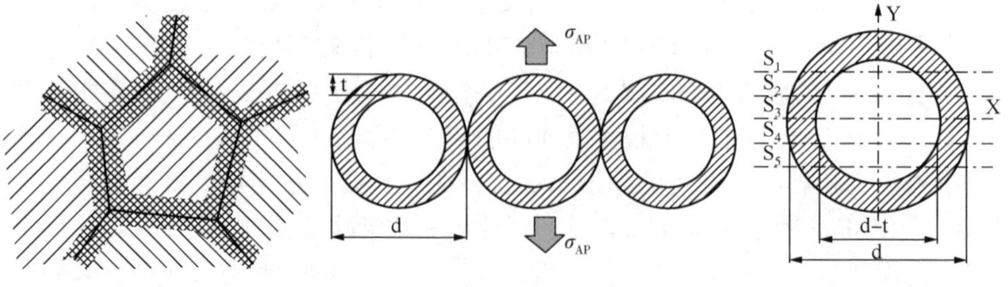

(a)晶粒及晶界硬化区示意　(b)将晶粒抽象为球形示意　(c)不同截面上的晶粒直径d和硬化区厚度t的变化

图 6-8　多晶材料 MA 模型示意

关于超细晶的疲劳行为研究，目前已涉及多种类型的材料，包括面心立方结构且有波状滑移特征的 Ni、单相固溶体材料 5056A1-Mg 合金和 Fe-36Ni 因瓦合金、具有平面滑移特征的密排六方金属 Ti、沉淀强化材料 6061A1-Mg 合金和 A1-Li 合金及 Cu-Cr(-Zr)合金。

Thiele 等调查发现超细晶 Ni 在室温下没有发生循环软化，而在 425K 下，则表现为明显的循环软化。循环形变初期，最大拉应力大于最大压应力，随着循环形变的进行，最大拉应力逐渐降低，而最大压应力逐渐上升，平均应力逐渐趋于零。而且，室温循环形变中，短程应变也会降低。纯 Ti 超细化后，疲劳极限较粗晶试样有明显的改善，晶粒尺寸为 25μm 和 9μm 纯钛的应力疲劳极限分别为 229MPa 和 238MPa，循环形变对微观结构没有产生明显影响。疲劳微裂纹尺度与晶粒尺度相当，主要以穿晶形式出现。Chung 等对超细晶 6061Al 合金的疲劳行为的研究表明，初始晶粒尺寸为 40~80μm，经 1 道次和 4 道次挤压后，屈服强度分别上升 112%和 156%，而拉伸延伸率均为原始态的 50%左右。1 道次挤压的 6061Al 合金的疲劳寿命得到大幅度提高。而经 4 次挤压后，疲劳寿命的增加不明显，尤其在高周段，和未经 ECAP 挤压的对比样品相当。在 1 道次和 4 道次挤压疲劳后的试样表面，均可观察到明显的剪切带，它们位于最大分解剪应力面，和载荷轴成 45°角。

对于铜及其合金，Vinogradov 等发现由 ECAP 制备的超细晶铜并没有像其他粗晶冷加工态那样发生循环软化，而是在经历一段循环硬化后进入饱和状态。Agnew 等全面研究了超细晶铜的循环形变行为，发现超细晶铜表现为明显的循环软化行为，而且疲劳试样还观察到明显的晶粒粗化现象，个别晶粒尺寸已达到几个微米，但他们认为循环软化并不是主要由晶粒粗化造成的，而是相邻晶粒间取向差增大的结果。Vinogradov 等对 Cu-0.44Cr-0.2Zr 超细晶的研究结果显示，热机械历史对合金的循环形变行为有明显影响，制备态样品不发生循环软化，但在375℃、425℃和500℃时效的样品均表现为循环软化特征。在应力控制疲劳条件下，超细晶Cu-Cr-Zr没有明显的疲劳极限，但10^7周次寿命的疲劳强度却远高于类似参考合金。在恒应变的低周疲劳试验中，超细晶Cu-Cr-Zr的寿命要短于类似参考合金。大尺度的剪切带是超细晶Cu-Cr-Zr的主要疲劳损伤形式，剪切带密度较低，且多在断口附近区域出现。微观结构研究表明循环形变后，超细晶结构中位错密度没有明显改变，晶粒也未发生粗化，即循环软化与制备态组织的不稳定性无关，另外，以剪切带形式出现的应变局部化仅在断裂前不久才出现，也不能认定为软化的原因。而Cr析出相的重溶是循环形变后的重要的组织变化，因此，位错切割强化相粒子及强化相粒子的重溶是循环软化的主要原因。

目前关于超细晶材料的疲劳行为研究虽然逐渐增多，但仍有大量机理机制还未完全搞清楚，且现有结论充满了矛盾，因此大量研究工作仍需要开展。

3. 超细化对金属材料化学稳定性的影响

金属的腐蚀包括化学腐蚀和电化学腐蚀。化学腐蚀是指材料与非导电性介质直接发生纯化学作用而引起材料的破坏，主要包括在干燥或高温气体中和非电解质溶液中的腐蚀。如高温氧化、高温硫化等。电化学腐蚀是指金属材料与电解质溶液相互接触时，在界面上将发生有自由电子参加的氧化反应和还原反应，导致接触面处的金属变为离子、络离子而溶解，或者生成氢氧化物、氧化物等稳定化合物，从而破坏了金属材料的特性。金属腐蚀中的绝大部分均属于电化学腐蚀。如在自然条件下(海水、土壤、地下水、潮湿大气、酸雨等)金属的腐蚀通常是电化学腐蚀。

(1) 超细化对高温氧化膜层的影响

研究表明，纳米氧化膜与基体有优异的黏附性，表现出优异的抗高温氧化性。王福会等研究了铸态Co-30Cr-5Al及其溅射纳米晶涂层的循环氧化行为，结果发现涂层的氧化增重远远低于铸态合金的增重。CoCrAl、CoCrAlY及其溅射纳米晶涂层的抗高温氧化性能研究显示纳米晶化与稀土的作用相同，两者都能提高氧化膜与基体的黏附性。而Ni_3Al溅射纳米晶涂层上没有NiO生成，但生成的氧化膜在等温氧化和循环氧化中表现出很好的抗剥落性。同样纳米晶技术也提高了软铝金属间化合物的抗高温氧化性，使Ni基高温合金K38G、K17F、LDZ125纳米晶涂层也表现出优异的抗高温氧化性能。但Liu等关于铸态Ni-20Cr-2Al、Ni-20Cr-3Al、Ni-20Cr-5Al合金与其同成分不同晶粒尺寸的溅射涂层的高温氧化研究表明，氧化物不仅与Al的含量有关，而且与晶粒尺寸密切相关。当晶粒尺寸小于100nm时，溅射Ni-20Cr-2Al纳米晶涂层表面就能生成单一的α-Al_2O_3氧化膜。

此外，纳米结晶对抗剥落和控制空穴有很大影响。有报道在纳米涂层上形成的 TGO 对氧化鳞片的附着力有很大影响。其主要原因是在纳米晶体涂层上形成的鳞片可以改善氧化物鳞片的黏附力，由于内部突起和界面氧化物钉子的形成，可以提高氧化层的附着力。其次，纳米涂层和氧化鳞片形成的细小晶粒提供更多的晶界来容纳空位，尽量减少在氧化鳞片-金属界面湮灭的空位。最后，纳米涂层可能形成热应力低于通过减少涂层和氧化物之间的热膨胀系数的不匹配来形成比粗颗粒涂层更低的尺度。唐兆麟的研究同样显示铸态 TiAl 在 850℃循环氧化 20 次即出现剥落，而微晶 TiAl 循环氧化 100 次仍未见剥落。在 900℃时，铸态 TiAl 循环氧化 10h 即见剥落，而微晶 TiAl 循环氧化 50~60h 才剥落。

（2）超细化对材料电化学性能的影响

合金的显微组织对合金的腐蚀电化学行为有重要影响。一般研究结果认为，随着合金晶粒尺寸的减少，合金抗腐蚀性能会发生不同程度的变化，晶粒的细化使合金中晶界比例增加，随着晶粒尺寸减至纳米级范围内，界面面积将大大增加。在晶界处，原子排列不规则，晶格畸变能大，具有较高的能量，能量较高的晶界有自发向低能状态转变的趋势，所以试样在溶解时，大量的纳米晶界优先溶解。界面面积增大，晶界处原子数增加，参与反应的原子数增加，同时，有利于侵蚀性介质离子的自由传输，导致腐蚀变得容易，腐蚀速度增加。纳米结构的合金与粗晶相比，钝化能力更弱，这可以从两个方面来解释：①纳米结构中晶界的比例提高使得钝化层氧化物致密度下降。这与表面无序度提高和金属凝胶状结构导致了氧化层生长的不规则有关。②合金烧结时产生的缺陷对钝化膜氧化物保护能力的影响。烧结程度的作用不可忽视，事实上除了裂纹，合金表面在腐蚀试验前就能观察到有规则几何形状(但不是圆)的孔洞。缺陷的存在使得表层各处的电化学反应活性不一样，从而阻止了这些活性位置上规则氧化层的生长或者使这一生长变得困难，同时这些缺陷还充当腐蚀坑洞成核中心，成为点蚀产生和增殖的首选位置。

从目前可获得的文献上看，超细化对材料电化学性能的影响大致可分为以下三类：

1）超细晶化提高了材料的服役寿命。Hiroyuki 等研究了 ECAP 制纯铜在 Livingstone侵蚀液中的腐蚀行为。结果表明超细晶铜的腐蚀电流低于粗晶铜的腐蚀电流，超细晶铜呈现出相对均匀的腐蚀形貌。Balyanov 等对超细晶钛的研究表明，超细晶钛的耐蚀性优于其粗晶材料，原因在于超细晶钛较高的再钝化速率及晶界杂质偏析程度降低。Song 和 Son 等分别研究了 Al-Cu 合金在 NaCl 溶液和 $AlCl_3$溶液中的腐蚀行为，结果表明 ECAP 加工显著提高了合金的耐蚀性，改善了 Al-Cu 合金的耐点蚀能力。其原因是作为点蚀源的析出相粒子尺寸的减小。Argade 等研究了铸造镁件及 Al-4Zn-2Mg 在含 Cl^-溶液中的腐蚀行为，研究结果表明晶粒细化提高了镁件的耐蚀性，降低了点蚀电压和再钝化能力。而产生这种现象的原因是表面氧化膜钝化作用的加强，晶粒尺寸的影响远不如化学组成的影响那么明显。此外，Ralston 等分别研究了超细 Al、Al-Mn 合金及 304 不锈钢在中性 NaCl 溶液中的腐蚀行为。研究结果也同样表明 ECAP 加工方式提高了材料的耐蚀性。Wang 等研究了喷沙和退火法制备的不同晶粒尺寸表面纳米化黄铜（70Cu）的电化学性能。动电位极化试验发现，随着粒径的减小，腐蚀电位正移，阳极和阴极电流密度及致钝、维钝电流密度都变小，可见纳米晶表层生成的钝化膜更具有保护性。研究还发现，钝化膜的力学性能和抵抗刮擦失效的性能得到改善。纳米黄铜涂层在稀 NaCl 溶液中的抗腐蚀刮擦和腐蚀磨损的能力得到提高。

2）超细晶化降低了合金的耐蚀性，增加了点蚀密度和深度。Brunner 等研究了 AA2024 铝合金在 0.5mol/L NaCl 溶液中的腐蚀行为。结果表明，由于 ECAP 加工导致晶界的重排，使材料的点蚀增加。Song 等研究了纯镁、AZ91D 镁合金、Al-Mg 合金及 ZK60 镁合金在 NaCl 溶液中的腐蚀行为，结果表明 ECAP 的加工降低了合金的耐蚀性，增加了点蚀量。Song 等认为 AZ91D 镁合金中的 α 相的活性因材料中缺陷的增加而增加，而 β 相的抵抗力却因材料晶粒的细化而失去。Brunner 等认为随着 ECAP 加工道次的增加，Al-Mg 合金的点蚀坑也随之加深，从而导致其再钝化行为的受阻。

3）超细晶化对材料耐蚀性的影响不明显或随着时间发生变化。Branislav 等研究了无间隙原子钢在中性 NaCl 溶液中的腐蚀行为，结果表明，晶粒细化并没有明显改变钢的电化学性质。Zhi 等研究了 ZE41A 镁合金在酸性溶液和碱性溶液中的腐蚀行为，结果表明 ECAP 增加了合金在 HCl 溶液中的耐蚀性，降低了合金在 NaOH 溶液中的耐蚀性。其原因在于挤压促进了合金的化学活性，使腐蚀产物的形成容易。腐蚀产物的吸附性及保护作用影响着合金在不同化学环境中的腐蚀行为。Alvarez-Lopez 等对 AZ31 镁合金在 NaCl 溶液和 PSB 溶液中的腐蚀行为研究结果表明在浸泡初期，在 PSB 溶液中，超细晶试样的耐腐蚀情况与粗晶试样相似，在 NaCl 溶液中的耐腐蚀性能优于在 PSB 溶液中。但随着浸泡时间的延长，其结果恰好与初期相反。李瑛等研究了用高能喷丸技术表面纳米化的低碳钢（活性）和用磁控溅射技术表面纳米化的 Fe-20Cr（钝性）合金在 H_2SO_4+Na_2SO_4溶液中的动电位极化曲线。结果表明：表面纳米化后，由于晶界体积百分数增加，能量较高的晶界原子和活性原子数增加，材料的反应活性普遍增加。对于活性金属，纳米化使材料的腐蚀速度增加，并且溶解速度存在明显的尺寸效应；对于钝性金属材料，使其表面更易形成钝化膜，提高了材料的钝化性能。

通过对目前研究结果的分析可以看出，超细晶化对合金服役寿命的影响不仅同材料有关，也同测试环境密切相关。此外，一些研究结论也同传统理论模型存在出入。传统观点认为随着合金晶粒尺寸的减小，晶界比例增加，合金抗腐蚀性能会发生不同程度的降低；在晶界处，原子排列不规则，晶格畸变能大，具有较高的能量，在腐蚀时会优先溶解；晶界数目的增加，有利于侵蚀性介质离子的传输，易于形成腐蚀通道。但 Majid 等的研究表明，纯钛在 8 道次时有最细小的晶粒，但在 2 道次时却具有最好的耐蚀性。因此，利用不同工艺纳米化，会对材料的结构、成分及状态等造成不同的影响；而上述因素中的任何一个发生变化，都会导致材料腐蚀性能的改变。因此，无论是在纳米材料腐蚀性能的研究还是高耐蚀纳米材料的开发过程中，都应全方位考虑，从而对纳米材料的腐蚀性能有一个全面的认识。

6.2　ECAP 加工技术对 Cu-Cr 合金组织性能的影响

ECAP 法制备的超细晶材料的性能取决于 ECAP 变形过程中的塑性变形行为，这主要与变形途径、变形道次、模具内角、变形过程中的润滑、变形速率和变形温度等相关。ECAP 法在不改变材料横截面积和横截面形状的条件下，只经过数次变形所产生剪切应变量就相当于在正应力作用下完成 100∶1 甚至 1000∶1 压下率的累积应变量，这是常规轧制、挤压等加工方法所不能达到的。

在 ECAP 工艺路线的研究中，Furukawa 提出了三种主要的挤压工艺路线（图 6-9）。工艺路线 A 为在挤压过程中没有旋转进行挤压；工艺路线 B 为在挤压过程中旋转 90°进行挤压，在挤压过程中涉及空间三维转换问题，该路线可以细分为工艺路线 B_A 和 B_C；工艺路线 C 为挤压过程中顺次旋转 180°进行挤压。各工艺路线通过逐次挤压均可累积足够的等效应变达到晶粒细化。研究表明：路线 A 获得挤压件横截面等效应变分布曲线梯度较大，横截面变形分布极不均匀，路线 C 变形分布明显较路线 A 变形分布均匀，应变差值较小，是理想的挤压工艺路线。

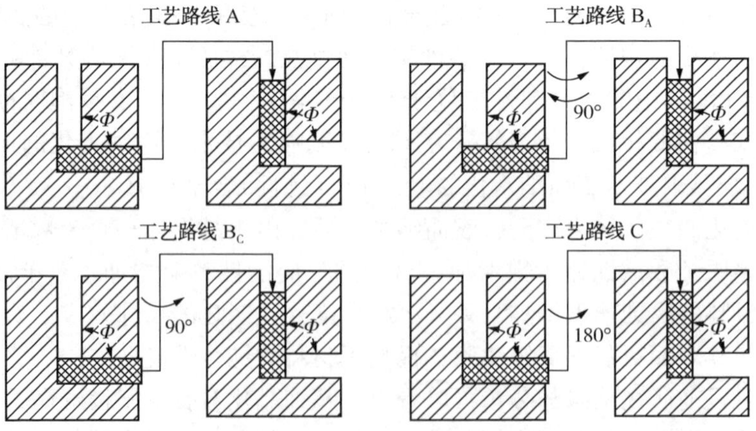

图 6-9　ECAP 挤压工艺示意

结果表明，“C”方式制备的细晶材料组织中存在较高的位错密度，变形组织没有轮廓清晰的晶界，晶界处于高能非平衡状态；Y面组织在奇数道次挤压时呈现具有明显方向性的延伸状板带，偶数道次板条状组织长宽比较小，接近于等轴晶。

6.2.1 “C”方式挤压下的Cu-Cr合金组织结构

本试验所用原材料为Cu-0.6wt%Cr合金。合金经1020℃×0.5h固溶淬火处理，使合金元素处于过饱和状态。纯铜作为对比试样和Cu-Cr合金经相同的高温淬火处理。用来挤压的坯料尺寸为14.5mm×14.5mm×90mm。Cu-Cr合金挤压前晶粒组织均为晶粒度约为50μm的等轴晶(图6-10)。如图6-11所示，ECAP模具拐角为90°，每道次的等效真应变ε约为1，挤压速度约为2mm/s，室温下进行，采用“C方式”挤压，即挤压试样在前后道次之间绕挤压方向转角180°。利用透射电子显微镜研究不同挤压道次试样的组织形貌特征。并在箱式电阻炉对超细晶铜及铜合金进行等温软化退火试验，研究超细晶组织的热稳定性，测量其硬度及微观组织变化。

拉伸试验在INSTRON电液伺服试验机上进行。通过电火花切割拉伸试样，试样平行段长度为12.5mm，截面为5mm×2mm，拉伸试样的轴平行于最后一次挤出方向，平面垂直于剪切面。实验过程中拉伸速率为1mm/min。在MH-5显微硬度仪上测量硬度，每个试样测量不少于10次。电阻在FQR7501型涡流导电仪上进行测量。扫描电子显微镜为HITACHI S-2700型。透射电子显微镜为JEM200CX，加速电压160kV，观察试样双喷减薄，减薄液为33%vol.硝酸甲醇溶液。

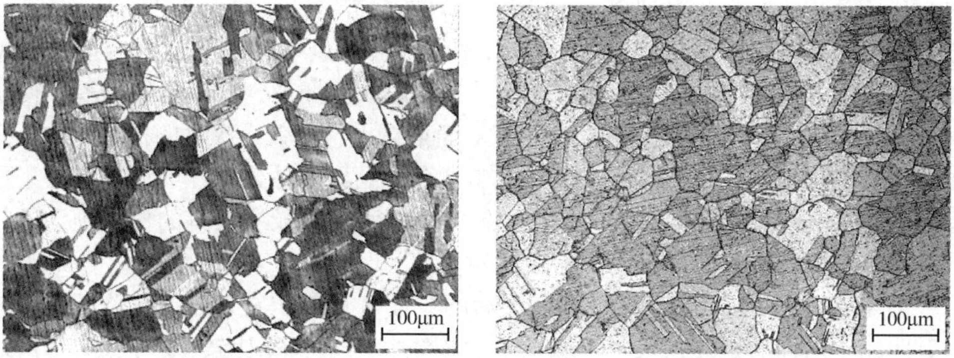

(a)纯铜　　(b)Cu-Cr合金

图6-10　纯铜及Cu-Cr合金在ECAP挤压前光学显微组织

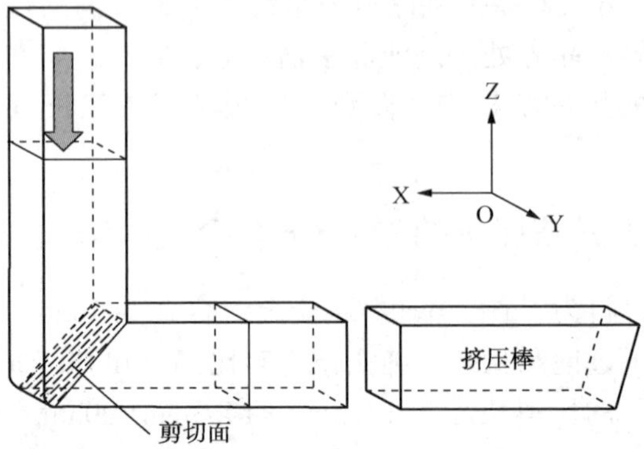

图 6-11　ECAP 挤压过程示意

1. 挤压方式对铬青铜组织结构的影响

图 6-12 所示为 Cu-0.60wt%Cr 合金固溶处理+470℃×4h 时效后分别挤压 5 道次和 6 道次时的 TEM 形貌。对于 5 道次 X 面(垂直于图 6-12 中 X 轴的面)，变形组织晶粒基本为等轴状，没有明显的晶界，晶界有大量位错缠结，晶内也存在大量的位错缠结和位错胞，亚晶粒平均尺寸为～0.4μm。选区衍射显示衍射点被拉长且说明存在高的内应力，晶界处发生严重畸变，处于高能状态。对于 5 道次 Y 面(垂直于图 6-12 中 Y 轴的面)，晶粒组织有明显的方向性，呈现典型的板带状组织。板带状组织尺寸大小不一，为 1～2μm 长，0.3～1μm 宽，说明利用“C”方式制备超细晶材料，奇数挤压道次所得 Y 面组织具有取向性。

对于 6 道次 X 面，TEM 形貌及选区衍射显示组织内部晶粒仍为等轴晶，和图 6-12(a)相比，晶粒得到更进一步细化，平均晶粒尺寸约为 0.32μm。其选区衍射谱中衍射斑点的数量增加、明显的环状特征都进一步表明随着变形量的增加，大角度晶界逐渐增加，这是由于随着挤压道次的增加，晶界位错的积累使小角度晶界转化为大角度晶界。从 6 道次 Y 面可看出，偶数道次时的板条状的长宽比较小，趋近于等轴；晶界处位错密度非常高，晶界不易分辨，可见组织处于不稳定的高能非平衡状态。晶内组织中位错密度很大并形成了大量的位错胞，已将半条状组织分割成了变形晶粒内的亚结构。

上述分析显示，C 方式 ECAP 变形后的合金 Y 面组织在奇数道次挤压时呈现具有明显方向性的延伸状板带，偶数道次板条状组织长宽比较小，接近于等轴；Cu-Cr 合金经 C 方式 6 道次挤压后，晶粒大幅度减小，合金实现超细晶；组织中存在较高的位错密度，变形组织没有轮廓清晰的晶界，晶界处于高能非平衡状态。

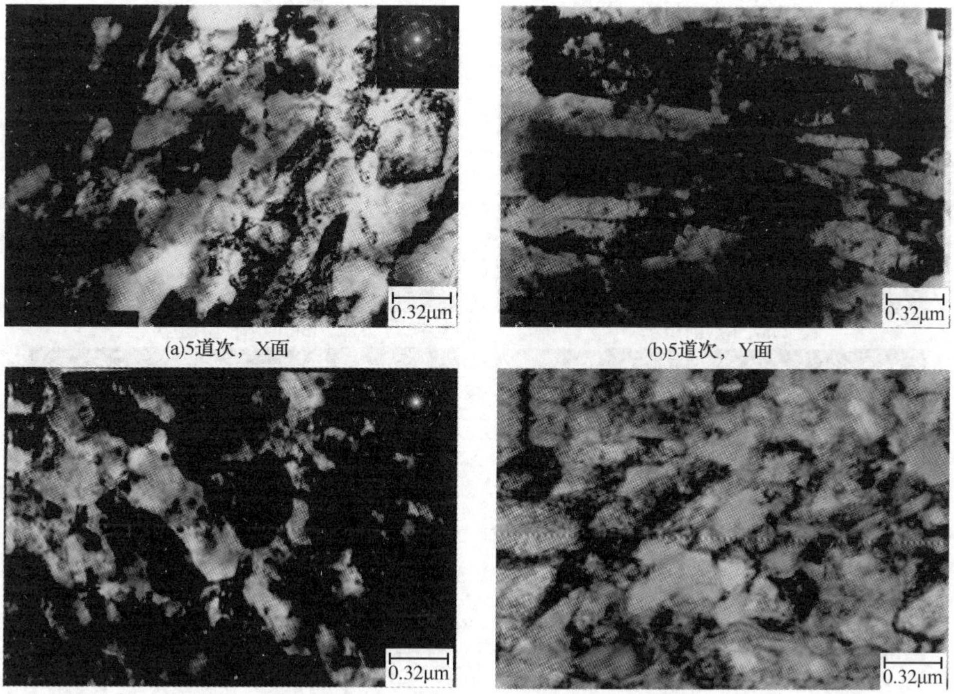

(a)5道次，X面 (b)5道次，Y面

(c)6道次，X面 (d)6道次，Y面

图 6-12 经 ECAP 挤压处理后合金 TEM 形貌

2. 挤压道次对铬青铜组织结构的影响

图 6-13 所示为 Cu-Cr 合金分别经过 1、4、6、12 道次 ECAP 挤压后的 TEM 微观组织，做 TEM 观测的试样均取自垂直于挤出方向(X 面)的中心部位。

经过 1 道次 ECAP 挤压后，金属内部产生大量的位错，并形成了比较厚的位错壁，但尚未有明显的胞状亚结构形成。拉长的衍射斑点显示此时基体存在很高的内应力，体系处于高能状态。随着挤压道次的增加，施加于材料的应变逐渐增长，4 道次时，初始的晶粒组织已被分割成很多亚结构，新的微观组织代替了原始的粗大晶粒，新组织中小角度晶界和大角度晶界相混合，如图 6-13(d)所示。此时衍射斑点增多，且形成不连续的环状，说明材料内部存在相当量的大角晶界。对比 1 道次时的衍射斑，4 道次的衍射斑更长，呈发射弧状，说明 4 道次合金内部晶格畸变更大，位错密度也更高。6 道次时，合金内部出现更多的等轴晶粒，大角度晶界比例明显增加。衍射环更加连续完整，并且衍射环的数量在逐渐增加，这是由于随着挤压道次的增加，晶界位错的积累使小角度晶界转化为大角度晶界的结果，这种组织演化特点和其他超细晶材料相同。相比于 4 道次试样，6 道次 Cu-Cr 合金的平均晶粒度仍然在减小，表明其组织还没有最终稳定，晶粒

(a)Cu挤压1道次

(b)Cu-Cr挤压1道次

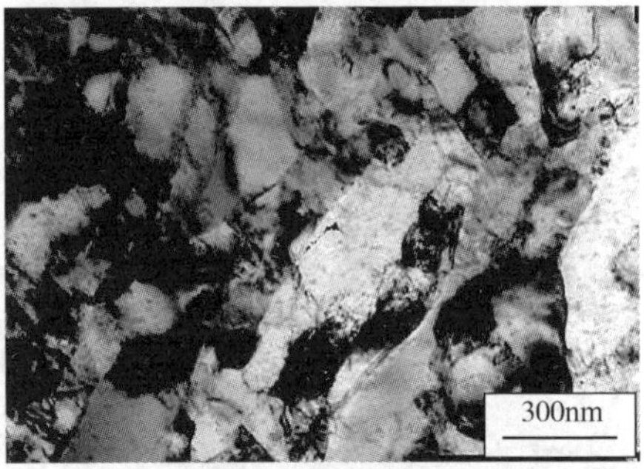

(c)Cu挤压4道次

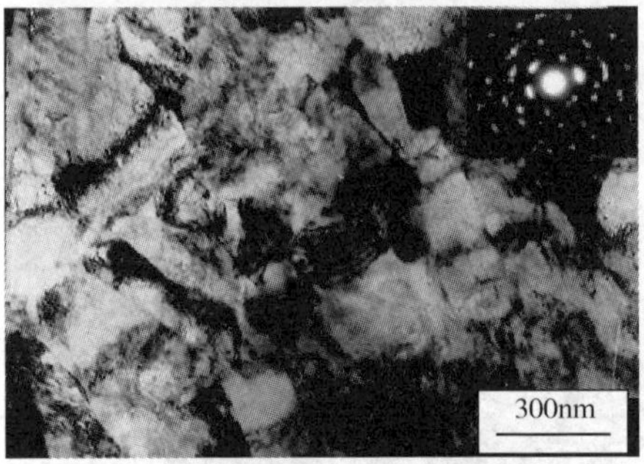

(d)Cu-Cr挤压4道次

(e)Cu挤压6道次

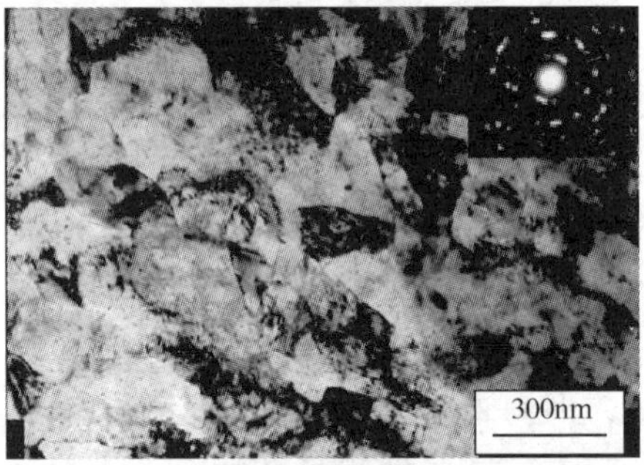

(f)Cu-Cr挤压6道次

(g)Cu挤压12道次

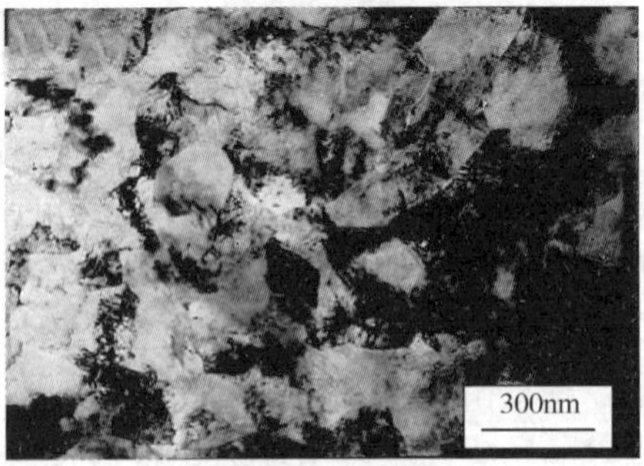

(h)Cu-Cr挤压12道次

图 6-13　Cu 和 Cu-Cr 经不同挤压道次后 TEM 形貌(每道次等效应变为~1)

度在 6 道次之前仍然随着挤压道次而发生明显细化。当 ECAP 挤压至 12 道次时，晶界变得难以区分，即便能分辨出的晶界也变得比较弯曲。虽然微观组织随着挤压道次的增加变得越来越均匀，大角度晶界的比例也越来越高，但高能量非平衡晶界转向稳定阵列却更加困难。由 12 道次 Cu-Cr 合金选区衍射斑点可发现，衍射斑点比前几道次更多，衍射环已成为完整的环，并且衍射环的数量明显增加，证明大角度晶界体积分数越来越高。这是因为 Cr 析出相的存在降低了位错的活动能力。测量表明 12 道次 Cu-Cr 合金的平均晶粒度比 6 道次挤压后有所降低，表明 6 道次挤压后，仍未在 Cu-Cr 合金中建立起稳定平衡的组织结构。经过 12 道次 ECAP 挤压后，Cu-Cr 合金基本建立起稳定饱和的组织，此时它们的平均晶粒尺寸分别为 315nm 和 230nm。

Cr 元素的加入，使得 Cu-Cr 合金需要更多的挤压次数组织才能达到稳定饱和均匀的状态，同时在稳定状态组织时的晶粒更加细小，Cr 元素促进了细化过程。这和文献中报道的 Al 和 Al-Mg 合金结果相似，但 Cr 对 Cu 的影响不如 Mg 对 Al 的影响显著。这应该归因于两种合金体系的层错能(SFE)上，Al 和 Cu 均属于高层错能金属，它们的层错能分别为 200mJ/m^2 和 78mJ/m^2。当 Al 中加入合金元素 3%Mg 时，由于 Mg 主要起固溶强化的作用，绝大部分固溶于 Al 当中，所以 Al-Mg 合金体系的层错能直线下降。在以应变诱导晶粒细化的 ECAP 技术中，组织稳态时的晶粒尺寸取决于位错增殖和回复的动态平衡。固溶 Mg 原子极大地阻碍了位错的湮灭、重组及交滑移等过程，阻滞了 ECAP 过程中的回复及动态再结晶，加之显著降低的层错能带来的影响，使得稳态组织的晶粒尺寸大幅减小。相比而言，以析出强化为主的 Cu-Cr 体系层错能下降就没有那么明显，加之 Cu 自身的层错能就比 Al 低很多，层错能的下降产生的影响力度没有 Al-Mg 体系高，所以，Cr 对 Cu-Cr 合金晶粒细化效果的影响程度相对较小。但事实上，加入 Cr 元素后，稳态组织晶粒度的变化还是很明显的。Cr 析出相存在，对位错的运动起到较强的钉扎作用，也降低了 Cu-Cr 体系 ECAP 过程中的动态回复，变形合金中的组织非常稳定，不仅使晶粒更加细小，而且使位错更加稳定地聚集在晶界附近，形成高能非平衡结晶，晶界间存在很高的内应力，所以导致 Cu-Cr 合金中晶界的轮廓比纯 Cu 中难以辨别。

6.2.2 “C”方式挤压下的 Cu-Cr 合金力学性能

图 6-14 所示为不同挤压道次下铜合金的硬度值。初期 1、2 道次挤压后合金硬度上升非常快，之后增长幅度渐缓。6 道次后，硬度依然在缓慢增长，这和前面讨论的微观组织的变化是一致的。因为微观组织状态决定了材料的性能，当材料中形成了稳定的组织时，金属基体已不能通过位错及亚晶界增殖来容纳更多的

塑性变形，位错已形成了动态平衡，因此硬度增长变缓而趋向饱和。因在 Cu-Cr 合金中建立这种稳态组织较难，需要更多的挤压道次，因此在经受更高的 ECAP 挤压后，其硬度仍在缓慢增长。由于大变形使得金属基体发生畸变，大量的位错等缺陷被引入，对电子产生散射作用，因此 ECAP 挤压后电导率稍有下降，但和冷轧变形 Cu 及 Cu-Cr 合金相比差别不大，12 道次以后，超细晶 Cu-Cr 合金电导率仍然高于 76%IACS。

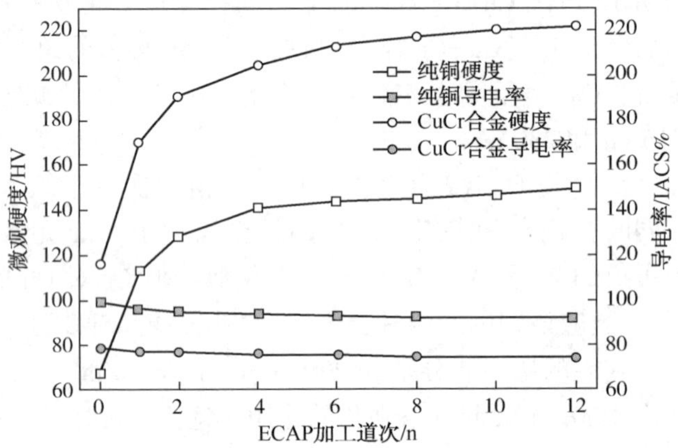

图 6-14　Cu 和 Cu-Cr 合金硬度与电导率随 ECAP 挤压道次的变化

ECAP 挤压 1、4、6、12 道次的 Cu-Cr 合金的拉伸工程应力-应变曲线见图 6-15。Cu-Cr 合金经 6 道次和 12 道次挤压，其抗拉强度分别升高到(605±15) MPa 和(620±10) MPa。在强度大幅增长的同时，也伴随着延伸率明显下降，电导率也略有降低。经过 ECAP 挤压后，其延伸率相比挤压前下降十分明显，且在比较低的应变时就已发生颈缩，包括颈缩后的延伸在内，1、4、6 道次的延伸率为 10%～14%，其中颈缩前的均匀延伸率仅为 3%～6%。由于 Cr 元素的影响，这种情况在 Cu-Cr 合金拉伸过程中尤为明显。但是，随着挤压道次的进一步增加，其延伸率有所回复。12 道次后的延伸率明显高于 6 道次之前的试样，其延伸率已非常接近于 ECAP 挤压前。

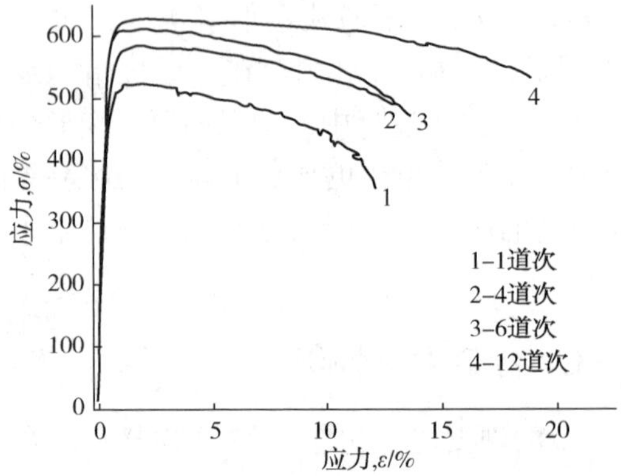

图 6-15　不同 ECAP 道次的 Cu-Cr 合金拉伸应力-应变曲线

6.2.3 “C”方式挤压下 Cu-Cr 合金的热稳定性

剧烈塑性变形制备的超细晶材料有一个共同的典型特征，即材料内部有很高的内应力和晶格畸变。X 射线测量数据表明，内应力的应变均方根值为 10^{-4}～10^{-3}。而在相同材料中，利用高分辨率透射电子显微镜观察局部弹性应变，尤其在晶界附近，所得到的值比上述数据高出一个数量级，甚至更多，这种内应变主要集中在晶界附近，晶粒内部较低，因而造成高能非平衡晶界。这种过高的内应变和高能非平衡晶界归因于变形过程中储存过多的能量，因此处于亚稳状态，随着温度升高，这种亚稳状态将逐渐向平衡状态转变，即发生了回复和再结晶过程。Valiev 等认为单质材料在退火过程中的结构变化分为三个阶段：第一阶段，主要是晶界非平衡组织的回复，表现为内应力的消除及晶界和晶粒内部缺陷的部分消除；第二阶段，晶界的迁移开始，导致晶粒的异常长大；第三阶段，正常的晶粒长大。但对合金而言，因为固溶脱溶和相转变的存在，退火过程中的显微组织演化复杂。

图 6-16 所示为 Cu-Cr 合金硬度随着退火温度的变化曲线。在低于～400℃之前硬度一直保持平稳地下降，下降幅度很小，直到～400 到～600℃才急剧下降。对于不同道次而言，6 道次挤压试样的再结晶温度明显低于 4 道次挤压试样，相差 10～20℃；而和 70%变形量冷轧 Cu-Cr 合金相比差别更大，冷轧合金再结晶温度在～450～650℃，要比超细晶合金高出 20～30℃，差别稍为明显。

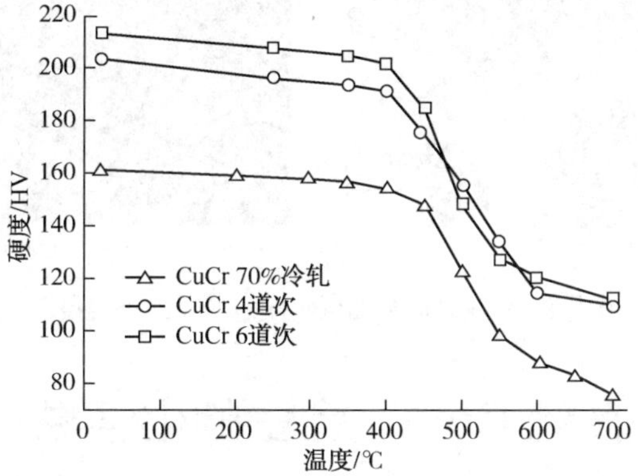

图 6-16 超细晶 Cu 和 Cu-Cr 合金硬度随退火温度的变化

图 6-17 所示为 6 道次 Cu-Cr 合金在不同退火温度下的 TEM 组织形貌。相较于图 6-13(f)中～0.32μm 的平均晶粒尺寸及模糊的晶界，经 400℃退火后，合金中晶界变得十分清晰，晶内的位错密度也大大降低，表明此时已经历了回复过程。位错胞数量明显减少，有些区域已形成晶粒，晶内几乎没有位错，这表明此

时在一些区域内某些晶粒已开始发生再结晶，晶粒尺寸为0.3~0.4μm，只是这部分发生再结晶的晶粒所占比例较小。部分区域的再结晶致使合金硬度下降，在软化曲线上表现为硬度开始剧烈下降出现的拐点。在500℃退火后，仍残留一小部分晶粒未完成再结晶过程，由于大部分晶粒中位错已消失，此时已经可以在基体上清晰地看到析出相的存在；同时部分区域晶粒已经开始长大，表现为粗大的再结晶晶粒和细小的未再结晶晶粒的混合物。大部分晶粒尺寸为0.4~0.5μm，部分晶粒已经达到1μm甚至数微米尺度。

(a)400℃ (b)450℃ (c)500℃ (d)600℃

图6-17 6道次ECAP超细晶Cu-Cr合金不同退火温度下的TEM形貌

6.3 ECAP制Cu-Cr合金的化学稳定性

研究材料的最终目的是应用。在超细晶材料微观组织特征、演化及力学行为研究如火如荼开展的同时，也需要将目光转移到超细晶材料的失效方面。失效包括力学失效和化学失效，分别涉及材料的“结构稳定性”和“化学稳定性”。前者不解决，超细晶材料就会失去原有的优异性能；后者不解决，则无法安全使用。

6.3.1 ECAP 加工模式对合金电化学性能的影响

研究材料为 6.2 节所述的半连续铸造 Cu-0.6wt%Cr 热挤压棒材。粗晶 Cu-Cr 合金经 1020℃×20min 固溶+470℃×240min 时效处理，此后再经过 4 道次和 12 道次 ECAP 挤压。透射电镜分析发现粗晶 Cu-Cr 合金平均晶粒尺寸为 45μm，4 道次和 12 道次挤压超细晶 Cu-Cr 合金平均晶粒尺寸为 0.51μm 和 0.23μm。

电化学测试溶液为 NaCl 溶液，HCl 溶液和 NaOH 溶液。测试仪器为上海辰华生产的 CHI660A 电化学工作站。以所制得 Cu-Cr 合金试样为研究电极，参比电极为饱和甘汞电极，辅助电极为铂电极，扫描速度为 0.005V/s，测试其动力学极化曲线。研究电极的制备过程与之前相同，即电化学试样用纯铜导线焊接引出，然后用环氧树脂封住，只留研究面暴露在外，并采用机械抛光尽量去除表面缺陷，之后用蒸馏水和丙酮清洗，放置干燥器中 24h 后待用。

1. NaCl 溶液中

图 6-18 所示为挤压 12 道次的超细晶试样 X 面和 Y 面在 1mol/L NaCl 溶液中的动力学极化曲线。表 6-2 所示为从曲线中获取的部分参数。由图 6-18 可见，超细晶试样 X 面的开路电压高于 Y 面的开路电压。超细晶试样 Y 面的类钝化电位值远高于试样在 X 面的数值，同时，在 Y 面因膜的生成而致使电流的降低值也远远低于 X 面的降低值。这说明超细晶合金在 Y 面的电化学性能比在 X 面的电化学性能差。性能的差异与不同方向微观组织的差异有关。从前面对超细晶结构随着道次的变化中知道，ECAP 中 C 方式的挤压模式使得试样在 X 面始终保持等轴晶，晶粒大小一致，晶界受力均匀。对于 Y 面，奇数道次的长条状与偶数道次的近似等轴状使得超细晶在晶界的受力状态远没有 X 面的均匀。

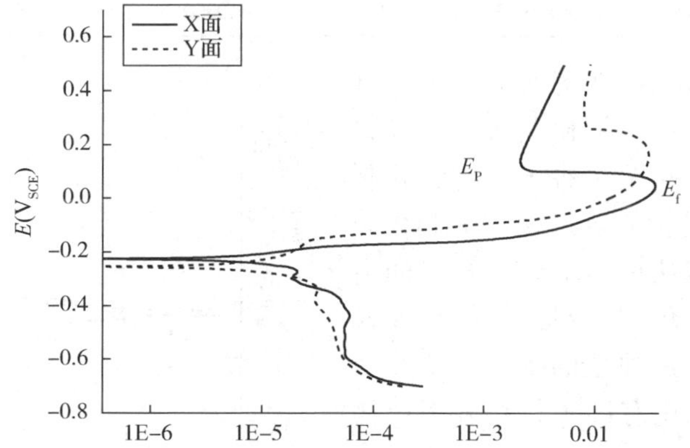

图 6-18　12 道次的超细晶试样在 1mol/L NaCl 溶液中的动力学极化曲线

表 6-2　挤压 12 道次的超细晶试样在 1mol/L NaCl 溶液中的动力学极化参数

	E_{corr}(V_{SCE})	I_{corr}/(A/cm^2)	E_p(V_{SCE})	I_p/(A/cm^2)	E_f(V_{SCE})	I_f/(A/cm^2)
X 面	−0. 226	1. 396×10^{-6}	0. 046	3. 449×10^{-2}	0. 138	2. 124×10^{-3}
Y 面	−0. 254	2. 255×10^{-6}	0. 160	3. 057×10^{-2}	0. 325	8. 036×10^{-3}

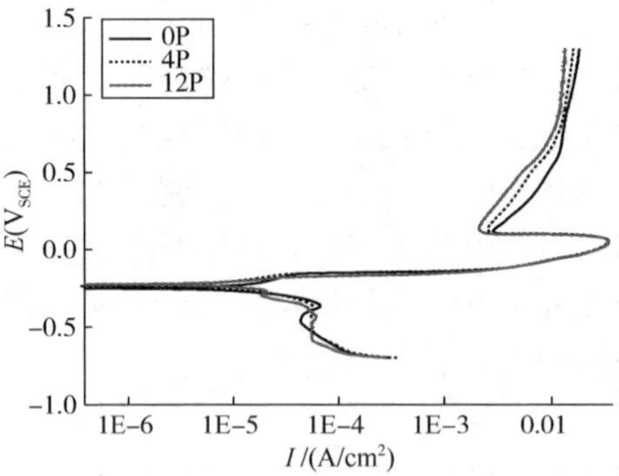

图 6-19　挤压不同道次的合金在 1mol/L NaCl 溶液中的动力学极化曲线

图 6-19 所示为挤压不同道次的合金在 1mol/L NaCl 溶液中的动力学极化曲线，表 6-3 所示为由极化曲线所得到的动力学参数。由图表可见，随着 ECAP 加工模式的进行，合金的极化曲线向正电位方向移动，腐蚀电流减小，这表明 ECAP 模式提高了合金的耐腐蚀性。但是，这种提高幅度并不与加工道次的增加呈线性关系。在 1mol/L NaCl 溶液中，相对比于加工 12 道次合金试样而言，加工 4 道次试样的腐蚀电流更小。另外，致钝参数结果显示，随着挤压道次的增加，合金表面腐蚀膜的质量向好的方向转变。

表 6-3　挤压不同道次的合金在 1mol/L NaCl 溶液中的动力学极化参数

	E_{corr}(V_{SCE})	I_{corr}/(A/cm^2)	E_{crit}(V_{SCE})	I_{crit}/(A/cm^2)	E_{pass}(V_{SCE})	I_{pass}/(A/cm^2)
0P	−0. 252	2. 135×10^{-6}	0. 050	3. 453×10^{-2}	0. 120	2. 863×10^{-3}
4P	−0. 236	1. 345×10^{-6}	0. 049	3. 357×10^{-2}	0. 133	2. 541×10^{-3}
12P	−0. 226	1. 396×10^{-6}	0. 046	3. 449×10^{-2}	0. 138	2. 124×10^{-3}

图 6-20 所示为 12 道次的超细晶材料与传统轧制材料的极化曲线。可以看出，超细晶材料的极化曲线与传统轧制材料的极化曲线相似。这表明 ECAP 的加工模式并没有从根本上改变材料的腐蚀性能。相比于传统材料，超细晶模式有助于合金材料耐蚀性的提高。从类钝化区看，超细晶化有助于材料表面产物膜的性质的改善。

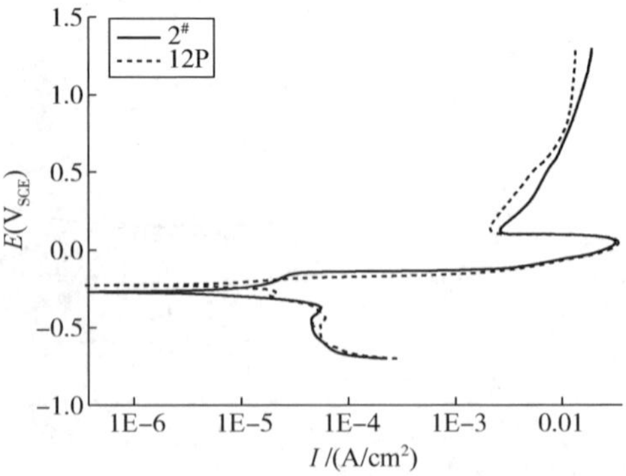

图 6-20　超细晶材料与传统轧制材料的极化曲线

图 6-21 所示为 4 组试样在 1mol/L NaCl 溶液中的交流阻抗曲线。测试条件

如下：交流正弦激励信号为 5mV，测试频率为 $10^{-2} \sim 10^{5}$ Hz。图 6-21(a)为未浸泡试样在 1mol/L NaCl 溶液中的交流阻抗曲线，图 6-21(b)是在 1mol/L NaCl 溶液浸泡 30d 后所测的交流阻抗曲线。由图 6-21(a)可知，所有试样的阻抗图谱均由容抗弧组成，并且圆弧的圆心逐渐偏向坐标轴，这表明在反应过程中，存在一定程度的弥散效应。由阻抗谱的原理可知，容抗弧的半径表示反应腐蚀电阻。在图中，超细晶合金具有较大的阻抗半径，这表明在腐蚀过程中，超细晶表面的腐蚀电流较小。这与前面动力学极化曲线所得的结果一致。对于浸泡 30d 的合金试样，其阻抗弧半径明显大于未浸泡的试样，这表明在浸泡过程中在试样表面形成了一层致密的产物膜，并且随着 ECAP 加工道次的增加，产物膜的质量逐渐提高。

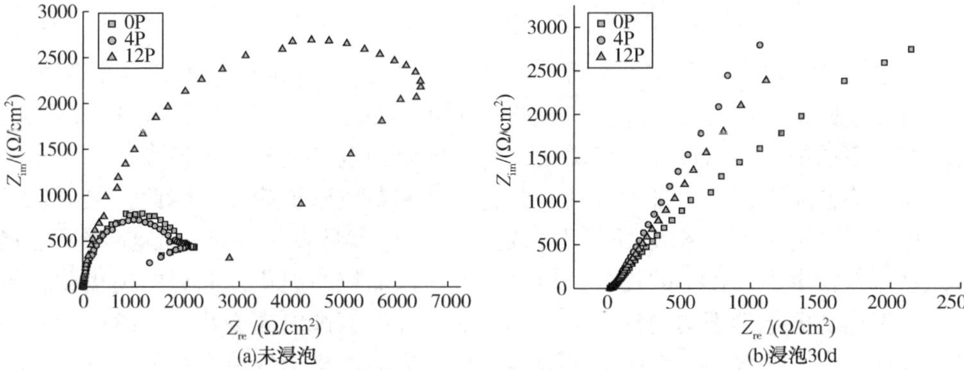

图 6-21　试样在 1mol/L NaCl 溶液中的交流阻抗曲线

2. 强酸强碱溶液中

与前边试验溶液类似，本次测试的极性溶液选取 HCl 溶液和 NaOH 溶液。试验浓度均为 0.5mol/L，试验的扫描速度为 5mV/s，扫描范围为-0.3～+0.5V。扫描曲线和相应的参数分别见图 6-22 和表 6-4。可以看出，在 HCl 溶液中，随着 ECAP 模式的进行，合金的腐蚀电流迅速减小；在 NaOH 溶液中，随着 ECAP 模式的进行，合金的腐蚀电流变化不大，但还是略有降低。这表明，ECAP 的加工模式有利于合金在强酸强碱环境中耐蚀性的提高。

表 6-4　合金在 HCl 溶液和 NaOH 溶液中的动力学极化参数

	0.5mol/L HCl		0.5mol/L NaOH	
	E_{corr}(V_{SCE})	I_{corr}/(A/cm²)	E_{corr}(V_{SCE})	I_{corr}/(A/cm²)
0p	−0.132	142.39×10^{-6}	−0.306	5.565×10^{-6}
4p	−0.187	4.239×10^{-6}	−0.305	4.604×10^{-6}
12p	−0.197	7.353×10^{-6}	−0.307	4.877×10^{-6}

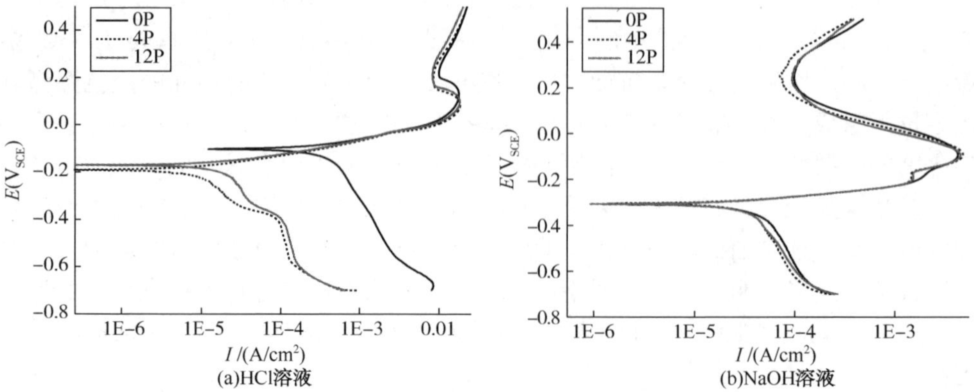

图 6-22 试样在 HCl 溶液和 NaOH 溶液中的极化曲线

通过上述的电化学结果可以看出，EACP 的加工模式降低了合金的腐蚀电流，对合金的耐蚀性有提高作用。但合金耐蚀性的提高并不与加工道次成正比，而是有一个适中量，超过此加工道次，合金的腐蚀电流呈现上升趋势。

面缺陷的晶界，原子排列紊乱，合金元素和杂质原子偏聚。因此，晶界原子的能量高于晶内原子，相对处于不稳定状态，更容易发生腐蚀。晶界数量的增多，意味着发生腐蚀概率的提升。但另一方面，晶粒的细化，晶界的模糊化，致使材料表面的电化学不均匀性降低，单个晶界处的腐蚀电流变小。随着 ECAP 模式的进行，合金的腐蚀速率由晶界数量与材料表面电化学均匀性竞争决定。

如前所述，ECAP 的加工方式不同于传统工艺，它以纯剪切方式实现块体材料晶粒的细小化，直接导致材料表面电化学的均一性，有利于合金耐蚀性的提高。对于未经挤压的粗晶试样，由于杂质主要沿晶界分布，有利于沿晶腐蚀的进行，随着腐蚀的深入，合金表面的电化学不均匀性增加，反而加速了腐蚀的进行。所以，粗晶试样具有较高的腐蚀电流。关于挤压道次对合金腐蚀电流的影响，加工初期，晶粒尺寸的急剧减小有助于杂质的均匀化，使合金表面的电化学不均匀性降低，而晶界数量增加导致受腐蚀面积的增加此时并不占据优势，所以合金的腐蚀电流降低。随着加工道次的增加，晶界数量增加导致的受腐蚀面积增加占据优势，所以合金的腐蚀电流有所增长。

6.3.2 ECAP 加工模式对合金耐蚀性的影响

超细 CuCr 合金的耐蚀性研究采用常温常压下浸泡试验进行评价。浸泡溶液分别为 1mol/L NaCl 溶液，NaOH 溶液和 HCl 溶液，浸泡前用 1000#砂纸打磨，用蒸馏水冲洗，丙酮除油，在干燥器中放置 24h 后使用。

试验结束后，采用 10%的 HCl 溶液除锈，并用蒸馏水冲洗，放置干燥器中

24h后再进行称重。具体的除锈过程与前面相同。待腐蚀结束后，采用扫描电镜对产物形貌及腐蚀形貌进行观察，采用XRD对腐蚀产物进行成分分析。

1. NaCl溶液

图6-23展示了超细晶Cu-Cr合金在1mol/L NaCl溶液中浸泡30d时的失重量。由柱状图可以看出，相比于未进行ECAP的粗晶试样而言，两组超细晶试样的失重量明显低于未加工的试样。对于两组超细晶试样而言，12道次的失重量略低于4道次的失重量。这说明随着加工道次的增加，合金的耐蚀性在逐渐提高。

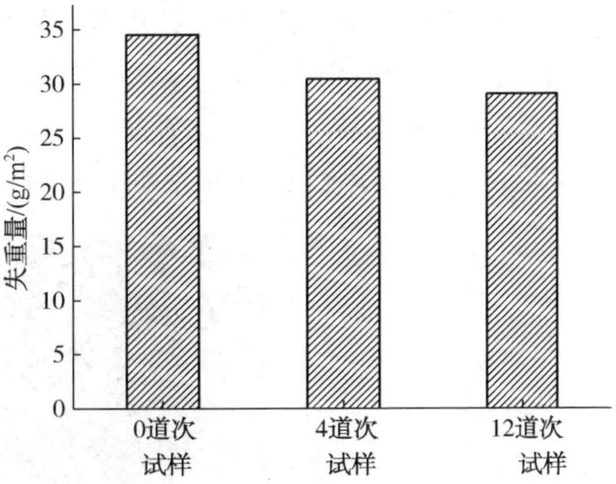

图6-23　超细晶在NaCl溶液中的失重情况

图6-24所示为未经ECAP处理的原始样及加工12道次后的超细晶试样在NaCl溶液中浸泡了30d时的腐蚀产物形貌。可以看出，两组试样的腐蚀产物形貌相似。产物层结构致密，同时产物层也很薄，明显可以看到打磨时留下的划痕。所不同的是超细晶试样的产物层较未经ECAP处理的产物层更为致密一些。在高倍率的显微镜下，可以看到产物层表面存在一些小小的孔洞，直径约为500nm。

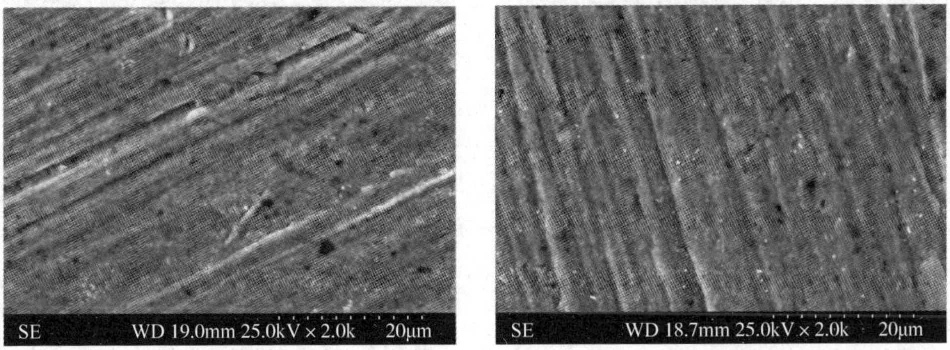

(a)粗晶材料　(b)超细晶材料

图6-24　腐蚀产物形貌

图6-25所示为测试的三组试样浸泡后的形貌。可以看出，粗晶和超细晶的腐蚀形式有所不同。对于粗晶试样而言，腐蚀形式为均匀腐蚀，高倍率下可以观察到腐蚀后的形貌呈蜂窝状结构，腐蚀坑很深。对于两组超细晶试样而言，其腐蚀形式也为均匀腐蚀，但腐蚀深度明显低于粗晶试样。同时，对于超细晶试样而

言，在晶界附近可以观察到明显的晶粒脱落。对于不同挤压道次的两组超细晶试样而言，12 道次的超细晶在均匀腐蚀所形成的腐蚀坑的尺寸和深度上，均略小于 4 道次的超细晶。对于脱落晶粒而言，12 道次超细晶的脱落晶粒在数量上高于 4 道次的超细晶，但在脱落晶粒的尺寸上却略小于 4 道次的超细晶。

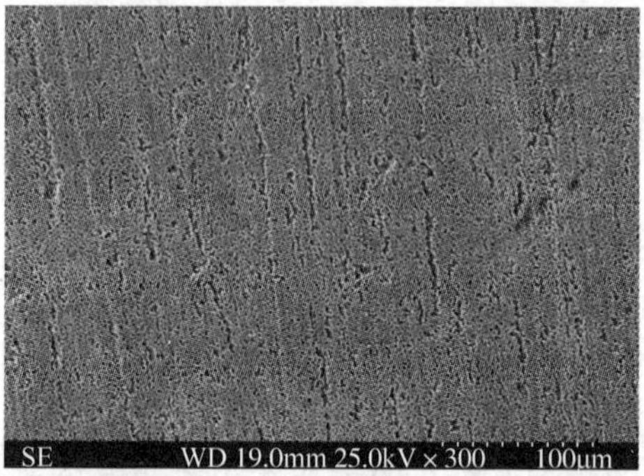

(a)粗晶材料

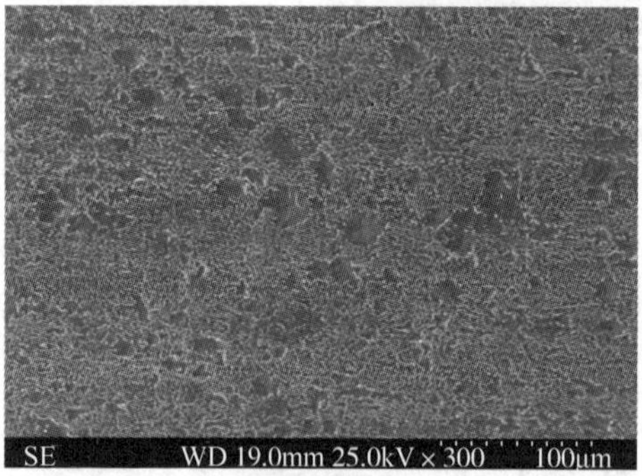

(b)4道次的超细晶

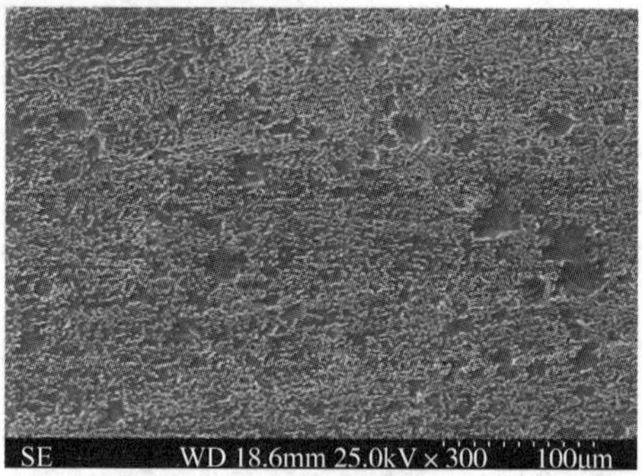

(c)12道次的超细晶

图 6-25　腐蚀形貌

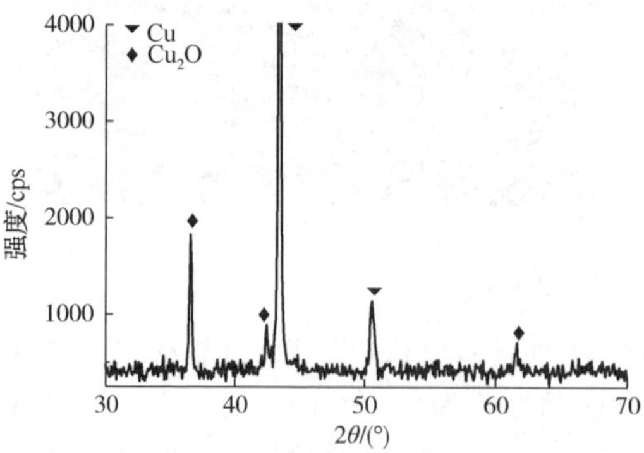

图 6-26　腐蚀产物膜 X 射线衍射分析图谱

图 6-26 所示为超细晶试样在 NaCl 溶液中的腐蚀产物分析结果，可以看出，腐蚀产物主要由 Cu_2O 组成，铜峰的出现是由于产物层较薄，X 射线穿越产物层在基体上发生衍射所致。

2. NaOH 溶液

图 6-27 展示了超细晶和粗晶 Cu-Cr 合金在 1mol/L NaOH 溶液中浸泡 90d 的失重速率。可以看出，在

腐蚀初期，粗晶及超细晶 Cu-Cr 合金的失重速率呈线性上升，随着腐蚀时间的延长，失重速率逐渐下降。对于测试的三组试样而言，粗晶 Cu-Cr 合金的腐蚀速率始终低于超细晶合金，腐蚀速率相差 5%~15%，表现为耐腐蚀性较超细晶更好。对于不同道次的超细晶而言，两者的腐蚀速率相差不大，挤压 12 道次的腐蚀速率略高于 4 道次的腐蚀速率。

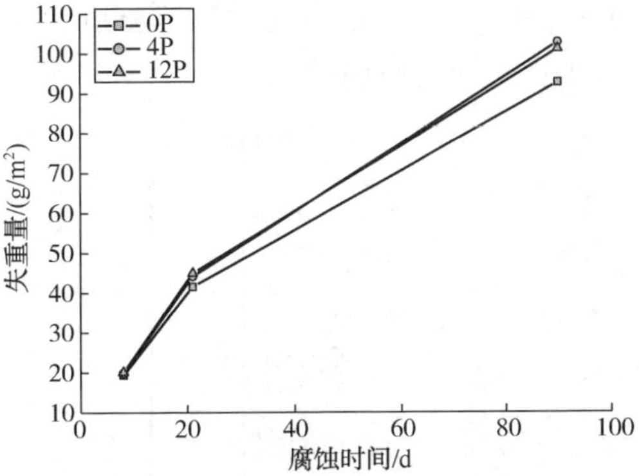

图 6-27　合金在 NaOH 溶液中的失重情况

图 6-28 所示为去除腐蚀产物后的腐蚀形貌。对于粗晶粒试样，腐蚀主要表现为沿晶界腐蚀，相比较而言，超细晶试样属于一种均匀腐蚀形态，溶解过程是在金属基体上均匀进行。在高倍率下，仍可以观察到晶界的腐蚀程度较境内更严重一些。

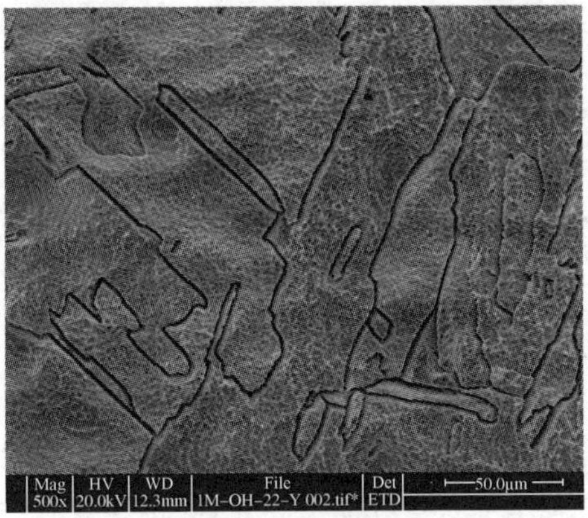

(a)CG Cu-Cr合金

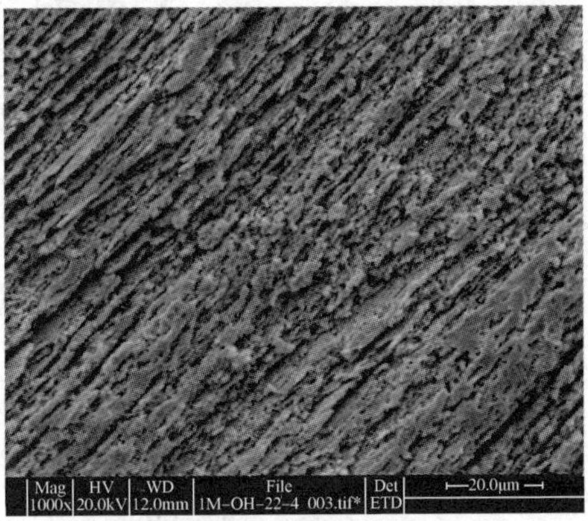

(b)12道次UFG Cu-Cr合金

图 6-28　NaOH 溶液中腐蚀 SEM 形貌

图 6-29 所示为在 NaOH 溶液中浸泡 30d 后的腐蚀产物形貌分析。可以看出，腐蚀产物主要为 Cu_2O，图中的 Cu 峰可能是由于腐蚀产物膜层厚度不均匀致使合金基体产生衍射所致。

3. HCl 溶液

图 6-30 所示为超细晶和粗晶 Cu-Cr 合金在 1mol/L 的 HCl 溶液中的失重速率。可以看出，随着腐蚀时间的延长，失重速率迅猛上升。这与常规铜材在 HCl 溶液中腐蚀规律相一致的。对于测试的三组试样而言，其腐蚀速率相差不大。但仍可以看出，粗晶 Cu-Cr 合金的腐蚀速率在浸泡初期低于超细晶 Cu-Cr 合金，

相差 5%～15%；在浸泡后期高于超细晶 Cu-Cr 合金，高出 5%～15%；4 道次和 12 道次挤压材料腐蚀性能接近。

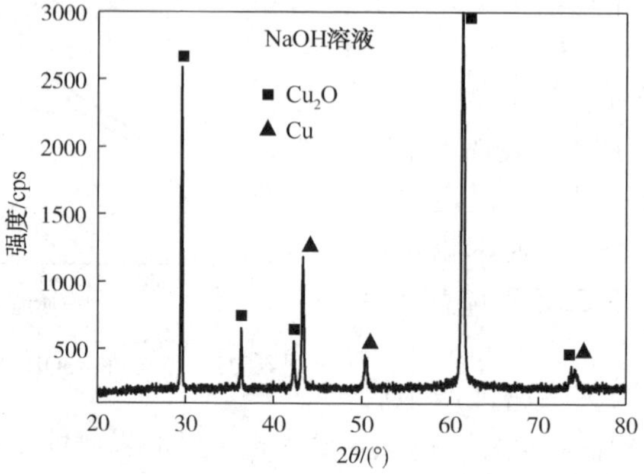

图 6-29　NaOH 溶液中腐蚀产物膜层 X 射线衍射分析图谱

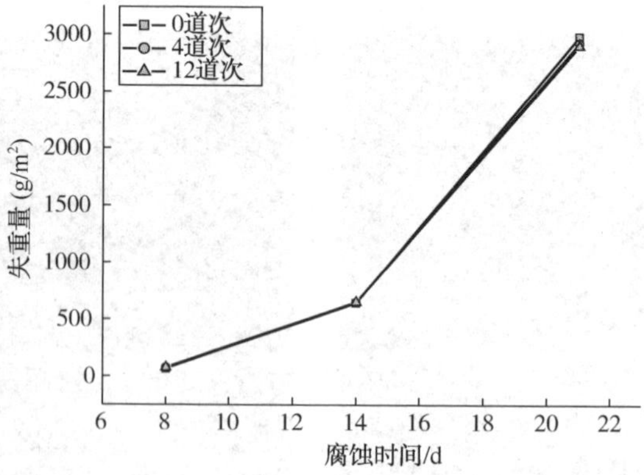

图 6-30　合金在 HCl 溶液中的失重情况

图 6-31 所示为粗晶 Cu-Cr 合金（CG）和 12 道次超细晶 Cu-Cr 合金（UFG）在 1mol/L HCl 溶液中浸泡 7d 和 14d 时的腐蚀形貌。可以看出，腐蚀初期，粗晶和超细晶的腐蚀形貌相差较大，但后期腐蚀形貌间的差距缩小。初期，对于粗晶试样而言，其腐蚀形式主要为沿晶腐蚀，腐蚀程度较深，晶内呈片层状腐蚀，但晶界的腐蚀程度明显高于晶内。对于超细晶而言，初期腐蚀形式主要为均匀腐蚀。随着腐蚀时间延长，粗晶试样的腐蚀形式逐渐向均匀腐蚀过渡。而超细晶试样的均匀腐蚀程度加深。在失重曲线上表现为失重量的增加。腐蚀形式的转变与腐蚀机理的转变相对应。在腐蚀初期，腐蚀的活性点主要集中在晶界，对于粗晶试样而言，晶界数量有限，但晶界能量较低，晶界附近杂质含量较高，所以初期的腐

蚀主要集中在晶界，并且以较高的速率进行。对于超细晶试样而言，晶界数量大量增加，使得单个晶界处的杂质含量相对降低。单个晶界处的腐蚀速率相对粗晶试样较低，但超细晶晶界数量却弥补了这一不足。所以，从宏观上看，两种试样的腐蚀速率相差不大。

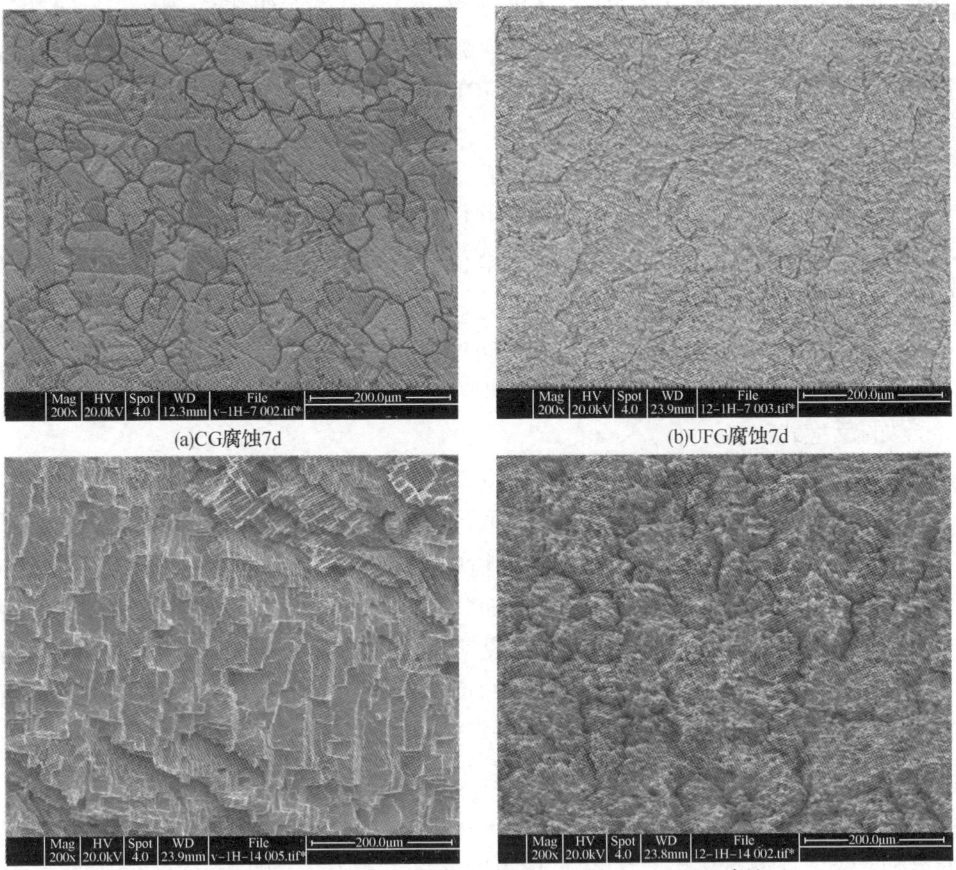

(a)CG腐蚀7d　(b)UFG腐蚀7d

(c)CG腐蚀14d　(d)UFG腐蚀14d

图 6-31　HCl 溶液中的腐蚀形貌

6.3.3　ECAP 对铜合金耐蚀性影响机制分析

通过以上分析可以看出，对于腐蚀形式而言，在中性的 NaCl 溶液中，合金超细晶前后的腐蚀形式相同，均为均匀腐蚀。但在强酸强碱的环境中，超细晶前后材料的腐蚀形式不同。对于粗晶试样而言，材料的腐蚀形式呈现沿晶腐蚀，对于超细晶试样而言，材料的腐蚀形式呈现均匀腐蚀，但仍可以观察到沿晶腐蚀的痕迹。这表明 ECAP 的加工模式有利于材料腐蚀寿命的延长。对于耐蚀性而言，超细晶的耐蚀性同腐蚀环境关系密切。在 NaCl 溶液中，超细晶材料的耐蚀性好于同样成分的粗晶试样；在 HCl 溶液中，超细晶的耐蚀性较同样成分的粗晶试样差；在碱性溶液中，初期超细晶材料的耐蚀性差于粗晶材料，但随着浸泡时间的延长，超细晶试样的耐蚀性开始出现好转。对于腐蚀产物，超细晶在中性 NaCl 溶液和碱性溶液中的腐蚀产物基本相同，均由 Cu_2O 薄膜组成。

试验中，超细晶 Cu-Cr 合金在三种测试溶液中的失重量与 Cu-H_2O 理论腐蚀图的分析结果相一致。在 1mol/L HCL 溶液中，24d 时试样的失重量高达 $2901g/m^2$，在同样的温度和压力环境下，试样在 1mol/L NaOH 溶液中 21d 的失重量为 $42g/m^2$，仅为 HCl 溶液中的 1/9。而在 1mol/L NaCl 溶液中，试样 30d 的失重量为 $30g/m^2$，远远低于同浓度的 HCl 和 NaOH 溶液。

由于 Cu 的腐蚀电位高于氢的腐蚀电位，所以铜在水溶液中的腐蚀为吸氧腐蚀而非析氢腐蚀，具体的反应式如下：

$$4Cu+2H_2O \longrightarrow 2Cu_2O+4H^++4e^- \text{（阳极）} \tag{6-4}$$

$$O_2+2H_2O+4e^- \longrightarrow 4OH^- \quad \text{（阴极）} \tag{6-5}$$

总的反应式为：

$$4Cu+O_2 \longrightarrow 2Cu_2O \tag{6-6}$$

由 Cu-H_2O 体系的电位-pH 图可知，在中性或碱性环境中，Cu_2O 会因局部浓度过大而沉积在试样表面。在酸性环境中，Cu_2O 是不存在的，Cu^+会因局部浓度过大而以 CuCl 的形式存在于试样表面。由上述反应式可以看出，在溶液中氧供给充分的情况下，Cu 在水溶液中的反应能够源源不断地进行。但对于一个氧供给相对匮乏的环境，Cu 在水溶液中的反应速度就会很低。在酸性环境中，溶液中 H^+的存在促进了溶液中氧的溶解，有助于阴极反应向正方向移动。所以，在含氧的酸性溶液中，Cu 的腐蚀速率会很高。而在碱性溶液中，尽管 OH^-的存在有利于阳极反应向正方向移动，但生成产物 Cu_2O 却很容易沉积在试样的表面，对反应的进行有阻碍作用。所以，其腐蚀速率会较在含氧的酸性溶液中低很多，但仍高于在中性 NaCl 溶液中的腐蚀速率。

研究表明，金属或合金中的非金属夹杂、第二相离子、偏析和晶界均可成为诱发孔蚀的敏感部位。在含有卤素粒子的溶液中，金属很容易发生孔蚀。这是由于 Cl^-选择性地吸附在氧化膜表面阴离子晶格周围，置换了水分子，就有一定概率使其和氧化膜中的阳离子形成络合物(可溶性氯化物)，促使金属离子溶入溶液中。在大多数情况下，蚀核将继续长大。在蚀核长大的过程中，蚀坑底部金属铜不断发生溶解，即

$$Cu \longrightarrow Cu^{2+}+2e^- \tag{6-7}$$

如果在含 Cl^-的水溶液中，则阴极为吸氧反应(蚀孔外表面)，孔内氧浓度下

降而孔外富氧，形成氧浓差电池。孔内金属离子不断增加，在孔蚀电池产生的电场作用下，蚀孔外阴离子不断地向孔内迁移、富集，孔内 Cl^- 浓度升高。同时由于孔内金属离子浓度的升高而发生水解：

$$Cu^{2+}+H_2O \longrightarrow Cu_2O+2H^+ \tag{6-8}$$

结果使孔内溶液中 H^+ 浓度升高，pH 值降低，溶液酸化，相当于使蚀孔内金属处于 HCl 介质中，处于活化溶解状态。水解产生的 H^+ 和孔内的 Cl^- 又促使蚀孔内侧壁铜的继续溶解，发生自催化反应。

在孔蚀机理中，对于蚀核的临界尺寸有一定的限定（10～20μm），只有当蚀核尺寸达到临界尺寸时，孔蚀才能稳定增长。而未达到临界尺寸的孔蚀将被再钝化。对于粗晶试样而言，蚀核的成长环境完全可以达到，所以在试样的表面形成蜂窝状形貌。对于超细晶而言，由于其晶粒尺寸为纳米级，孔蚀反应的临界尺寸不能达到，所以在超细晶中不会发生孔蚀腐蚀。另外，ECAP 的加工方式大大增加了晶体内部晶界的数量，随着腐蚀反应在超细晶表面的深入，会在试样的表面发生晶粒的脱落。

对于中性的 NaCl 溶液而言，腐蚀反应的结果会在试样的表面沉积一层 Cu_2O 膜，这由产物分析中可以得到验证。Cu_2O 的生成降低了试样表面产物的运移速度，从而降低了试样的腐蚀速率。对于均匀腐蚀而言，孔蚀加速了腐蚀反应进行的速率和程度。所以，使粗晶试样相对于超细晶试样有较高的失重量。

当将试样浸入强酸强碱环境中时，由于晶界处原子排列不规则，晶格畸变能大，晶粒内存在很高的内能和位错等缺陷，使晶界处于高能非平衡状态。因此，有利于侵蚀性介质离子自由传输，导致腐蚀变得容易，腐蚀会优先从晶界处开始。对于粗晶试样，宏观表现为沿晶腐蚀。对于超细晶试样，晶粒的细化，材料表面电化学不均匀性降低，不利于沿晶腐蚀的发生，腐蚀会在试样的各处同时发生，宏观上表现为均匀腐蚀。对于 NaOH 溶液而言，OH^- 的存在抑制了阴极反应，所以腐蚀程度较 HCl 溶液中减弱了许多。而在 HCl 溶液中，H^+ 的存在不仅使反应能够源源不断地进行下去，同时也加速了反应的进行。初期，腐蚀会优先在晶界处发生，超细晶由于具有较多的晶界而具有较高的腐蚀速率，这可以从盐酸腐蚀 7d 的形貌中得到验证。随着腐蚀程度的加深，腐蚀不仅在晶界处发生，同时也在位错等许多部位发生，超细晶的优势逐渐减弱，所以其腐蚀速率相对于粗晶试样还是降低了。另一方面，晶界的严重腐蚀会在试样表面产生腐蚀沟渠，加深了试样表面电化学分布的不均匀性，加速了腐蚀的进行，表现在 HCl 溶液中，初期 ECAP 的加工模式有利于耐蚀性的提高，后期对合金的耐蚀性不利。

本章小结

通过对超细化技术的分析，以 ECAP 加工技术为研究对象，分析了 ECAP 加工制度对铬青铜组织结构、力学性能和化学稳定性的影响。得到主要结论如下：

(1) ECAP 的加工模式对材料的性能产生各向异性，电化学研究表明，超细晶材料在 X 面上的电化学性能优于在 Y 面上的电化学性能。

(2) ECAP 的加工模式降低了合金的腐蚀电流，对合金的耐蚀性有提高作用。但合金耐蚀性的提高并不与加工道次成正比，而是有一个适中量，超过此加工道次，合金的腐蚀电流呈上升趋势。

(3) 超细晶的耐蚀性同腐蚀环境关系密切。在 NaCl 溶液中，超细晶材料的耐蚀性好于同样成分的粗晶试样；在 HCl 溶液中，超细晶的耐蚀性较同样成分的粗晶试样差；在碱性溶液中，初期超细晶材料的耐蚀性差于粗晶材料，但随着浸泡时间的延长，超细晶试样的耐蚀性开始出现好转。对于腐蚀产物，超细晶在中性 NaCl 溶液和碱性溶液中的腐蚀产物基本相同，均由 Cu_2O 薄膜组成。对于腐蚀形式而言，在中性的 NaCl 溶液中，合金超细晶前后的腐蚀形式相同，均为均匀腐蚀。但在强酸强碱的环境中，超细晶前后材料的腐蚀形式不同。对于粗晶试样而言，材料的腐蚀形式呈现沿晶腐蚀，对于超细晶试样而言，材料的腐蚀形式呈现均匀腐蚀，但仍可以观察到沿晶腐蚀的痕迹。这表明 ECAP 的加工模式有利于材料腐蚀寿命的延长。

参 考 文 献

[1] 宋晓艳，高金萍，张久兴．纳米多晶体的热力学函数及其在相变热力学中的应用[J]．物理学报，2005(3)：1313-1319.
[2] 翁宇庆．钢铁结构材料的高性能化[J]．中国工程科学，2002，4(3)：48-53.
[3] 苏品书．超微粒子材料技术[M]．武汉：武汉出版社，1989.
[4] 张立德，牟季美．纳米材料和纳米结构[M]．北京：科学出版社，2001.
[5] 邹炳锁，唐东升，解思深．化学热解——一种优异的制备纳米材料的方法[J]．物理，2001，30(8)：479-484.
[6] TENCH D，WHITE J. Enhanced tensile strength for electrodeposited nickel-copper multiplayer composites[J]. Metall. Mater. Trans.，1984，15A(11)：2039-2040.
[7] 王翠英，陈祖耀．交流电沉积法制备金属氧化物纳米材料及形貌控制[J]．化学物理学报，2001，14(3)：350-354.
[8] 徐承坤，杨中东．电沉积法制备纳米晶材料[J]．金属功能材料，1997，4(3)：102-105.
[9] 马学鸣，董远达，吴建国，等．落管技术与急冷方法制备 Cu60Zr40 非晶合金晶化行为的比较[J]．金属学报，1992，28(11)：509-513.

[10] 许应凡，孙帼显，陈红，等．无容器过程中 Pd-Ni-P 系合金的过冷及金属玻璃形成[J]．物理学报，1990，39(5)：836-842.

[11] 陈振华．快速凝固制备微细金属粉末的理论和装置[J]．物理，1999，28(4)：227-230.

[12] KOCH C C. Synthesis of Nanostructured materials by mechanical milling-problems and opportunities[J]. Nanostructured Materials，1997，9(1-8)：13-22.

[13] 周根树，马宝钿，金志浩．晶化法制备纳米晶材料的研究现状[J]．材料导报，1995，9(1)：14-18.

[14] LU K. Nanocrystalline metals crystallized from amorphous solids：nanocrystallization，structure and properties[J]. Mater. Sci. Eng. R，1996，16(4)：161-221.

[15] 李冬剑，丁炳哲，胡壮麒，等．块状 Cu-Ti 纳米晶合金的直接形成：高压下从高温固相淬火[J]．科学通报，1994，39(19)：1749-1751.

[16] 刘建军，王爱民，张海峰，等．高压原位合成块体纳米 Mg-Zn 合金[J]．材料研究学报，2001，15(3)：299-302.

[17] VALLEY R Z，ISLAMGALIEV R K，ALEXANDROV I V. Bulk nanostructured materials from severe plastic deformation[J]. Progress in Materials Science，2000，45(2)：103-189.

[18] ROCO M C，LOWE T C，KREBS M. Nanomaterials：from promise to production[J]. Advanced Materials & Processes，2001，159(8)：42-43.

[19] BRIDGMAN P W. Studies in large plastic flow and fracture[M]. New York：McGraw-Hill，1952.

[20] SALISHCHEV G A，GALEYEV R M，MALYSHEVA S P，et al. Structure and density of submicrocrystalline titanium produced by severe plastic deformation[J]. Nanostructured Materials，1999，11(3)：407-414.

[21] RICHERT M，LIU Q，HANSEN N. Microstructural evolution over a large strain range in aluminium [J]. Materials Science and Engineering，1999，A260：275-283.

[22] SEGAL V M. Materials processing by simple shear[J]. Materials Science and Engineering A，1995，197(2)：157-164.

[23] HUGHES D A，NIX W D. Strain hardening and substructural evolution in Ni-Co solid solutions at large strains[J]. Mater Sci Eng.，1989，A 122：153-172.

[24] SAUNDERS，NUTTING J. Deformation of metals to high strains using combination of torsion and compression[J]. Metal Science，1984，18(12)：571-575.

[25] GUO F A，TRANNOY N，LU J. Analysis of thermal properties by scanning thermal microscopy in nanocrystallized iron surFace induced by ultrasonic shot peening[J]. Mater Sci Eng.，2004，A369：36-42.

[26] RIGNEY D A，DIVAKAR R，KUO S M. Deformation substructures associated with very large plastic strains [J]. Scripta Mater.，1992，27(8)：975-980.

[27] ALEXANDROV I V，VALIEV R Z. X-ray ananlysis of bulk nanostructured metals[J]. Mater. Sci. Forum，2000，321/322/323/324：577-582.

[28] JIANG H，ZHU Y T，BUTT D P，et al. Microstructural evolution，microhardness and thermal stability of HPT processed Cu[J]. Mater Sci Eng.，2000，A290(1/2)：128-138.

[29] SERGUEEVA AV, STOLYAROV VV, VALIEV RZ, et al. Advanced mechanical properties of pure titamum with ultrafine grained structure[J]. Scripta Mater. , 2001, 45: 747-752.

[30] VALIEV R Z, CHMELIK F, BORDEAUX F, et al. The Hall-petch relation in submicro-grained Al-1. 5%Mg alloy[J]. Scripta Mater. , 1992, 27(7): 855-860.

[31] ISLAMGALIEV R K, VALIEV R Z, MISHRA R S, et al. Enhanced superplastic properties in bulk metastable nanostructured alloys [J]. Mater Sci Eng. , 2001, A304-06(1/2): 206-210.

[32] VALIEV R Z, MUKHERJEE A K. Nanostructures and unique properties in intermetallics, subjected to severe plastic deformation[J]. Scripts Mater. , 2001, 44(8/9): 1747-1750.

[33] SALISHCHEV G, ZARIPOV R, GALEEV R, et al. Nanocrystalline structure formation during severe plastic deformation in metals and their deformation behavior [J] . Nanostructured Materials, 1995, 6: 913-916.

[34] TSUJI N, SAITO Y, UTSUNOMIYA H, et al. Ultra-fine grained bulk steel produced by accumulative roll-bonding process[J]. Scripta Mater. , 1999, 40(7): 795-800.

[35] VINOGRADOV A, KANEKO Y, KITAGAWA K, et al . Cyclic response of ultrafine-grained copper at constant plastic strain amplitude[J]. Scripts Materialia, 1997, 36(11): 1345-1351.

[36] AGNEW S R, WEERTMAN J R. Cyclic softening of ultrafine grain copper[J]. Materials Science & Engineering A, 1998, A244(2): 145-153.

[37] HASHIMOTO S, KANEKO Y, KITAGAWA K, et al. On the cyclic behavior of ultra-fine grained copper produced by equi-channel angular pressing[J]. Materials Science Forum, 1999, 312-314: 593-598.

[38] VINOGRADOV A, PATLAN V, HASHIMOTO S, et al. Acoustic emission during cyclic deformation of ultrafine-grain copper processed by severe plastic deformation[J]. Philosophical Magazine A, 2002, 82(2): 317-335.

[39] HOPPEL H W, ZHOU Z M, MUGHRABI H, et al. Microsturctural study of the parameters governing coarsening and cyclic soften in fatigued ultrafine-grained copper[J]. Philosophical Magazine A, 2002, 82(9): 1781-1794.

[40] MUGHRABI H, HOPPEL H W. Cyclic deformation and fatigue properties of ultrafine grain size materials: current status and some criteria for improvement of the fatigue resistance[C]//Materials Research Society Symposmm Proceedings, 2001, 634: B2. 1/1-B2. 1/12.

[41] AGNEW S R, VINOGRADOV A Y, HASHIMOTO S, et al. Overview of fatigue performance of Cu processed by severe plastic deformation[J]. J Electronic Mater, 1999, 28(9): 1038-1044.

[42] THIELE E, HOLSTE C, KLEMM R. Influence of size effect on microstructural changes in cyclically deformed polycrystalline nickel[J]. Zeitschrift fuer Metallkunde, 2002, 93(7): 730-736.

[43] LIU S M, WANG Z G. Fatigue properties of 8090 Al-Li alloy processed by equal-channel angular pressing[J]. Scripts Materialia, 2003, 48(10): 1421-1426.

[44] PATLAN V, VINOGRADOV A, HIGASHI K, et al. Overview of fatigue properties of fine grain 5056A1-Mg alloy processed by equal-channel angular pressing[J]. Materials Science & Engineering A, 2001, 300(1/2): 171-182.

[45] PATLAN V, HIGASHI K, KITAGAWA K, et al. Cyclic response of fine grain 5056 Al-Mg alloy processed by equal-channel angular pressing[J]. Materials & Engineering A, 2001, 319/320/321: 587-591.

[46] SURYANARAYANA C, FROES FH. The structure and mechanical properties of metallic nanocrystals [J]. Metall. Trans, 1992, 23: 1071-1081.

[47] SIEGEL R W. Conductivity study of AB-O_2-type nanostructured materials[J]. Nanostructured Materials, 1994, 4: 121-128.

[48] TNTURi R B. Localized corrosion of Nano crystalline 304 type stainless film[J]. Corrosion, 1992, 48: 398-403.

[49] BARBUCCI A, FARNE G, MATTEAZZI P, et al. Corrosion behaviour of nanocrystalline Cu90Ni10 alloy in neutral solution containing chlorides[J]. Corrosion Science, 1999, 41: 463-470.

[50] GIGGINS C S, PENT F S. The effect of alloy grain-size and surfacedeformation on the selective oxidation of chromium in Ni-Cr alloy at temperatures 900℃ and 1100℃[J]. Trans. TMS-AIME., 1996, 245: 2509-2514.

[51] JOHN G G, DAVID A S. The effect of alloy grain size on the transient oxidation behavior of an Alumina-forming alloys[J]. Oxid. Met., 1992, 37: 125-142.

[52] 王茂才，金柱京. M38 合金激光辐射照层的结构及抗热腐蚀性能[J]. 中国腐蚀与防护学报，1986(6)：65-71.

[53] 王福会，楼翰一. 溅射微晶 CoCrAI 涂层的抗循环氧化性能[J]. 金属学报，1991(27)：392-396.

[54] A. khan, IHSAN ULLAH, A. Ullah, et al. The effect of grain refinement on the oxidation and phase transformation of alumina scale on Ni_2Al_3 coating [J]. Intermetallics, 2022, 146: 107571.

[55] XIANG Y X, ZOU C W. Effect of Arc currents on the mechanical, high temperature oxidation and corrosion properties of CrSiN nanocomposite coating[J]. Coatings, 2021, 12(1): 40.

[56] 王福会，楼翰一，朱圣龙，等. 磁控溅射 Ni_3(AlCr)微晶涂层的抗氧化性能[J]. 腐蚀科学与防护技术. 1994(4)：287-293.

[57] 王福会，Young D J. 微晶化对高温合金 K38G 在 CO 气氛中腐蚀的影响[J]. 金属学报，1997，33(10)：1035-1039.

[58] 孙洪津，曹中秋，孙玥，等. 晶粒细化对 Cu-20Co-20Cr 合金高温化学稳定性影响[J]. 沈阳师范大学学报(自然科学版)，2011，29(2)：241-244.

[59] 曹中秋，牛焱，吴维. 晶粒细化对 Cu-20Ni-20Cr 合金氧化行为的影响[J]. 稀有金属材料与工程，2003，32(12)：1016-1020.

[60] 陈国锋，楼翰一. 微晶化对 Ni-5Cr-5A1 合金氧化产物的影响[J]. 中国腐蚀与防护学报，2000，20(4)：200-203.

[61] 唐兆麟，王福会，吴维. 微晶化对 TiAl 抗高温氧化性能的影响[J]. 材料研究学报，1998，12(2)：183-186.

[62] WANG F, LOU H, WU W. Cyclic Oxidation of CoCrAl alloys and their Sputtered Microcrystalline coating with and without Yttrium[J]. Vacuum, 1992, 43: 749-752.
[63] WANG F, LOU H, ZHU S, et al. The Mechanism of scale adhesion on sputtered microcrystallized CoCrAI films[J]. Oxid. Met., 1996, 45: 39-50.
[64] WANG L C, LI D Y. Mechanical, electrochemical and tribological properties of nanocrystalline surface of brass produced by sandblasting and annealing[J]. Surface and Coatings Technology, 2003, 167: 188-196.
[65] 李瑛，王福会. 表面纳米化对金属材料电化学腐蚀行为的影响[J]. 腐蚀与防护，2003，24(1)：9-12.
[66] SAITO N, SEARSON P C, LATANISION R M. The corrosion performance of microcrystalline titanium-modified 316 stainless steel[J]. Corrosion Science, 1986, 26(8): 629-645.
[67] TSURU T, LATANRS R M. Corrosion resistance of microcrystalline stainless steels[J]. J. Electrochem. Soc., 1982, 129(7): 1402-1408.
[68] KIM H S, ESTRIN Y, BUSH M B. Plastic deformation behaviour of fine-grained materials[J]. Acta Materialia, 2000, 48: 493-504.
[69] HIRTH J P, LOTHE J. Theory of Dislocations[M]. New York: Wiley, 1982.
[70] LIAN J, BAUDELET B, NAZAROV A A. Model for the prediction of the mechanical behavior of nanocrystalline materials [J]. Mater Sci Eng A, 1993, 172(1/2): 23-29.
[71] MEYERS M A, BENSON D J, VOHRINGER O, et al. Constitutive description of dynamic deformation physically-based mechanisms[J]. Mater Sci Eng A, 2002, 322: 194-216.
[72] VINOGRADOV V, HASHIMOTO S, KOPYLOV V. Enhanced strength and fatigue life of ultra-fine Fe-36Ni Invar alloy[J]. Mater. Sci. Eng. A, 2003, 355(1/2): 277-285.
[73] VINOGRADOV V, STOLVAROV V V, HASHIMOTO S, et al. Cyclic behavior of ultrafine-grain titanium produced by severe plastic deformation[J]. Mat. sci. Eng. A, 2001, 318(1/2): 163-173.
[74] VALIEV R Z, KOZLOV E V, IVANOV Y F, et al. Deformation behavior of ultrafine-grained copper[J]. Acta Metallurgica et Materialia, 1994, 42(7): 2467-2475.
[75] El-MONEIM A A, GEBERT A, SCHNEIDER F, et al. Grain growth effects on the corrosion behavior of nanocrystalline NdFeB magnets[J]. Corrosion Science, 2002, 44: 1097-1112.
[76] SZEWIECZEK D, TYRLIK-HELD J, PASZENDA Z. Corrosion investigation of nanocrystalline iron based alloy[J]. Journal of Materials Processing Technology, 1998, 78: 171-176.
[77] EL KEDIM O, PARIS S, PHIGINI C, et al. Electrochemical behavior of nanocrystalline iron aluminide obtained by mechanically activated field activated pressure assisted synthesis[J]. Materials Science and engineering A, 2004, 369: 49-55.
[78] 何庆芝，郦正能. 工程断裂力学[M]. 北京：北京航空航天大学出版社，1993.
[79] VALIEV R Z, KRASILNIKOV N A, TSENEV N K. Plastic deformation of alloys with submicro-grained structure[J]. Materials Science and Engineering A, 1991, 137: 35-40.
[80] KORZNIKOV A V, IVANISENKO Y V. LAPTIONOK D V, et al. Influence of severe plastic de-

formation on structure and phase composition of carbon steel[J]. Nanostructured Mater., 1994, 4(2): 159-167.

[81] IWAHASHI Y, HORITA Z, NEMOTO M, et al. An investigation of microstructural evolution during equal-channel angular pressing[J]. Acta Mater., 1997, 45(11): 4733-4741.

[82] VALIEV R Z, KORZNIKOV A V, MULYUKOV R R. Structure and properties of ultrafine-grained materials produced by severe plastic deformation[J]. Materials Science & Engineering A, 1993, 168(2): 141-148.

[83] VALIEV R Z. SPD processing and properties of metastable nanostructured alloy[J]. Materials Science Forum, 2000, 343-345(Part 2): 773-778.

[84] ALEXANDROW I V, ZHANG K, KILMAMTOV A R, et al. The X-ray characterization of the ultrafine-grained Cu processed by different methods of severe plastic deformation[J]. Materials Science & Engineering A, 1997, 234/235/236: 331-334.

[85] MURAYAMA M, HORITA Z, HONO K. Microstructure of two-phase Al-1.7at%Cu alloy deformed by equal-channel angular (ECA) pressing [J]. Acta Materialis, 2001, 49(1): 21-29.

[86] VALIEV R Z, LOWE T C, MUKHERJEE A K. Understanding the unique properties of SPD-induced microstructure [J]. JOM, 2000, 52(4): 37-40.

[87] MIYAMOTO H, HARADA K, MIMAKI T, et al. Corrosion of ultra-fine grained copper fabricated by equal-channel angular pressing[J]. Corrosion Science, 2008, 50: 1215-1220.

[88] BALYANOV A, KUTNYAKOVA J, AMIRKHANOVA N A, et al. Corrosion resistance of ultra fine-grained Ti [J]. Scripta Materialia, 2004, 51: 225-229.

[89] MAJID HOSEINI, ARASH SHAHRYARI, SASHA OMANOVIC, et al. Comparative effect of grain size and texture on the corrosion behavior of commercially pure titanium processed by equal channel angular pressing [J]. Corrosion Science, 2009, 51: 3064-3067.

[90] SONG D, MA A B, JIANG J H, et al. Improvement of pitting corrosion resistance for Al-Cu alloy in sodium chloride solution through equal-channel angular pressing [J]. Progress in Natural Science: Materials International, 2011, 21: 307-313.

[91] IN-JOON SON, HIROAKI NAKANO, SATOSHI OUE, et al. Effect of equal-channel angular pressing on pitting corrosion resistance of anodized aluminum-copper alloy [J]. Trans. Nonferrous Met. Soc. China, 2009, 19: 904-908.

[92] ARGADE G R, PANIGRAHI S K, MISHRA R S. Effect of grain size on the corrosion resistance of wrought magnesium alloys containing neodymium [J]. Corrosion Science, 2012, 58: 145-151.

[93] GOPALA KRISHNA K, SIVAPRASADM K, SANKARA T S N, et al. Localized corrosion of an ultrafine grained Al-4Zn-2Mg alloy produced by cryorolling[J]. Corrosion Science, 2012, 61: 208-214.

[94] RALSTON K D, FABIJANIC D, BIRBILIS N. Effect of grain size on corrosion of high purity aluminium[J]. Electrochimica Acta, 2011, 56: 1729-1736.

[95] WEI W, WEI K X, BU Q B. Corrosion and tensile behavior of ultra-fine grained Al-Mn alloy produced by accumulative roll bonding[J]. Materials Science and engineering A, 2007, 445: 536-541.

[96] Z. J. Zheng, Y. Cao, Y. Gui, et al. Corrosion behavior of nanocrystalline 304 stainless prepared by equal channel angular pressing[J]. Corrosion Science, 2012, 54: 60-67.

[97] BRUNNER J G, BIRBILIS N, DRALSTON K, et al. Impact of ultrafine-grained microstructure on the corrosion of aluminium alloy AA2024[J]. Corrosion Science, 2012, 57: 209-214.

[98] SONG D, MA A B, JIANG J H, et al. Corrosion behavior of equal-channel-angular-pressed pure magnesium in NaCl aqueous solution[J]. Corrosion Science, 2010, 52: 480-490.

[99] SONG D, MA A B, JIANG J H, et al. Corrosion behavior of bulk ultra-fine grained AZ91D magnesium alloy fabricated by equal-channel angular pressing[J]. Corrosion Science, 2011, 53: 362-373.

[100] BRUNNER J G, MAY J, HOPPEL H W, et al. Localized corrosion of ultrafine-grained Al-Mg model alloys[J]. Electrochimical Acta, 2010, 55: 1966-1970.

[101] ORLOV D, RALSTON K D, BIRBILIS N, et al. Enhanced corrosion resistance of Mg alloy ZK60 after processing by integrated extrusion and equal channel angular pressing[J]. Acta Materialia, 2011, 59: 6176-6186.

[102] HADZIMA B, JANECEK M, ESTRIN Y, et al. Microstructure and corrosion properties of ultrafine-grained interstitial free steel[J]. Materials Science and Engineering A, 2007, 462: 243-247.

[103] SHEN Z X, MA A B, JIANG J H, et al. Electrochemical corrosion behavior of ultrafine-grained Mg alloy ZE41A through severe plastic deformation[J]. Procedia Engineering, 2012, 27: 1817-1822.

[104] ALVAREZ-LOPEZ M, MARIA DOLORES PEREDA, DELVALLE J A, et al. Corrosion behavior of AZ31 magnesium alloy with different grain sizes in simulated biological fluids[J]. Acta Biomaterialia, 2010, 6: 1763-1771.

[105] VINOGRADOV A, MIYAMOTO H, MIMAKI T, et al. Corrosion, stress corrosion cracking and fatigue of ultra-fine grain copper fabricated by severe plastic deformation[J]. Ann. Chim. SCI. Mat., 2002, 27: 65-75.

[106] YAMASAKI T, MIYAMOTO H, MIMAKI T, et al. Stress cracking susceptibility of Ultra-fine Grain copper produced by Equal-channel Angular Pressing[J]. Materials Science and Eingeering A, 2001, 318: 122-128.

[107] 张雅妮，张勇，李刚，等. 超细铬青铜在盐酸溶液中的腐蚀行为[J]. 腐蚀与防护，2011，32(10)：771-774.

[108] 张雅妮，张勇，罗金恒，等. 等通道转角挤压对铬青铜腐蚀行为的影响[J]. 机械工程材料，2012，36(03)：65-68.

[109] 张雅妮. ECAP 制超细晶材料的化学稳定性[J]. 腐蚀与防护，2016，37(01)：51-55.

[110] Imayev R M, Imayev V M, Kalisches G A. J Mater Sci, 1993, 28: 2898.

[111] Zhang K, Alexandrow I V, Naliev R Z, et al. The thermal behavior of atoms in ultrafine-grained Ni processed by severe plastic deformation[J]. J Appl Phys, 1998, 84(4): 1924-1927.

[112] Chung JK, Kim K, Kim HK, Kim WJ. Improvement of high-cycle fatigue life in a 6061 Al alloy produced by equal channel angular pressing[J]. Materials Science & Engineering A, 2002, 337(1): 39-44.

[113] Hiroyuki M, Kohei H. Corrosion ultra-fine grained copper fabricated by equal-channel angular pressing[J]. Corrosion science, 2008, 50: 1215-1220.

[114] She Z X, Ma A B, Jiang J H, et al. Electrochemical corrosion behavior of ultrafine-grained Mg alloy ZE41A through severe plastic deformation. Procedia Engineering, 2012, 27: 1817-1822.

[115] Furukawa M, Horita Z, Nemoto M, et al. Review processing of metals by equal channel angular processing[J]. Journal of materials science, 2001, 36: 2835-2843.